Las aventuras de "Cosmet" explicadas por él mismo

Eduard Alabern Valentí

UNIVERSO
de LETRAS

Las aventuras de "Cosmet" explicadas por él mismo

Eduard Alabern Valentí

No se permite la reproducción total o parcial de este libro, ni su incorporación a un sistema informático, ni su transmisión en cualquier forma o por cualquier medio, sea este electrónico, mecánico, por fotocopia, por grabación u otros métodos, sin el permiso previo y por escrito del autor. La infracción de los derechos mencionados puede ser constitutiva de delito contra la propiedad intelectual (Art. 270 y siguientes del Código Penal).

© Eduard Alabern Valentí, 2024

Diseño de la cubierta:
Imagen de cubierta:

Obra publicada por el sello Universo de Letras
www.universodeletras.com

Primera edición: 2024

ISBN: 9788419775061
ISBN eBook: 9788419774552

YO SOY COSMET

Me llamo Cosmet y soy muy viejo, ya que nací ahora ya hace 13.700 millones de años

« Sello de Maestría » otorgado por

en base al informe de lectura realizado a 18 – 08 – 2.023.

« Nos encontramos ante una luminosa obra de divulgación científica que nos cuenta, de manera amena y muy comprensible, cuál es el sentido de la vida, cómo se ha venido configurando el universo que conocemos y cuáles son las leyes que lo rigen. Como hilo conductor, el autor tiene el tino de crear un personaje que vehicule toda la obra a través de sus «cuentos cosmológicos».

« Interpretamos que la principal propuesta es condensar en un solo volumen todo el conocimiento relacionado con lo que se sabe del universo. El argumento, el sentido de la obra, es pensar con mirada larga todo lo relacionado con el origen y evolución de la vida, además de las constantes y leyes que determinan que el universo se comporte de la manera que lo hace. La constante presencia de ilustraciones y fotos de los personajes o momentos históricos a los que se hace mención funcionan muy bien para reforzar toda la divulgación que se lleva a cabo ».

« La capacidad del autor para convertir conceptos muy complejos en comprensibles es probablemente la mayor cualidad que hay que poner en valor en esta obra, que iría muy bien como refuerzo a todos los elementos de una familia que se encuentren en edad de formación. Y también a los que se sientan con ganas de aprender siempre ».

« Otra cualidad de la obra es la exposición didáctica que fluye realmente bien, desde lo sencillo a lo más complicado, es que atesora la capacidad de realizar una cierta prognosis y marcar el camino hacia dónde se mueven las inagotables ansias de conocimiento propias del ser humano pensante. Narración sin zonas de valle, algo muy meritorio. Original, entretenida y muy bien escrita. Muy inspiradora. Se nos habla de la mayor localización posible: el propio universo. El autor pone el foco con la mayor ambición de abarcar consideraciones sobre la evolución de la vida, y lo hace en la vanguardia de lo que se está estudiando hoy en día. No obstante, también se recrean los paisajes de los interiores de la condición humana; nos referimos a los sentimientos del alma. Excelente mano del autor a la hora de trasladar emociones que no son fáciles de verbalizar »

« La época en la que podemos enmarcar el ensayo es plenamente actual. Es el deseo del autor: que las enseñanzas que aquí se vierten tengan vigencia contemporánea y se mantengan con vistas al futuro. No estamos ante una obra que busque recrearse literariamente en la realización de descripciones prolijas, sino que su misión es la de divulgar conocimiento científico de una manera amena. Cosmet es un ente que ha acompañado en su discurrir a los mejores pensadores de la historia y, en ese sentido, se nos convierte en un elemento muy visible. El lector siente la emoción de acompañarlo en su aventura de conocimiento. Además de que el autor derrocha honestidad y sencillez en sus planteamientos (y trata con mucho respeto al lector), toda la disertación resulta muy vívida ».

« Entendemos que el principal valor de este libro es que, además de ser una fuente de conocimiento, está francamente bien escrito y atesora una enorme capacidad de conexión emocional con sus lectores. La disertación está muy bien y persigue promover una honda reflexión. Yo lo haría llegar a mis amistades y familiares con cierta edad. Es un regalo más que apropiado para los amantes del género del ensayo científico que puedan estar en su momento de pararse ante el espejo y hacerse las preguntas relevantes acerca del sentido de las cosas. Creo que muchas personas disfrutarán con su lectura, como lo hemos hecho nosotros para realizar este informe ».

Eduard Alabern Valentí es el ingeniero amigo de Cosmet. Ingeniero de caminos, canales y puertos desde 1974 , ha ejercido esta profesión durante más de cuarenta años en grandes empresas constructoras y también en la Generalitat de Catalunya; diez años como Director del Servicio Técnico del Instituto Catalán del Suelo y cuatro como Director General de Carreteras. Durante estos años ha editado diversos libros técnicos.

Sin embargo, aparte de esta trayectoria profesional, ha estado siempre interesado en el conocimiento del universo, tema al que, aunque no profesionalmente, se ha dedicado intensamente toda su vida.

Desde hace unos años, ha escrito sobre todo esto, y de aquí han salido los cuarenta y seis cuentos cosmológicos que explica Cosmet.

En este mismo año 2023 y con motivo de la plaga del coronavirus, he estado recluido junto con unos centenares de personas más durante dos semanas, en un lugar solitario rodeado de montañas.

Para entretenernos, Cosmet ha tenido la gentileza de contarnos sus aventuras y todo lo que ha podido ver durante su muy larga vida. Algo parecido a lo que hizo un señor llamado Boccaccio hace ya muchos años, cuando Europa se vio azotada por la peste negra. Leyó a sus compañeros, también recluidos, los cuentos del Decamerón. Ahora lo que os explica Cosmet son lo que yo he denominado cuentos cosmológicos.

Yo soy solamente el amigo ingeniero de Cosmet y me he limitado, simplemente, a transcribirlos.

Cosmet, que ya es muy mayor, pues ya ha cumplido los 13.700 millones de años, ha viajado por todo el universo y nos cuenta todas las cosas que han ido ocurriendo durante su larga vida. Nunca consiguió entender por qué sucedían, hasta que en los últimos 2.500 años, ha ido conociendo a los humanos más sabios que se lo han ido explicando.

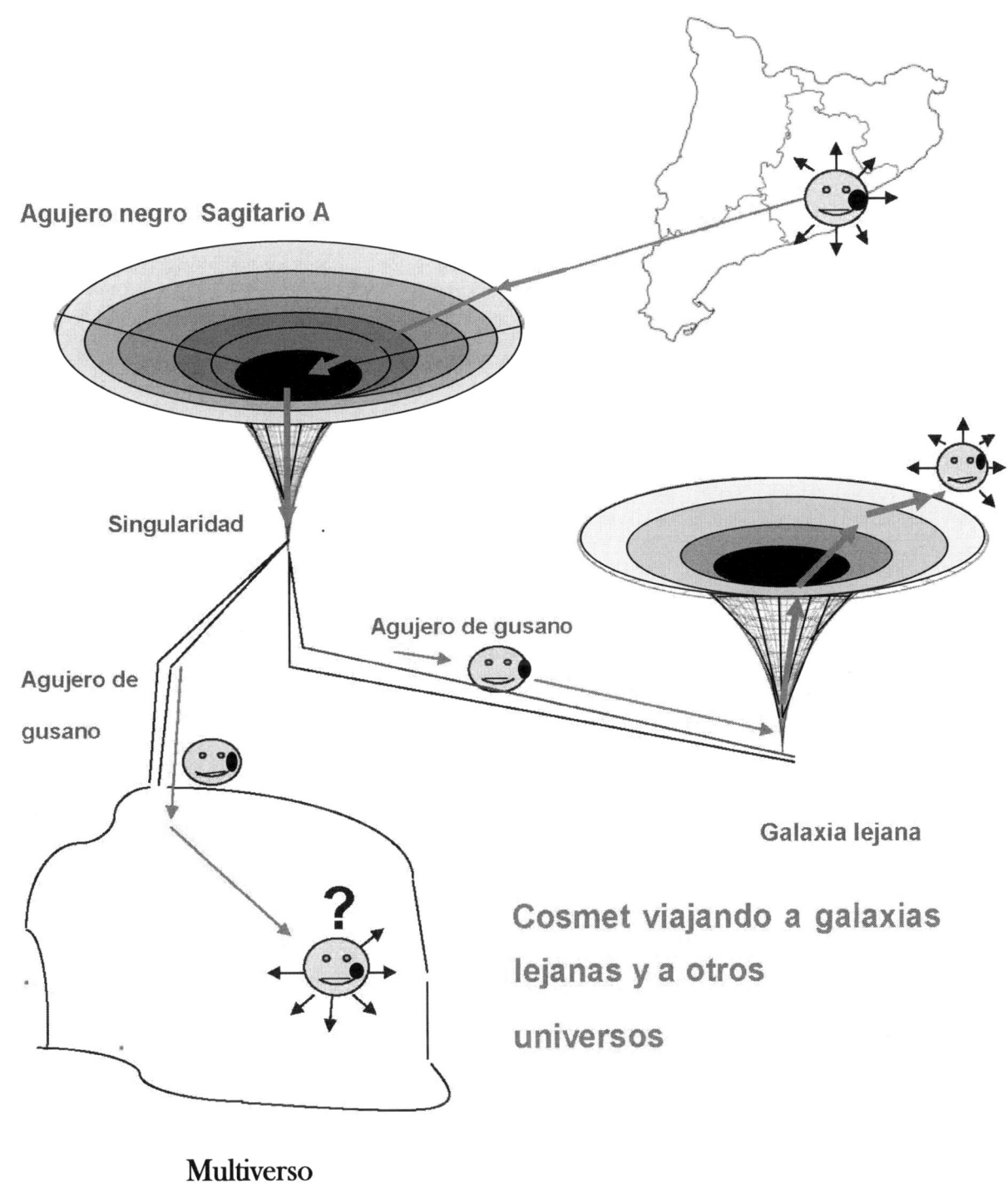

Agujero negro Sagitario A

Singularidad

Agujero de gusano

Agujero de gusano

Galaxia lejana

Cosmet viajando a galaxias lejanas y a otros universos

Multiverso

9

Agradecimientos

En primer lugar, a mi amigo Cosmet por habernos amenizado nuestros días de confinamiento. También a mi muy querida esposa Imma Junyent que, por cierto, se ha hecho también muy amiga de Cosmet. En diversas ocasiones este ha emprendido viajes a través del tiempo para ir a verla directamente cuando de joven, siendo bailarina solista del Gran Teatro del Liceo de Barcelona, ejecutaba sus « *fouettés* ».

A mis hijas, a mi buen amigo Carles Diaz, arquitecto con un excepcional sentido crítico, y a los demás amigos que, tras leer los cuentos de Cosmet, con sus muy acertadas observaciones, han permitido mejorar la exposición.

A todos ellos, muchas gracias.

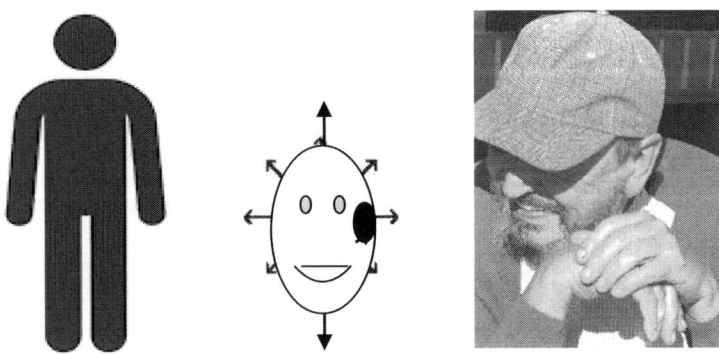

Fotografía realizada por mi buen amigo y compañero Ramon Juanola. Cosmet explicando sus aventuras.

Cosmet explicando su vida a sus compañeros de confinamiento. Os adelanto una relación de los cuentos que nos fue narrando día a día.

LAS AVENTURAS DE COSMET EXPLICADAS POR ÉL MISMO. CUENTOS COSMOLÓGICOS DÍA A DÍA DURANTE LOS CATORCE DÍAS DE CONFINAMIENTO

ÍNDICE VOLUMEN I

IV. Yo sé que todo lo que existe no es más que energía

Quinto día de confinamiento

Apéndice al volumen I

En atención a los que afortunadamente las pruebas PCR que os han hecho han resultado bien y ya dejáis el confinamiento, quiero avanzaros someramente algo de lo que contaré durante los próximos días.

ÍNDICE VOLUMEN II

V. Mis viajes por el universo. El sistema solar

Sexto día de confinamiento. Los grandes objetos cósmicos que he visitado
Estrellas y galaxias

Séptimo día de confinamiento

VI. Cosmet viajando por el universo más lejano

Octavo día de confinamiento
Cosmet viajando por los agujeros de gusano

21. Todo lo que he visto sin desplazarme a más de una distancia de 250 millones de años luz

22. Todo lo demás que he podido ver y visitar

VII. Cosmet ya vive en la Tierra y visita a los sabios

Noveno día de confinamiento. Cosmet ya vive en la Tierra y comienza sus visitas a los sabios

23. Mis viajes por la Tierra, ya en mi forma humana, en el período de tiempo transcurrido desde que comencé a viajar ahora hace 2.500 años, hasta los últimos 500 años de mi vida. Conversaciones con los sabios griegos, con otros sabios y cómo comencé a aprender algo de matemáticas

24. Mis contactos con los señores Kepler, Galileo y Giordano Bruno

25. Todo lo que me explicó el señor Isaac Newton

26. Mis visitas a los físicos que fueron descubriendo las propiedades eléctricas y el electromagnetismo y lo que me enseñaron más tarde sobre las fuerzas electromagnéticas

Décimo de confinamiento. Cómo conseguí aprender más matemáticas

27. Mis viajes por la Tierra en los que continué aprendiendo las matemáticas. Entre muchos otros conocí al señor Descartes y al señor Wessel que me explicó que son los números imaginarios. Más tarde otros sabios me iniciaron en el juego de los índices que suben y bajan y en el juego del lagrangiano

28. Las nuevas matemáticas que me enseñaron los señores Levi Civita, Riemann, Christoffel, Bianchi, Antonio Ricci y otros. El juego de los índices que suben y bajan

Día once de confinamiento. Mis visitas a los sabios durante los últimos ciento cincuenta años

29. Hasta el año 1930, seguí con mucho interés cómo los sabios iban descubriendo la estructura del átomo

30. Los señores Edwin Hubble y poco más tarde el señor Alexander Friedmann me explicaron la expansión del universo

31. Mis visitas al señor Albert Einstein el año 1910 y el 1915

32. Pocos años más tarde visité a otros sabios que elaboraban diferentes derivaciones de la teoría de la relatividad

LAS AVENTURAS DE COSMET EXPLICADAS POR ÉL MISMO

Primer día de confinamiento

YO SOY COSMET

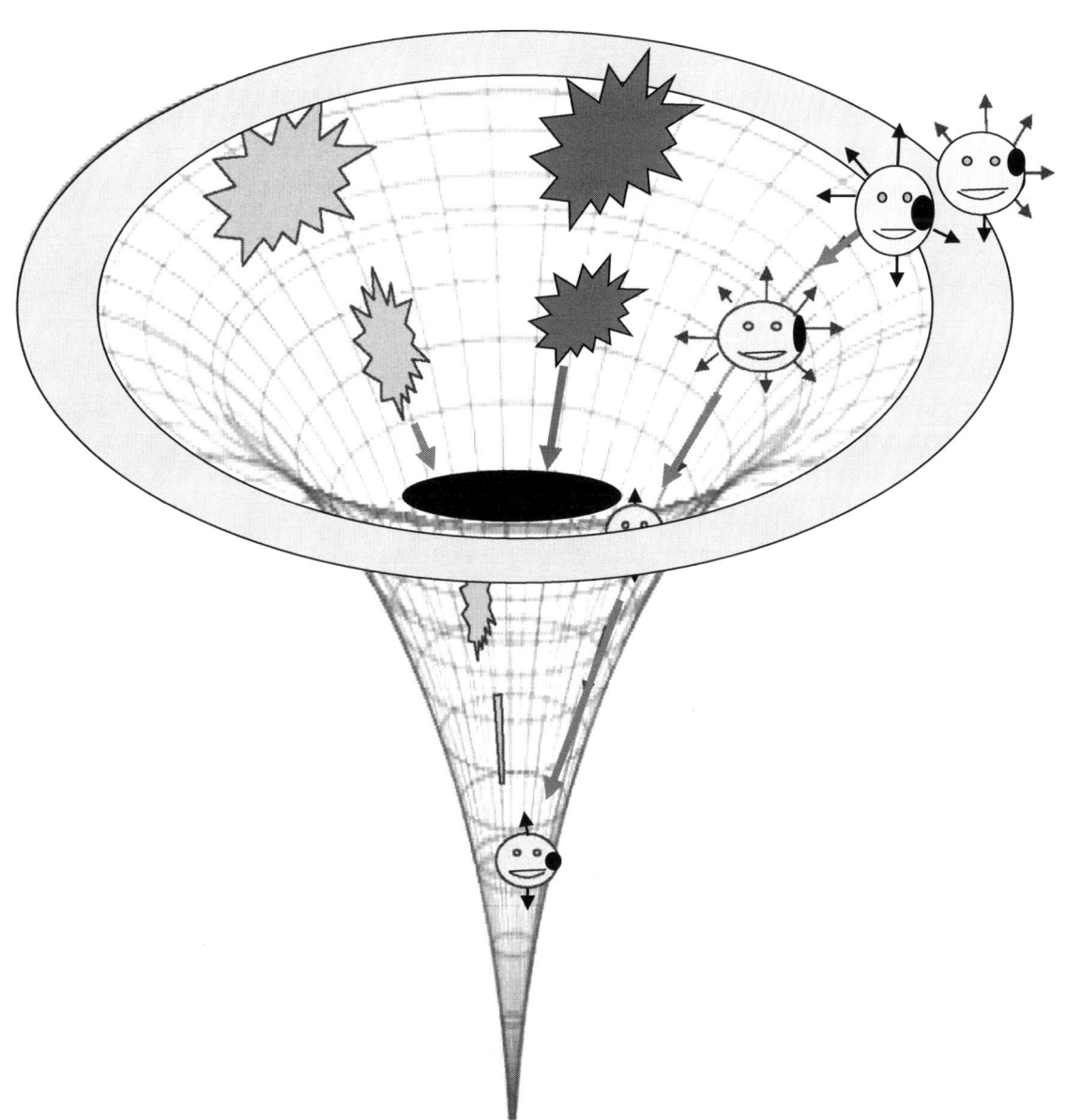

1. Cosmet cayendo en un agujero negro

LAS AVENTURAS DE COSMET EXPLICADAS POR ÉL MISMO

Primer día de confinamiento

1. Yo soy Cosmet

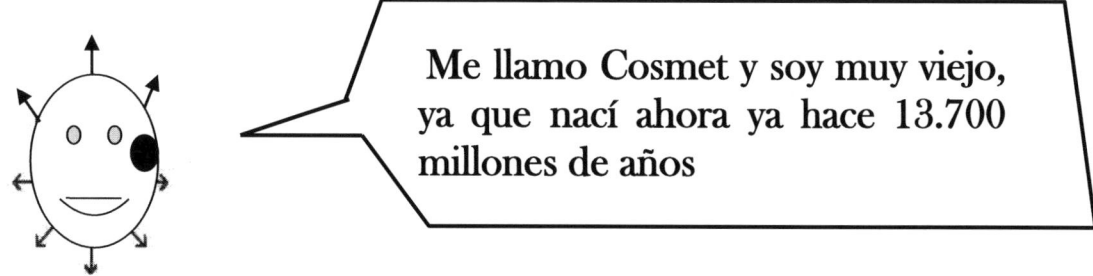

Me llamo Cosmet y soy muy viejo, ya que nací ahora ya hace 13.700 millones de años

En aquel momento mis padres todavía no existían de forma real como tales.

Existían únicamente todas sus partículas elementales que muchos años más tarde, mucho después de formarse la Tierra, se unieron entre ellas adoptando el aspecto de los seres humanos que ahora conocemos. Ya desde el primer instante, entre sus muchas partículas elementales, se apreciaban las de tipo inmaterial que siempre han constituido tanto sus pensamientos como sus sentimientos.

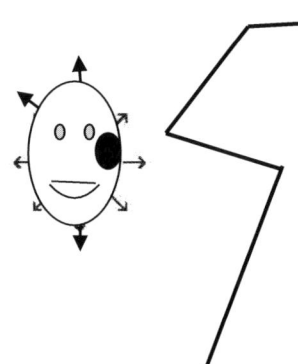

En el mismo momento en que nací, mis padres vieron enseguida que yo tenía unos poderes extraordinarios.

Lo primero que les sorprendió fue que yo no tenía masa ni peso, y que podía viajar muy rápido; tanto como me pareciera

Pensaron que era como los fotones, que son las partículas sin masa que se están moviendo siempre a la velocidad de la luz, que hoy en día se sabe que es de 300.000

kilómetros por segundo. Pero lo mío era mucho más, dado que yo podía viajar mucho más rápido y a cualquier velocidad.

Por otra parte, vieron enseguida que yo era como una partícula elemental de las que ahora se llaman **partículas cuánticas**, con todos sus atributos.

Como tal, yo tenía una doble naturaleza. A la vez, yo era como una partícula que se encuentra localizada en un lugar determinado y también como una onda que ocupaba la totalidad del espacio. Cuando no me miraban, me encontraba simultáneamente en todas partes.

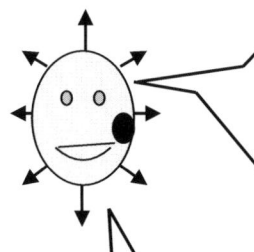

Como onda que era, tenía una longitud de onda que es la que ahora los sabios designan por la letra griega λ.

También tenía una frecuencia f, que es el número de oscilaciones que daba en cada segundo.

Este hijo que hemos tenido no parece nada normal.

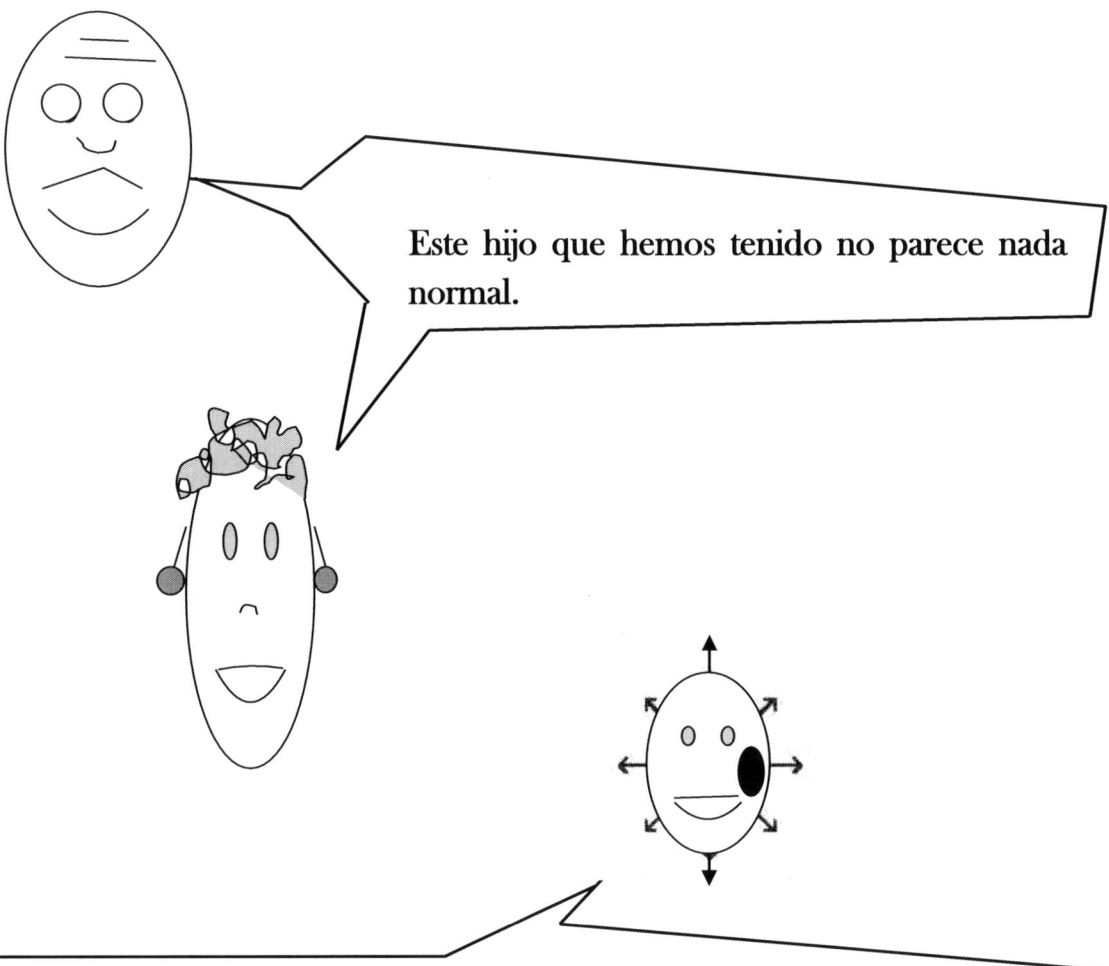

Es que yo tenía también poderes de muchos otros tipos, como por ejemplo, la capacidad de transformarme en cualquier cosa por grande que esta fuera. Muchos años más tarde, eso me ha permitido adoptar muy diversos aspectos e incluso, ya de muy mayor, la forma de los seres humanos que ahora conocemos y poder actuar como ellos.

Quizás fue pensando en todos esos poderes excepcionales de tipo cósmico que yo tenía, que mis padres me pusieron de nombre Cosmet.

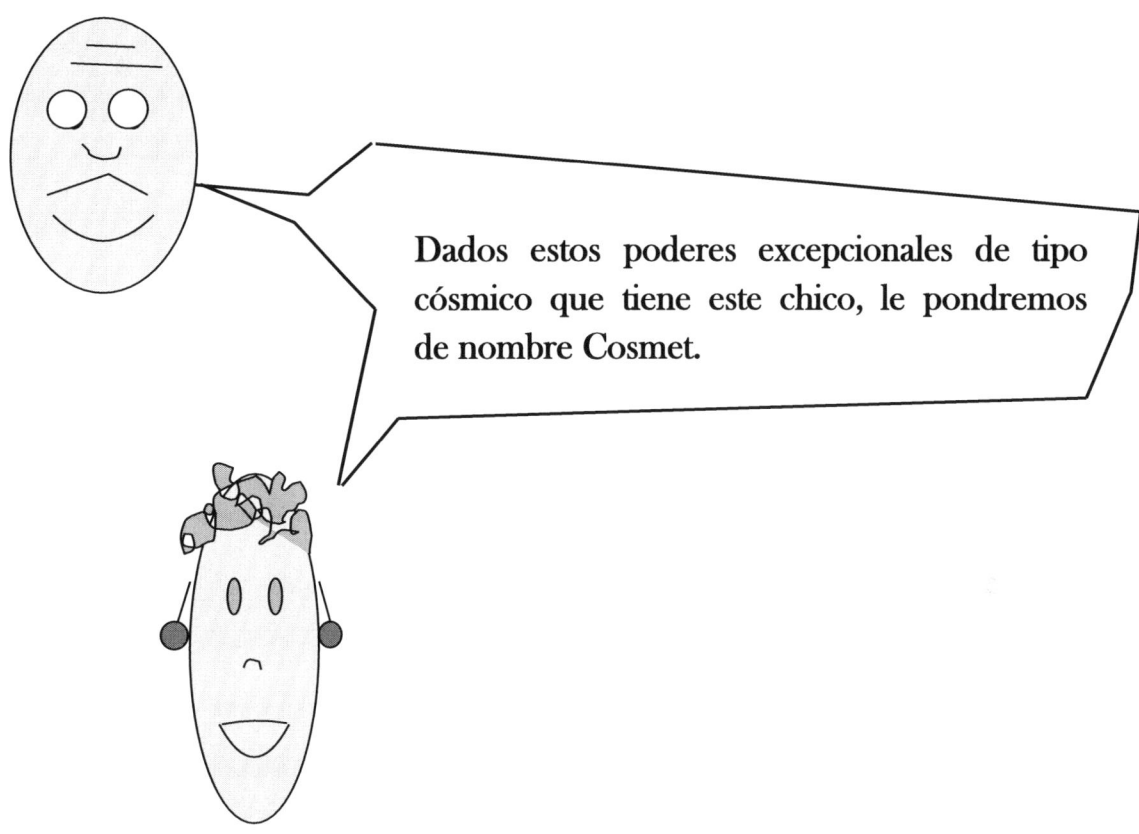

Dados estos poderes excepcionales de tipo cósmico que tiene este chico, le pondremos de nombre Cosmet.

Efectivamente, mis poderes eran y todavía son excepcionales, pero de eso no me di cuenta hasta no hace mucho tiempo. Fue hace poco más de un millón de años, cuando en el planeta Tierra empezaron a formarse seres humanos por simple agrupamiento de sus partículas materiales e inmateriales, las cuales ya existían desde siempre.

Por comparación con todos ellos, vi que siempre había sido y que era todavía un hombrecillo excepcional, con cualidades y capacidades para hacer todo tipo de cosas muy superiores a las del resto de los hombres y mujeres que han existido desde que hace aproximadamente un millón de años empezaron a formarse. Por este motivo, **en todos los cuentos que ahora os explicaré, yo seré siempre Cosmet y todo lo demás los « seres normales »**, tanto si se trata de personas, de cosas, o simplemente de partículas.

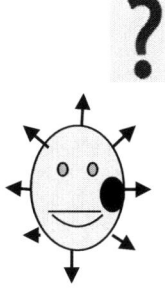

21

A pesar de lo que os he dicho, también quiero que sepáis que mi inteligencia no era ni nunca ha sido superior a la media de los hombres y mujeres normales de hoy día.

Por este motivo, durante mi muy larga vida, he tenido ocasión de ver todo lo que iba ocurriendo. Sin embargo, nunca pude entender nada de por qué ocurría.

Esto solo lo he podido ir comprendiendo a lo largo de los últimos dos mil quinientos años de mi vida, cuando he contactado con hombres y mujeres de los normales con una inteligencia muy superior a la mía, quienes se habían dedicado a estudiar e investigar muchas de estas cosas.

También observé que, para poder seguir sus razonamientos, necesitaba conocer la física y las matemáticas, por lo que me puse a estudiarlas duro.

Por otra parte, cabe deciros que he disfrutado de una gran ventaja, pues en los últimos tiempos de mi larga vida he tenido oportunidad de hablar siempre que he querido con todos los grandes sabios.

Es que yo, aparte de poder viajar a velocidades muy superiores a la de la luz, también tengo la capacidad de poder viajar en el tiempo, de trasladarme casi instantáneamente a cualquier tiempo pasado y contactar con cualquiera de los humanos en vida en aquella época.

De esta manera, he conversado con las personas que más conocimiento han tenido de cada tema relacionado con las cosas que durante mi larga vida había visto, pero no había entendido. Con algunos de ellos llegué incluso a entablar una buena amistad. Este es el caso, por ejemplo, de **Albert Einstein** y de **Max Planck,** quienes, entre muchos otros, son de los que más he aprendido. Por si alguno de vosotros no habéis oído hablar de ellos, cosa que dudo, les pido que se presenten.

> **Me llamo Albert Einstein y me conocen por mi Teoría de la Relatividad. Nunca imaginé que cambiaría el paradigma de la física del universo.**

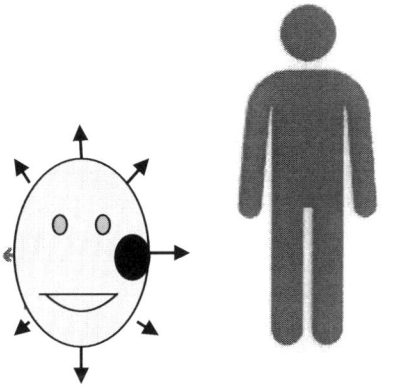

> **Yo me llamo Max Planck y le recuerdo a mi amigo Albert, que mis teorías cuánticas también lo han cambiado.**

2. Einstein. Imagen de Pixabay / Álbum. Max Planck. Wikipedia D.P. https://library.si.edu/image-gallery/73553. Autor desconocido. 1930.

Pero, lógicamente, mis contactos con los más sabios se han reducido únicamente a los realizados ya de muy viejo; en concreto, en los últimos 2.500 años de mi vida. Antes de esto y, por tanto, durante casi toda mi larga vida, siempre me he encontrado muy solo y, para entretenerme, me he dedicado a observar todo lo que ha ido existiendo en el universo y como este se ha ido comportando.

Siempre me ha gustado conocer todo lo que pasa. **He contemplado con atención muchas cosas y de muy diferentes modos, porque mi vista es también muy superior a la de cualquier humano normal como vosotros. Además, tengo otra facultad excepcional. Instantáneamente, puedo graduar mi vista automáticamente y mirar las cosas a la escala que yo quiero.**

> Acoplando mi vista a las escalas más pequeñas, puedo contemplar incluso los átomos y las partículas más diminutas que existen.

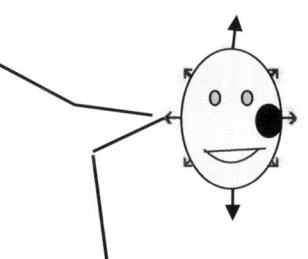

Incluso veo pequeños objetos de hasta una dimensión de solamente 10^{-35} metros, que es lo que aproximadamente medía el radio del universo cuando yo nací. Es lo que resulta de dividir el número uno entre lo que también resulta de multiplicar 35 veces por sí mismo el número diez; **0,00000......0000001 metros** (con 35 ceros).

> **Esta es seguramente la longitud más pequeña que existe, la cual el señor Max Planck y ahora algunos otros sabios han tomado como unidad de medida y es lo que llaman un cuanto de espacio.**

Pienso que tienen razón, pues yo nunca he podido ver nada más pequeño. A lo sumo y dado que mi capacidad de imaginación es también excepcional, solo he vislumbrado sombras muy difuminadas de cosas no existentes de forma real. Esto me ha permitido, siempre, ver el universo a nivel de poder observar las partículas elementales, tanto las que se encuentran aisladas como las que constituyen todos los objetos cósmicos.

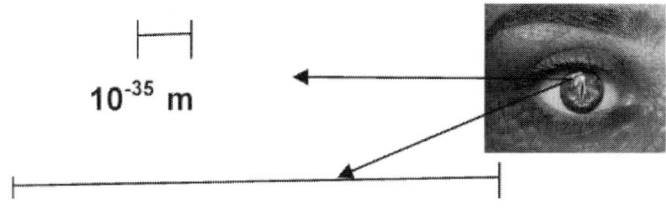

10^{-35} m

10.000 millones de años luz

Por el contrario, si gradúo mi vista a las escalas grandes, observo el universo dividido en grandes regiones cósmicas, pero no puedo divisar las cosas más pequeñas.

También me ha interesado mucho lo que he contemplado a la escala que actualmente los humanos normales expertos en cosmología llaman la **gran escala**. Es nada menos que la que corresponde a más de **1.000 millones de años luz**, siendo un **año luz** la distancia que recorre un rayo de la misma durante un año.

Cuando observo el universo a esta escala lo distingo casi totalmente **homogéneo**. Todo lo veo igual en cualquier dirección en la que miro. A esto le llaman ahora **isotropía**. Se trata del

principio cosmológico, que no es otra cosa que el hecho de que **a gran escala el universo sea homogéneo e isótropo.** Así es; cuando observo el universo a escalas normales como hacéis todos vosotros, todo lo que veo es muy distinto y los valores que toman propiedades como la temperatura, la densidad y muchas otras, son muy variables. Sin embargo, **a gran escala, todas las porciones de universo que puedo percibir tienen los mismos valores en todas sus propiedades y características.**

Durante toda mi extensa vida me ha gustado siempre viajar. Si quisiera explicaros todo lo que he visto y todos los lugares donde he ido, no acabaría nunca. Por tanto, me limitaré a contaros las cosas que más me han impresionado y las conversaciones más interesantes que ya de muy mayor he mantenido con los normales más sabios. La verdad es que durante toda mi vida he estado viajando por todo el universo en el que vivimos. He llegado incluso hasta las galaxias más lejanas viendo estrellas de diferentes colores.

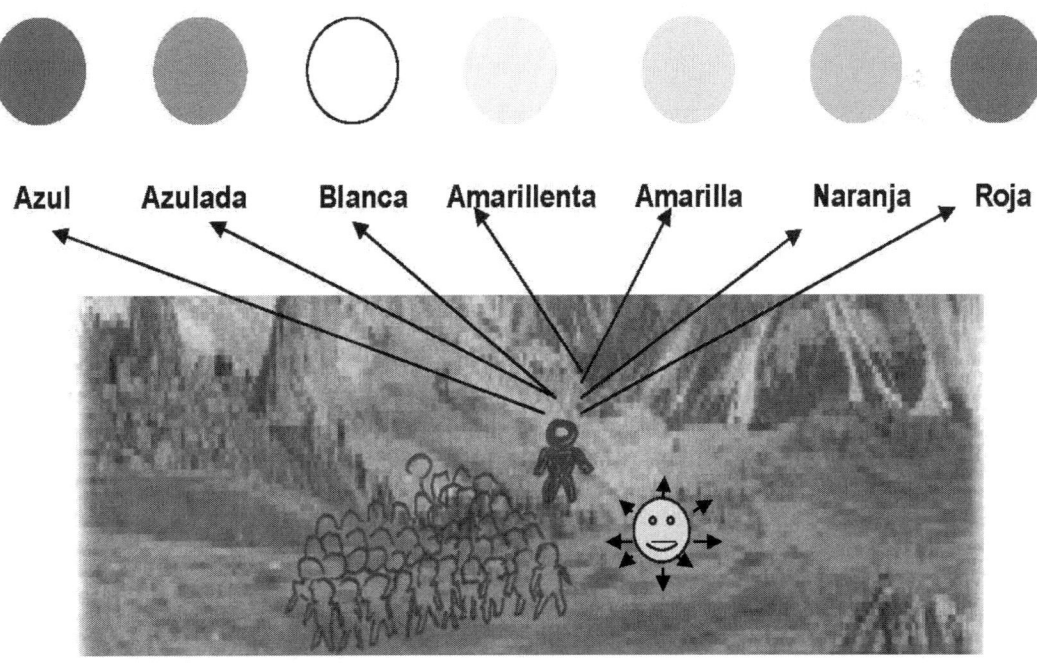

Durante toda mi larga vida, me he dedicado a hacer lo que más me gusta; observar y viajar.

Hasta que no tuve unos **9.000 millones de años,** me limité a ser una partícula inmersa en el universo, encontrándome muy solo durante todo este tiempo. En mis múltiples viajes, me dediqué básicamente a conocer todos los objetos cósmicos que se fueron formando y su evolución conforme iba transcurriendo el tiempo cósmico.

Mientras no viajo, ya hace mucho tiempo que vivo aquí en el planeta Tierra y concretamente en Barcelona porque es la ciudad que más me gusta. Además, casi siempre adopto la forma de los humanos normales y hago la misma vida que ellos.

Soy muy reservado y no me ha gustado nunca llamar la atención, ya que si en mis viajes al pasado hubiera hablado de todas las cosas que yo sé, pienso que me habrían tomado por loco e incluso los más fanáticos, que siempre ha habido muchos y de muy diferentes tipos, seguro que se habrían enfadado mucho conmigo.

Considero que muchos de ellos habrían querido encarcelarme o hasta algunos matarme. Esto no me da ningún miedo porque soy indestructible, pero siempre he pensado que no es bueno hacerse enemigos.

Por otra parte, **en los contactos que he tenido he escuchado mucho y he hablado muy poco debido a que no me gusta influir en nada ni en nadie. En consecuencia, intento no decir absolutamente nada que pudiera cambiar el curso de la historia.**

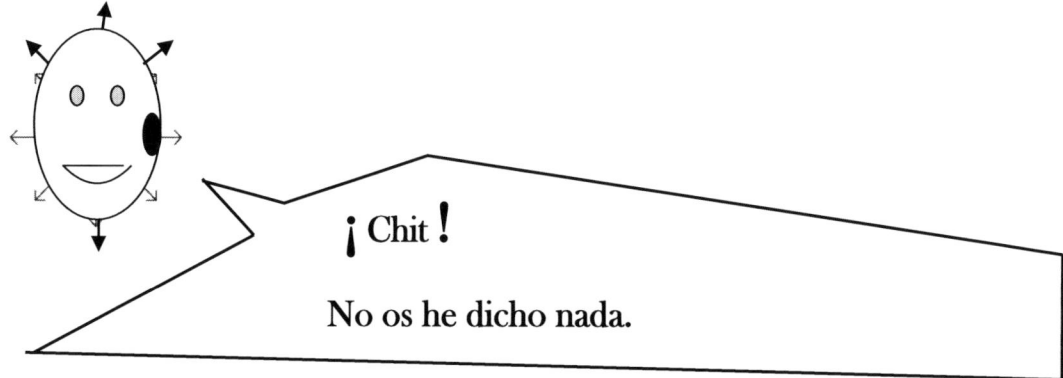

¡ Chit !

No os he dicho nada.

Cuando yo nací el universo era muy pequeño. Era como un diminuto espacio esférico del que yo, con mi vista excepcional, pude observar que media solo 10^{-35} metros. Es lo que ahora llaman **« longitud de Planck »** y, tal como ya os he comentado, es la menor longitud que muy probablemente existe físicamente. Son **0,00000 .... 01 metros** (con 35 ceros).

Donde yo me encontraba y en cualquier sitio al que me desplazase, en aquel primer momento solamente había muchas partículas inmateriales, pero no como yo mismo, sino que eran de las normales; de esas que ahora se llaman **fotones,** que no son otra cosa que unos pequeños granitos de lo que llamamos **energía.** Los sabios los denominan también **cuantos.**

fotones

No eran todos iguales, sino que según la **frecuencia f** a la que vibraban, los había de más y de menos energía, pero siempre en cantidades proporcionales a un número que ahora denominan **constante de Planck h,** de la que os hablaré más adelante. Lo que sí que vi enseguida es que no podían estarse quietos y que se movían constantemente a la velocidad de la luz. Yo, en cambio, podía ir en cada momento a la velocidad que deseara.

Entonces no entendí nada de todo esto, pero no hace mucho tiempo me lo explicó el propio señor **Max Planck** en la primera visita que le hice.

Yo era como una de estas partículas, pero con una energía inmensa y, además, con la facultad de poderla trocear tanto como me pareciera. Esto es precisamente lo que me ha permitido siempre transformarme en cualquier cosa. Lo he estado haciendo durante toda mi vida, pero nunca supe cómo, hasta que hace unos pocos años me lo clarificó el señor **Albert Einstein.**

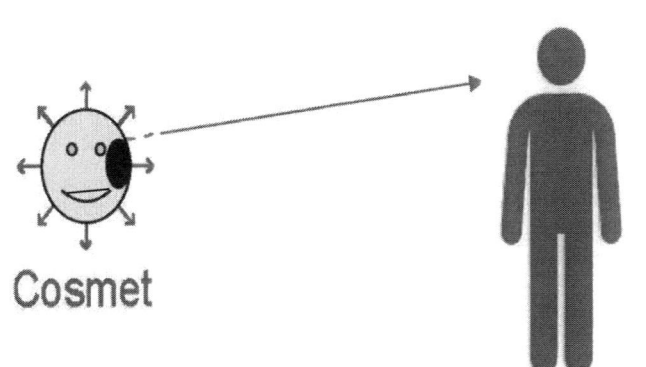

Cosmet

3. Einstein. Imagen de Pixabay / Álbum

27

Me dijo que todo lo que existe, en el fondo, no es otra cosa que lo que se llama **energía** y que esta adopta muchas formas, incluso la de cualquier cosa que tenga **masa**.

Todo lo que existe no es más que energía

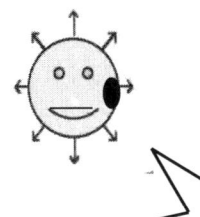

Cuando quiero transformarme en cualquier cosa, lo que hago realmente es que a una determinada cantidad de la inmensa energía que yo tengo, la transformo en partículas elementales con masa y, dado que poseo además la capacidad de disponerlas y organizarlas tal como me parece, puedo aparecer inmediatamente como cualquier objeto, o incluso, como cualquier ser vivo, desde un animal pequeñísimo a todos los más grandes.

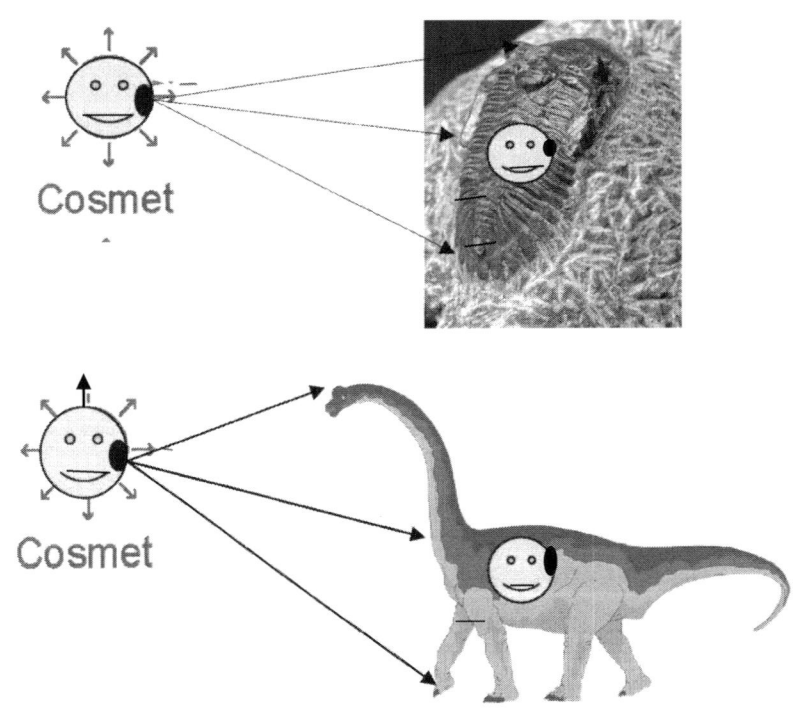

4. Imágenes de Pixabay / Álbum. Trilobites y reptiles prehistóricos.

Asimismo, desde que comenzaron a aparecer seres vivos de los tipos más diversos, a menudo conservando mi personalidad esencial de partícula, he adoptado simultáneamente su aspecto para poder vivir entre ellos y así, conocerlos mejor. La realidad es que, cuando hago esto, mi personalidad se desdobla sin perder mi esencia propia de partícula cuántica. Una parte de mi inmensa energía pasa a ser cualquier cosa de las que existen o han existido, ya sea un objeto inanimado o un ser con vida.

Cuando yo nací, el universo acababa de formarse dentro de lo que ahora se llama el **cosmos**. En todo momento, he podido ver el universo como un espacio esférico, al principio muy pequeño y luego mucho más grande, en el que yo me encuentro siempre en su centro. Los humanos normales que se dedican a estudiar estas cosas, para medirlo, utilizan un **año luz** que, tal como ya os he dicho, es la **distancia que recorre la luz en un año**.

Pues bien, yo veo ahora el universo desde mi casa de Barcelona, como una esfera de unos **46.000 millones de años luz** de radio, en la que solo observo materia hasta una distancia máxima de **33.000**, estando el resto ocupado por partículas inmateriales como yo mismo, pero de las normales.

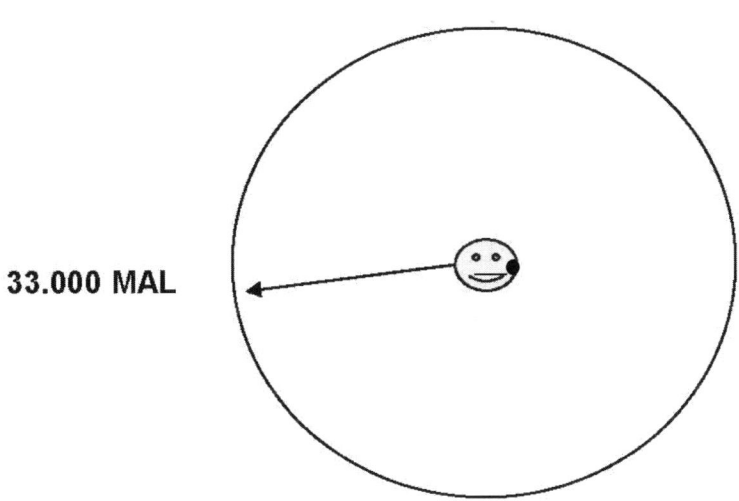

33.000 MAL

Ya os he mencionado que nací hace nada menos que **13.700 millones de años**. Lo sé porque los he podido ir contando. Por tanto, los años que tiene el universo son aproximadamente los míos, y a estas edades que yo mismo y el universo hemos ido teniendo en cada momento, las llaman ahora el **tiempo cosmológico** y lo designan como **tc**. Al momento en que tanto el universo como yo mismo nacimos, el señor Max Planck y otros sabios le han asignado un valor $tc = 10^{-44}$ **segundos**, que son,

$$0,00000 \ldots\ldots\ldots\ldots 00001 \text{ segundos}$$

(44 ceros)

Este es seguramente el intervalo de tiempo más pequeño que existe. El señor **Max Planck** y ahora algunos sabios lo han tomado como unidad de medida y lo que denominan un **cuanto de tiempo**.

Os reitero que cuando nací, el universo era como un diminuto espacio esférico que medía solo 10^{-35} metros, que es la menor longitud que muy probablemente existe físicamente. Son **0,00000 .... 01 metros** (con 35 ceros).

Justo en aquel instante en que acababa de nacer, me encontré inmerso dentro de lo que me pareció de entrada una gran explosión, el ***Big Bang***. En los primeros instantes de mi vida, en un ínfimo lapso de tiempo que, gracias a mis facultades, pude medir en unos **0,00001 segundos**, vi que, de manera para mí totalmente incomprensible, el universo crecía repentinamente de una forma exorbitante hasta convertirse en una esfera de radio igual a aproximadamente **10.000 millones de kilómetros**. Ocurrió lo que ahora se conoce como la **gran inflación**.

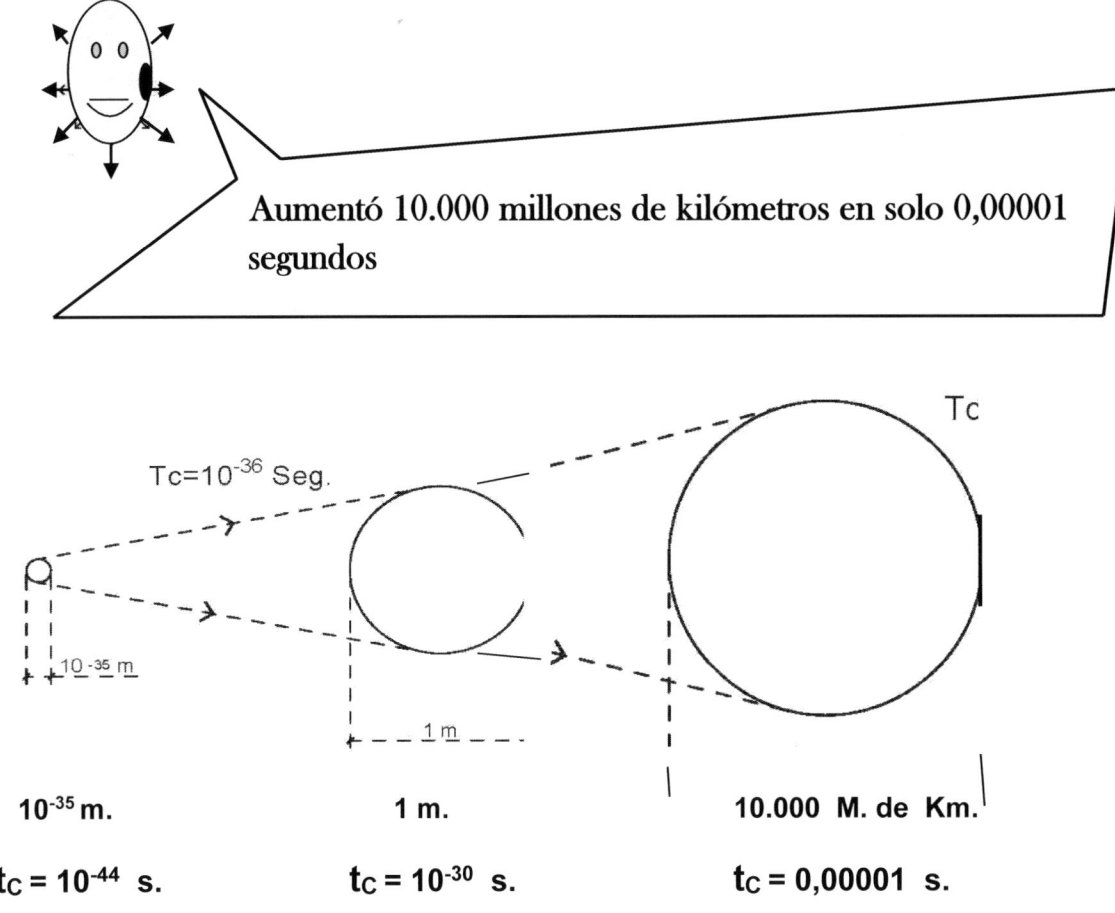

Aumentó 10.000 millones de kilómetros en solo 0,00001 segundos

$T_c = 10^{-36}$ Seg.

T_c

10^{-35} m

1 m

10^{-35} m.

1 m.

10.000 M. de Km.

$t_C = 10^{-44}$ s.

$t_C = 10^{-30}$ s.

$t_C = 0{,}00001$ s.

Una vez terminada la gran inflación, he ido viendo cómo el universo ha ido creciendo mucho más despacio hasta su tamaño actual. Este fenómeno es la **expansión del universo**.

Al principio, durante estos **0,00001 segundos** que duró la gran inflación, usando mis facultades extraordinarias, tuve tiempo para ver y experimentar muchas cosas. Lo más importante es que observé cómo a mí alrededor aparecían y desaparecían continuamente todo tipo de partículas, la mayoría de ellas muy energéticas. Algunas de estas, casi inmediatamente y sin saber yo por qué, adquirían masa y al poco tiempo se desintegraban. De este modo, algo inexplicable para mí, fueron apareciendo y desapareciendo sucesivamente todo tipo de partículas. Pronto las de mayor masa y, por tanto, las más energéticas, fueron dejando de crearse. Las recuerdo vagamente, pero no las he contemplado nunca más.

A otras partículas de menor masa las he divisado eventualmente, pero las que eran menos energéticas siempre me han acompañado. Aparecían muchas partículas elementales de las que ahora se llaman **quarks** y también, entre muchas otras, las partículas de menor masa que ahora se conocen como **electrones. Todas estas partículas elementales han sido mis amigas a lo largo de mi vida.**

e⁻

> Yo soy el electrón y me he reunido con muchos compañeros para ir girando alrededor de todos los átomos que existen

Por otra parte, los quarks que aparecieron eran de los seis tipos que ahora los sabios de las partículas conocen y han denominado **quark arriba,** *u,* **quark abajo,** *d,* **quark extraño,** *s,* **quark encanto,** *c,* **quark fondo,** *b* y **quark cima,** *t.*

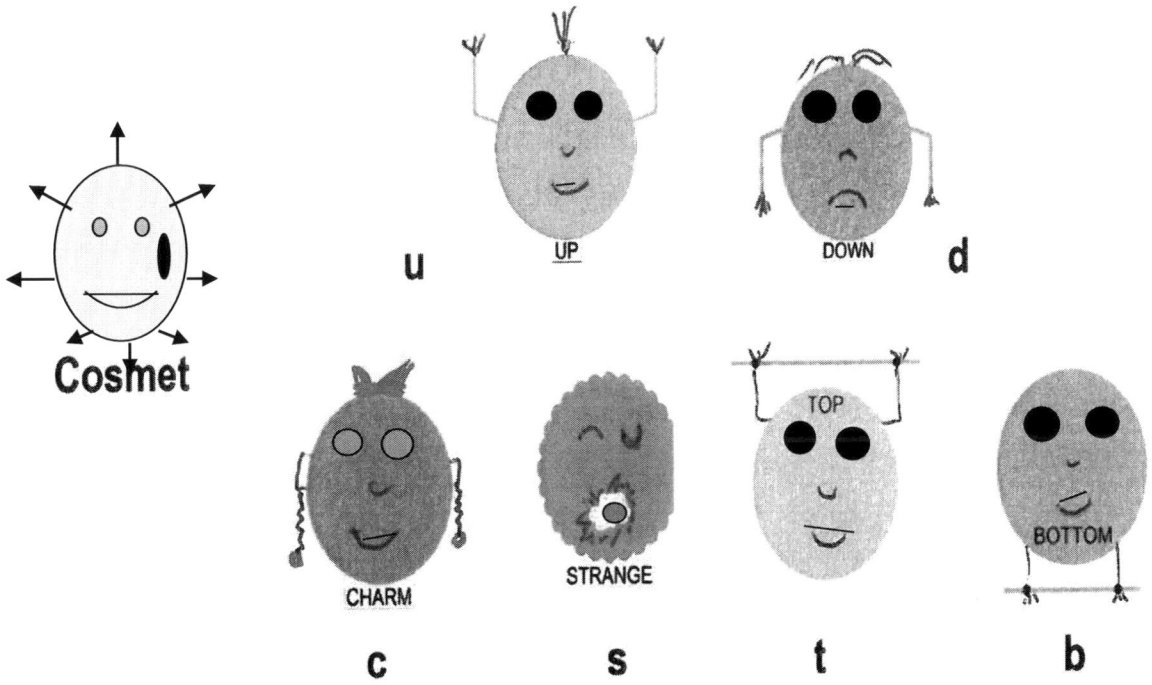

Cosmet

u UP

d DOWN

c CHARM

s STRANGE

t TOP

b BOTTOM

De todos estos quarks, los dos de menor masa-energía son los de la primera fila; el **quark arriba (*up*) y el quark abajo (*down*),** que no se desintegraron. Se han mantenido siempre estables y actualmente **forman junto con los electrones toda la materia que existe en el universo.** Los demás de mayor masa de la segunda fila, pronto dejaron de formarse y solo los he podido ver de nuevo, eventualmente, al cabo de muchos años.

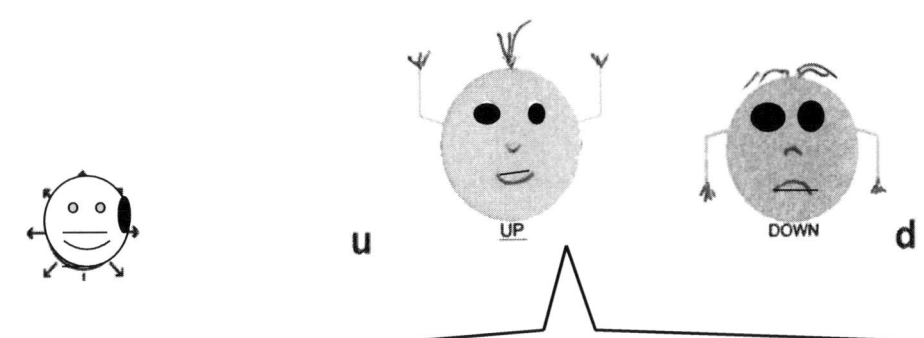

Nos hemos mantenido siempre estables y formamos, junto con los electrones, toda la materia que existe en el universo.

Nuestros compañeros de mayor masa, pronto nos abandonaron y dejaron de formarse.

Al principio, aprecié partículas elementales de diferentes tipos, casi pegadas unas a otras, flotando en un mar de fotones, pero al poco tiempo, observé también como los quarks de menor masa se asociaban en grupos de tres, originando las partículas compuestas que ahora conocemos como **protones (u, u, d)** y **neutrones (d, d, u).**

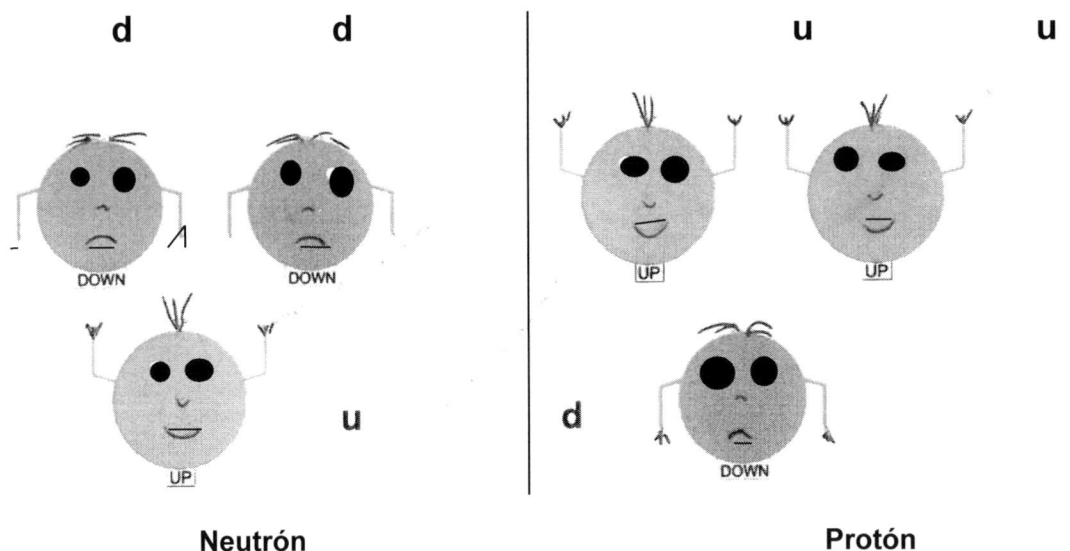

Algo curioso que siempre he advertido es el hecho de que estos quarks nunca se aparejan entre ellos, sino que se unen formando tríos; y todavía aún más curioso y cosa rara, es el hecho de que estos tríos sean totalmente estables.

Años más tarde, vi que algunas de estas partículas compuestas se asociaban a su vez, formando los **núcleos atómicos**. Igualmente, muchos protones no se asociaban con nadie y todavía constituyen los núcleos de **hidrógeno**. Muchas de las demás partículas compuestas se asociaban también en grupos de dos protones y dos neutrones, formando núcleos de **helio**.

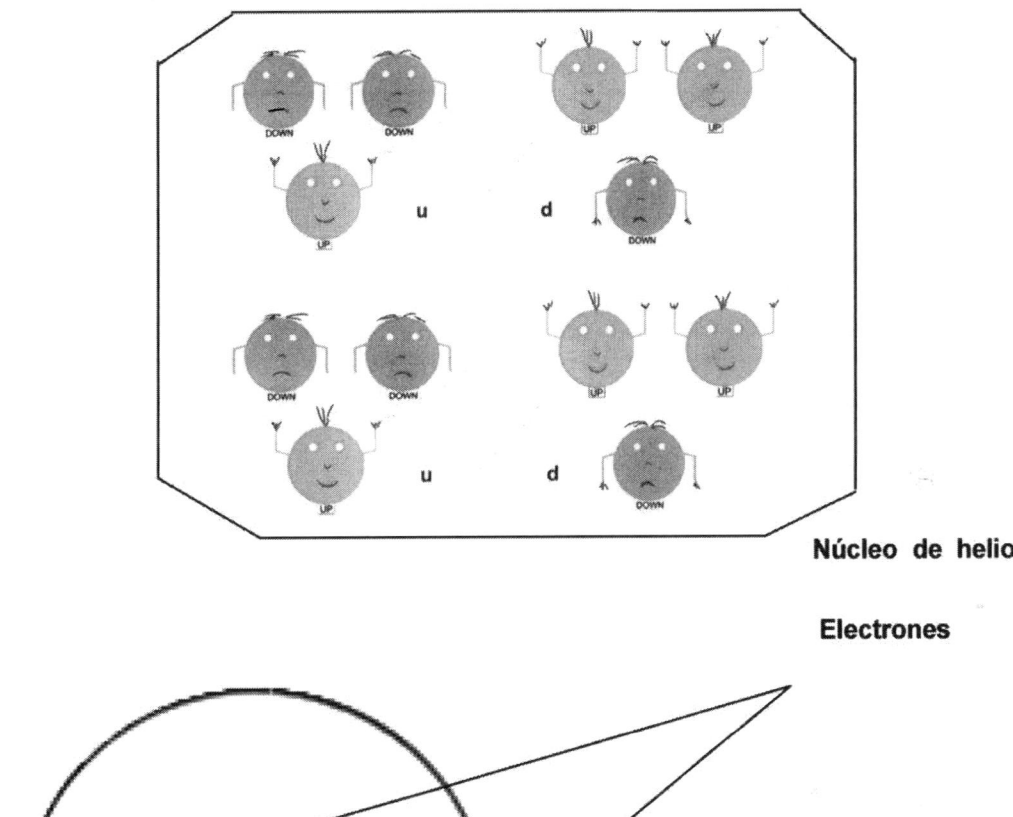

Núcleo de helio

Electrones

Núcleo atómico de helio con

5 . Licencia Creative Commons   **sus dos protones y sus dos neutrones**

Documentación libre GNU. CCBY-SA. Autor. Svdmolen / Jeanot.

Wiquipedia. **CCBY-SA 3.0.**

Cuando tuve la edad de **380.000 años,** comprobé que muchos de estos núcleos se rodeaban a gran distancia de **electrones** y, de esta manera, se formaban los pequeños objetos que conocemos como **átomos**, de los que sabemos que están formadas todas las cosas.

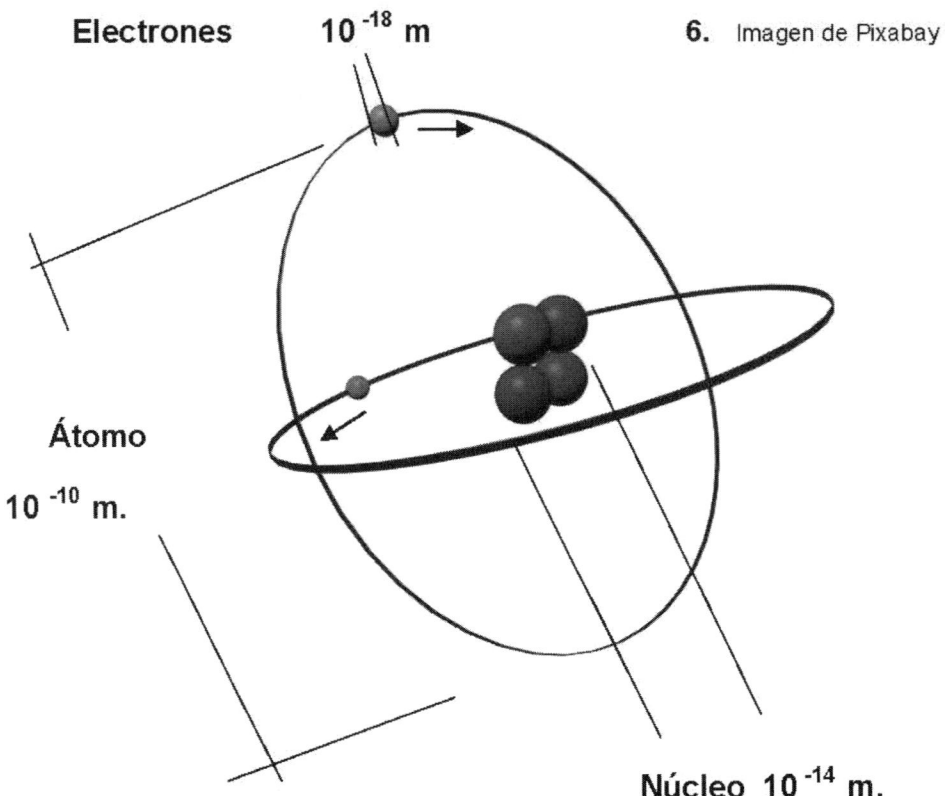

Electrones   10⁻¹⁸ m

$$\text{Electrones} \quad 10^{-18}\ m$$

6. Imagen de Pixabay

Átomo

$$10^{-10}\ m.$$

$$\text{Núcleo}\ 10^{-14}\ m.$$

Pyxabay / Álbum. Átomo.

Los electrones quedaban situados a una distancia del núcleo de aproximadamente **10.000 veces la dimensión de este.** Cuando tuvo lugar esta agrupación, dada la gran distancia a la que se situaban los electrones, aparecieron muchos espacios vacíos; el universo se volvió más transparente, con lo cual los fotones normales pudieron comenzar a viajar. La mayoría de ellos han estado viajando constantemente por el universo en expansión, casi siempre sin chocar con nada y siempre a la velocidad de la luz; no saben estarse quietos.

Cuando llegué a la edad de más o menos **un millón de años**, las partículas con masa comenzaron a agruparse formando muchas nubes que lentamente se contraían, de tal manera que, empezaron a formarse los objetos cósmicos que conocemos. Esto ha ido ocurriendo durante toda mi vida. Se han ido formando y aún se forman todo tipo de **estrellas,** siempre diferentes dependiendo de la masa que tenía la nube inicial de procedencia.

Azul   Azulada   Blanca   Amarillenta   Amarilla   Naranja   Roja

Estas estrellas se rodeaban de los objetos más pequeños que conocemos como **planetas**. También, muchas de ellas se agrupaban formando lo que ahora se llaman **cúmulos estelares** que, según como estén dispuestas sus estrellas, pueden ser **cúmulos globulares**, más o menos esféricos y muy densos, o bien **cúmulos abiertos,** con sus estrellas más dispersas.

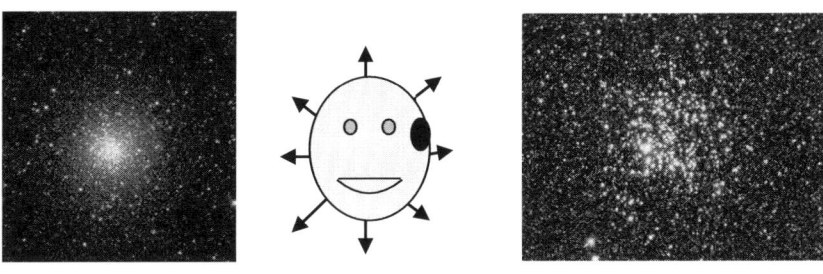

Cúmulo globular   **Cúmulo abierto   7.** Wiquipedia D.P.

Mirando a mayor escala, he observado cómo todo lo anterior se iba agrupando, formando diferentes tipos de las grandes estructuras denominadas **galaxias**.

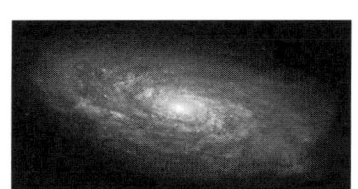

Galaxia elíptica   **Galaxia espiral   8.** Pixabay/Álbum

Hasta que no tuve unos **9.000 millones de años** me limité a ser una partícula inmersa en el universo. En los muchos viajes que hice, me dediqué básicamente a conocer todos los objetos cósmicos que se fueron formando y cómo fueron evolucionando.

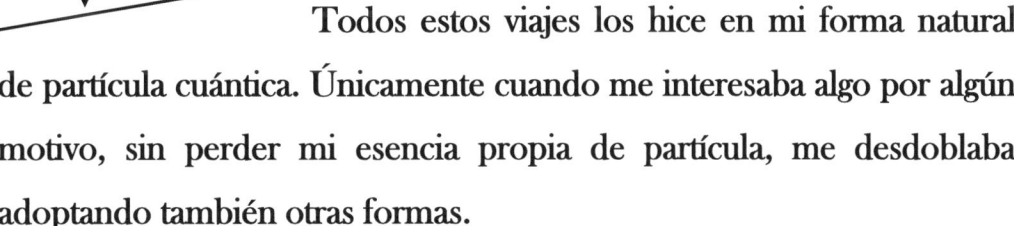

Todos estos viajes los hice en mi forma natural de partícula cuántica. Únicamente cuando me interesaba algo por algún motivo, sin perder mi esencia propia de partícula, me desdoblaba adoptando también otras formas.

Por ejemplo, siempre que he querido conocer la masa de los objetos cósmicos, una pequeña parte de mi inmensa energía la he transformado en una **báscula gigante** calibrada tanto en kilogramos como en masas solares **MS,** y con ella simplemente los he pesado. Una masa solar es la masa del Sol, que los sabios toman como unidad de medida para determinar la de los objetos cósmicos.

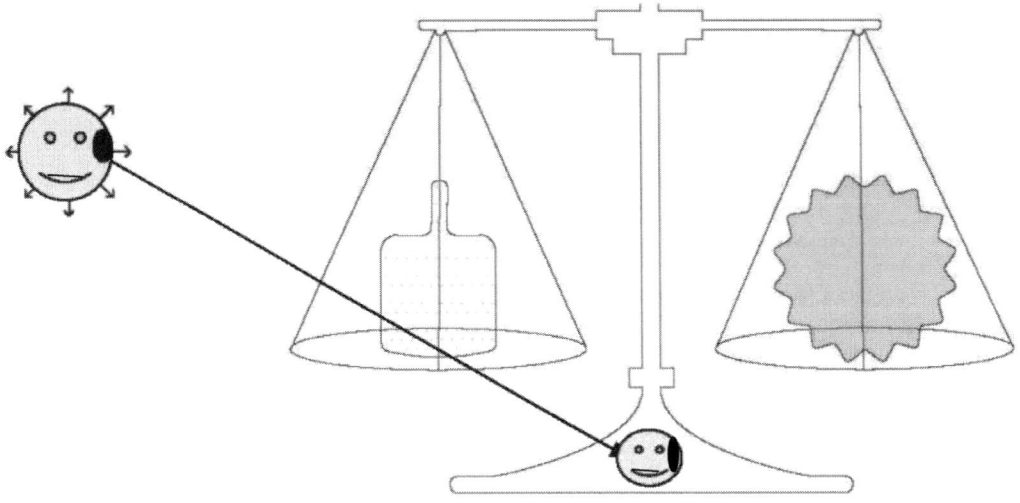

Cosmet pesando una estrella.

Cuando acabé de pesar todos los objetos cósmicos y sumé los valores obtenidos, conocí la cantidad de masa que hay en el universo, que resultó ser de unos 10^{53} **kilogramos;** nada menos que lo que resulta de multiplicar **cincuenta y tres veces** el número 10 por sí mismo. Igualmente, cuando he deseado saber la temperatura de cualquier objeto cósmico, una pequeña parte de mi energía la he convertido en un termómetro gigante calibrado en lo que ahora se llaman **grados Kelvin.** Con él he tomado la temperatura de todos los objetos cósmicos que he conocido.

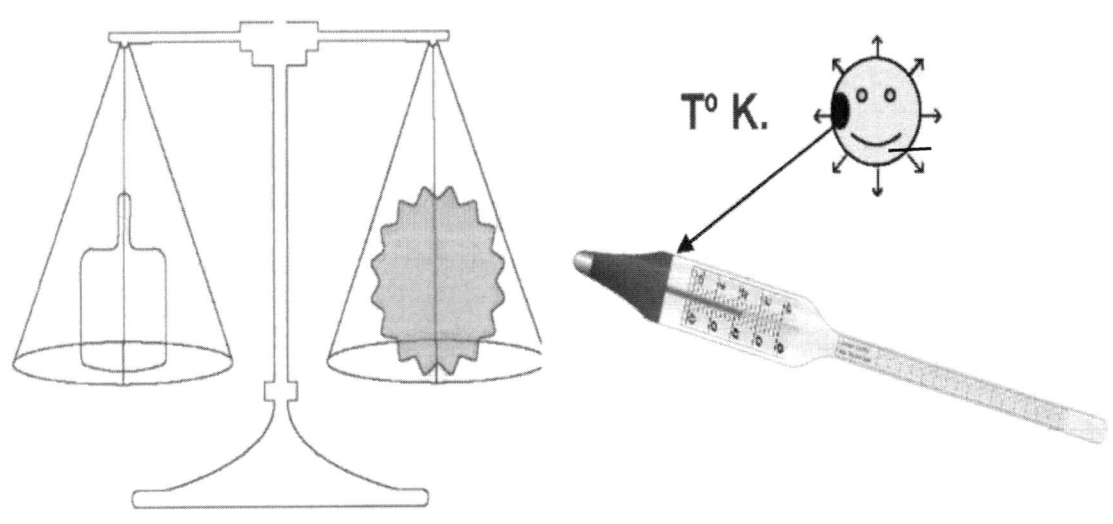

Cosmet tomando la temperatura a una estrella mientras la está pesando

Por otra parte, he entendido muy bien el comportamiento de todos los objetos cósmicos del universo, pues con las facultades extraordinarias que tengo, me he transformado en cada uno de ellos durante todo el tiempo que he querido. Realmente, pienso que soy un ser muy singular y que solamente he podido nacer, por lo que ahora los sabios llaman el **azar cuántico**. Sin embargo, debido a que en el universo rige entre otros el que yo llamo **principio de no unicidad**, estoy convencido de que no debo ser el único ejemplar con estas capacidades; deben existir otros como yo o parecidos. De todos modos, han de ser muy pocos, ya que de momento no he podido conocer ninguno.

Continúo con la historia de mi vida. Hace aproximadamente unos **4.600 millones de años**, cuando yo ya era algo mayor, tenía **9.000 millones de años**, observé que, cerca de donde yo me encontraba habitualmente, se estaba formando lo que hoy día llamamos el sistema solar, y con él, la Tierra, satélite del Sol. La novedad a partir de entonces fueron mis viajes al Sol y a los planetas que se fueron originando.

9 . Pixabay / Álbum

Desde mi situación en el espacio, veía la Tierra como un objeto mucho más pequeño que el Sol que se encontraba girando alrededor de este, dando una vuelta cada 365 días. Unos millones de años más tarde, me pareció un sitio agradable para ir a vivir y tanto fue así, que me desplacé hasta el punto donde actualmente se encuentra Barcelona y fijé allí mi residencia habitual. **En cuanto a la propia Tierra, en estos años vi que se iba transformando sin cesar. Pude observar, por ejemplo, cómo la distribución de continentes y océanos iba variando constantemente; mientras unos se hundían en los mares, otros iban emergiendo.**

Por otra parte, en las zonas de tierra el relieve también iba cambiando sin cesar. Conforme pasaba el tiempo, iban apareciendo y desapareciendo montañas y valles. Las causas de estos comportamientos no he llegado a entenderlas hasta que hace muy pocos años, he tenido ocasión de hablar con humanos normales expertos en la ciencia que se ha llamado **geología**.

Lo más curioso que he podido observar se ha producido durante los últimos 700 millones de años y es referente a la aparición en la Tierra de seres con vida. A lo largo de este período, han ido apareciendo y desapareciendo muy diversas especies de animales y plantas con los cuales he tenido ocasión de convivir. Efectivamente, desde que comenzaron a aparecer seres vivos de los tipos más diversos, a menudo y conservando mi personalidad esencial de partícula, he adoptado simultáneamente la forma de los mismos para poder vivir entre ellos y de esta manera conocerlos mejor.

Ya al principio tomé el aspecto de muchos animales marinos muy pequeños, como son, por ejemplo, los que los sabios geólogos llaman **trilobites.** De todos estos pequeños animales, ahora los humanos solo conocéis sus esqueletos petrificados. También, a partir de hace solamente unos **250 millones de años**, me transformé en animales muy grandes como los mamuts y los dinosaurios; pasé una temporada con ellos.

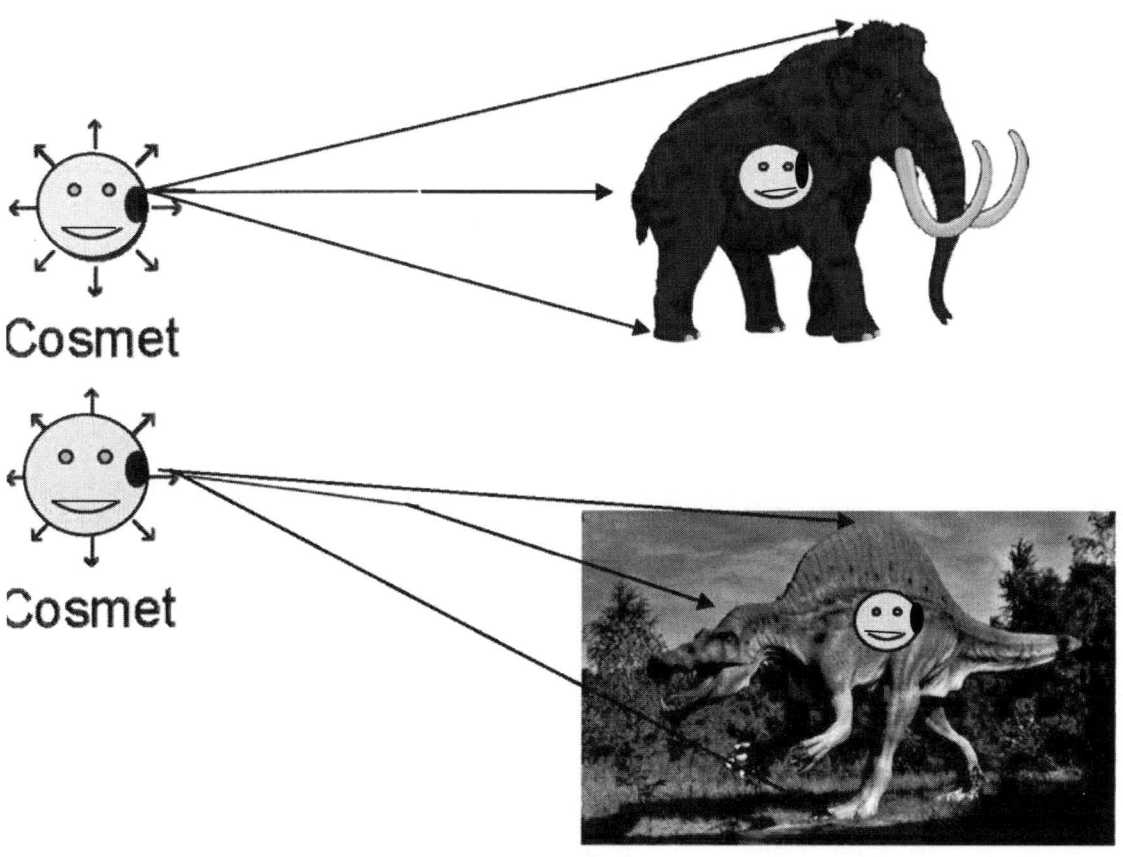

10. Pixabay / Álbum.

En estos viajes, he permanecido siempre en mi forma natural de partícula cuántica, la cual, dada su cualidad de ser indestructible, me ha permitido sobrevivir a grandes cataclismos de todo tipo. Todos estos hechos que yo he vivido, los normales expertos en geología los han conocido a partir del estudio de los fósiles, que no son otra cosa que cadáveres petrificados de antiguos seres vivientes.

Hace apenas un millón de años que dentro de las especies animales apareció la especie humana, cuya principal característica es tener casi siempre una inteligencia superior a las demás. Cuando supe de ellos, dada la facultad de pensar que siempre he tenido, decidí adoptar la forma de esta especie animal, sin abandonar la posibilidad de convertirme en mi esencia verdadera de partícula, siempre que quisiera.

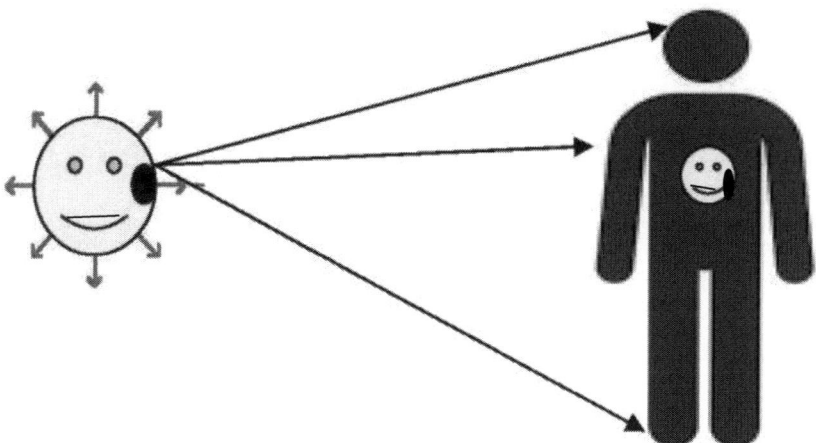

Todo lo que os he explicado lo pude ver, pero no fui capaz de entenderlo. Desde hace solamente unos 2.500 años, ante la aparición continua de humanos normales con una inteligencia muy desarrollada, decidí tomar contacto con los que parecían saber más de cada tema. Visitar a estas personas durante estos últimos 2.500 años ha sido el principal motivo de la gran cantidad de viajes que he planeado y realizado por la Tierra.

Aparte de todos estos viajes por el universo donde habitualmente resido y que todos más o menos conocéis, he tenido también ocasión de visitar muchos otros universos que también existen. Yo os lo puedo asegurar porque he estado en ellos. Por descontado que ningún humano normal como vosotros ha podido ir, pero algunos creen que existen aplicando lo que llaman el **principio de no unicidad de eventos**.

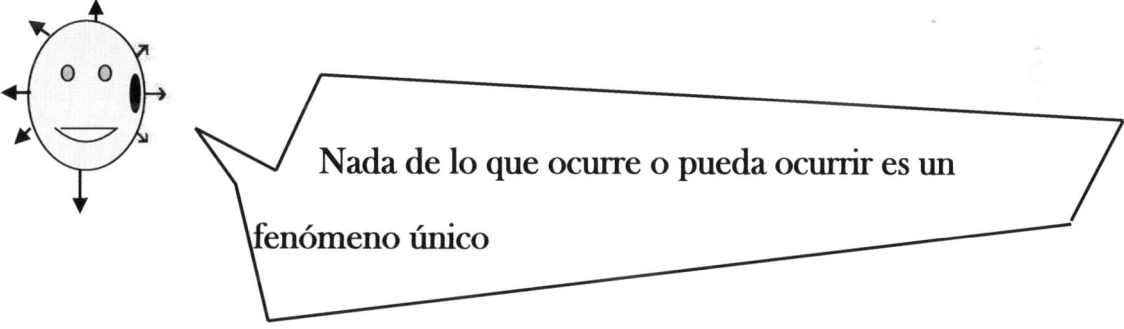

Nada de lo que ocurre o pueda ocurrir es un fenómeno único

Este principio consiste en creer que nada de lo que ocurre es un fenómeno único y, por lo tanto, igual que se formó nuestro universo, se han formado necesariamente muchos otros. El conjunto de todos ellos es lo que algunos llaman el **multiverso**. Solamente yo que lo he visitado puedo asegurar que están en lo cierto. De hecho, es una idea muy simple; basta pensar que no existe ninguna cosa que ocurra, que no haya sucedido antes muchas veces y que pasará muchas otras más.

Os he explicado quién soy en mi verdadera naturaleza de partícula cuántica. Falta que os explique mi segunda naturaleza paralela, como **ser humano no normal**. Como no me gusta destacar, decidí desdoblarme adoptando la forma y características de un ser humano estándar de **1,80 metros de altura** y **80 Kg** de peso.

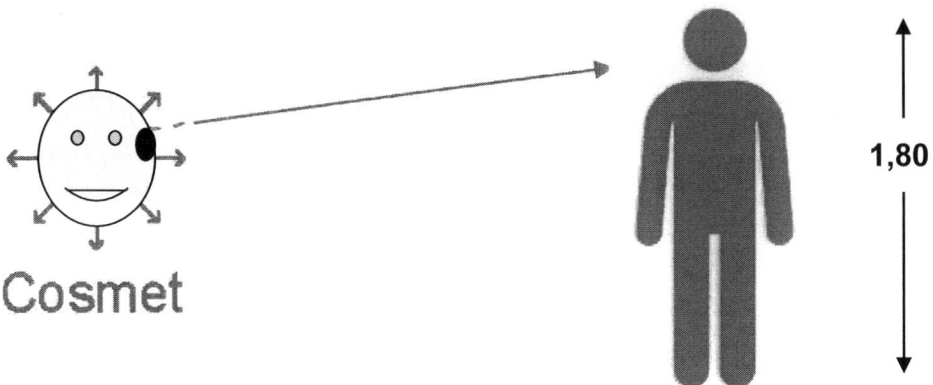

Cosmet

1,80

La verdad es que quedé muy bien. Tanto debe de ser así que al poco tiempo se puso en contacto conmigo un alto directivo de la **Oficina Internacional de Pesos y Medidas de Sevres,** donde están depositados el metro y el kilogramo patrón. Me pidió mi consentimiento para reproducir mi figura en platino iridio a la que llamarían **el hombre patrón.** Con lo que me gusta a mí pasar desapercibido, lógicamente, me negué rotundamente a su petición.

Cuando años más tarde pude hablar con los sabios, estos me explicaron que en mi personalidad humana estoy formado por átomos de diferentes elementos químicos que la mayoría de vosotros conocéis. Me dijeron que en un **99%** de lo que somos, estamos formados por átomos, de los cuales un **65%** son de **oxígeno,** un **18%** de **carbono,** un **10%** de **hidrógeno,** y que tenemos también cantidades mucho más pequeñas de **nitrógeno, calcio** y **fósforo.** Estas proporciones vienen indicadas en el cuadro que os adjunta mi amigo, el ingeniero, en el que designa para cada tipo de átomo, el **número de electrones** como E y el de **protones como** P, siendo siempre $E = P$. Designa también como N el **número de neutrones de los mismos.**

		n.º protones	n.º neutrones	
	n.º electrones			
	%	E = P	N	
Oxígeno	65%	8	8	(básicamente agua)
Carbono	18 %	6	6	(moléculas orgánicas)
Hidrógeno	10%	1	0	(básicamente agua)
Nitrógeno	3%	7	7	(proteínas)
Calcio	1,5%	20	20	(huesos y dientes)

Usando los datos de este cuadro, los que tengáis un mínimo de conocimientos de matemáticas y os guste hacer números, podéis calcular fácilmente el orden de magnitud del número de partículas de que estamos formados. Sin hacer ningún cálculo, yo he contado las partículas de cada tipo que tengo, que son nada menos que unas 10^{30}, **que es lo que resulta de multiplicar treinta veces el número diez por sí mismo.** Lo que resulta, pues, de los cálculos, es que **el número de partículas elementales con materia que tenemos es de un orden de magnitud de** 10^{30}, **por igual entre protones, neutrones y electrones.**

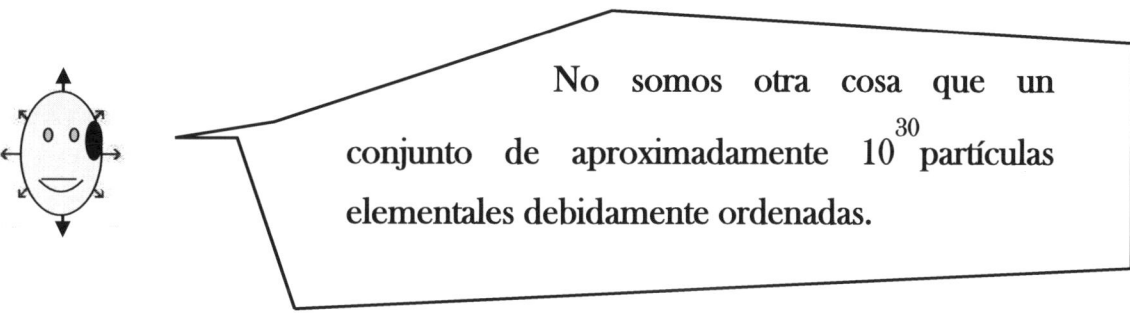

No somos otra cosa que un conjunto de aproximadamente 10^{30} partículas elementales debidamente ordenadas.

Por otra parte, dada la gran distancia que existe en cada átomo entre su núcleo y los electrones que lo orbitan, resulta que **mi cuerpo está ocupado en casi su totalidad por un espacio vacío de materia.**

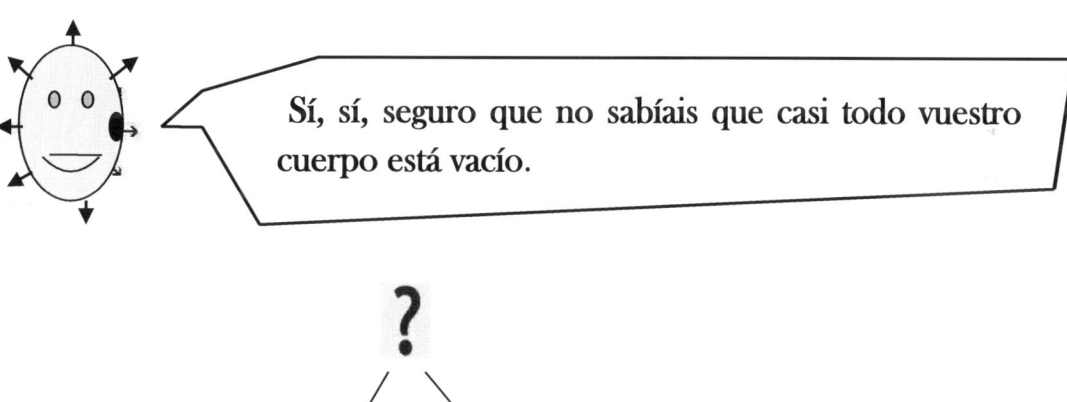

Sí, sí, seguro que no sabíais que casi todo vuestro cuerpo está vacío.

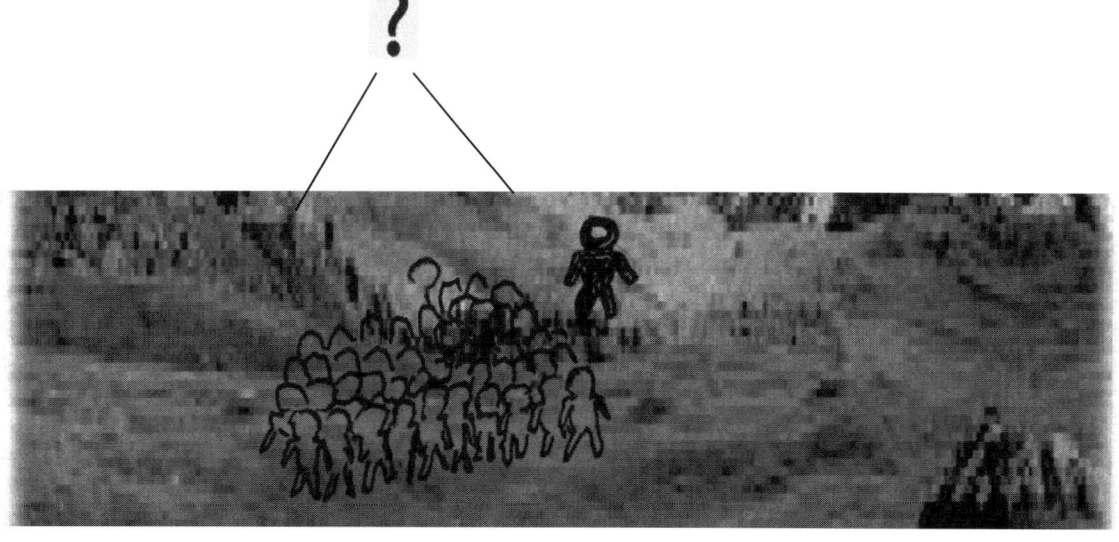

Además, también tengo otras **partículas inmateriales de tipos y características muy distintas,** como son, por ejemplo, las que corresponden a todas mis **sensaciones,** mis **sentimientos** y mis **pensamientos.** Aunque ningún sabio me lo ha sabido explicar, pienso que no son más que partículas inmateriales que recorren constantemente el sistema nervioso de los humanos, como si de una fibra óptica se tratara.

También me he dedicado a analizar muchas otras cosas en los humanos normales, que he ido conociendo. Ahora sé, por ejemplo, que la masa o energía total que contienen sus cuerpos ha existido desde siempre; es decir, durante los 13.700 millones de años que tenemos el universo y yo mismo.

He observado que en los humanos normales, desde que nacen y hasta su muerte física, su número de partículas está siempre aumentando; al principio, absorbiendo su cuerpo una cantidad de energía equivalente al incremento de su masa. Más tarde, generalmente, el número de partículas va disminuyendo. **Al final de este ciclo de vida, su muerte física no es una muerte real, pues, las partículas elementales no desaparecen, sino que se dispersan por el universo.**

He llegado, pues, a la conclusión de que la muerte física de un ser viviente únicamente significa que en un determinado momento desaparece la organización de las partículas elementales que lo constituyen. Estas dejan de formar sus cuerpos y se integran en la totalidad del universo, así, pasado un tiempo, muchas de ellas se encuentran situadas a miles y millones de años luz de distancia, pero conservando seguramente determinadas conexiones cuánticas con partículas de otros seres aún en vida.

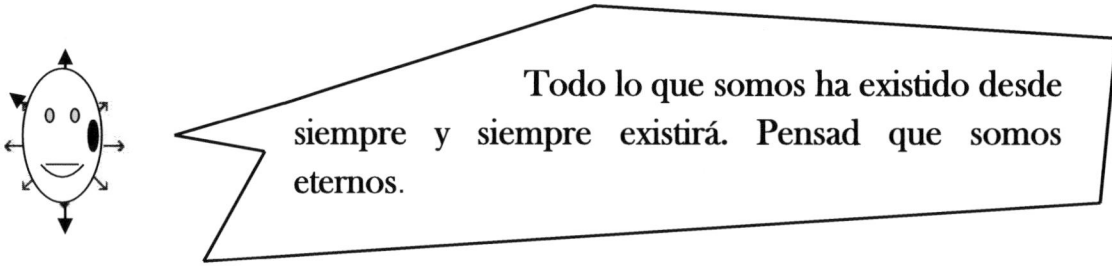

Todo lo que somos ha existido desde siempre y siempre existirá. Pensad que somos eternos.

Me he dado cuenta de que estos conceptos tienen un cierto paralelismo con algunas ideas religiosas que sostienen muchos humanos normales. Creen que el ser humano tiene un contenido material y algo inmaterial que han llamado **alma.** Cuando la vida se extingue, sostienen que el alma permanece. Las religiones cristianas y algunas otras sostienen además que esta alma es eterna; o sea, que nunca muere. Asimismo, dependiendo del comportamiento ético que ha mantenido el individuo en cuestión, creen que su alma irá a parar al cielo o al infierno. Cosa positiva de estas curiosas afirmaciones relativas a que el alma no muere puede ser que en algunos casos hayan ayudado a personas creyentes moribundas a aceptar su situación y quizás les hayan proporcionado un determinado consuelo.

En la concepción materialista del ser humano que yo tengo, estos efectos positivos podrían ser mayores. No solamente son eternas sus partículas inmateriales, sino la totalidad de sus partículas.

Por otra parte, de acuerdo con el comportamiento cuántico de todas ellas, no existe el comportamiento bueno -el bien- o el comportamiento malo -el mal-. Únicamente debe existir lo que los sabios de la física cuántica llaman una **función de onda**, la cual determina en cada individuo y en cada momento las probabilidades de que pueda realizar cualquier acto del tipo que sea.

Los infiernos no han de existir, ya que en ninguno de mis viajes los he visto. Las partículas de todos los humanos normales que por **azar cuántico** se han acoplado temporalmente en lo que se ha llamado vida, se tienen que encontrar distribuidas en los cielos inmensos del universo, conservándose determinadas conexiones cuánticas entre muchas de ellas.

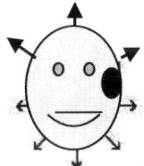

Así que podéis estar bien tranquilos, nunca desapareceréis. Vuestras partículas irán dando vueltas por el universo eternamente, tal como lo han estado haciendo durante muchos miles de millones de años.

Ahora ya sabéis quién soy y cómo soy. Asimismo, de qué modo veo a los humanos normales con los que me relaciono. No os he dicho que soy amigo de muchos de ellos, que incluso estoy casado y que tengo familia.

Sí, sí, cuando hace ya unos años decidí buscar pareja, me dedique a observar con atención todas las mujeres que existían y precisamente la que más me gustaba se enamoró de mí.

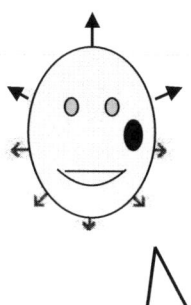

Además, hace muy poco tiempo me he hecho muy amigo de un humano muy normal con el que mantengo una gran relación. Es ingeniero, del tipo que ahora llaman de caminos, canales y puertos.

Entre otras cosas he notado que nos parecemos bastante. Incluso he pensado que podría ser mi padre.

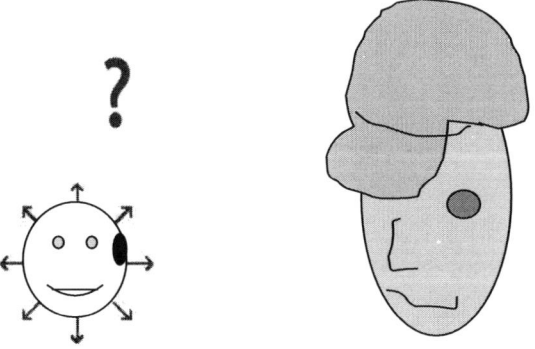

Ya conocéis aquel dicho castellano que afirma « No se puede decir que de esta agua no beberé ni que este cura no es mi padre ». Los últimos días se ha dedicado a pasar a limpio todas las notas que he ido tomando e incluso me ha proporcionado dibujos de los que os adjuntaré una copia. La verdad es que se parecen bastante a todo lo que yo he visto y vivido.

Ahora que me conocéis bien, paso a explicaros lo que he podido contemplar en muchos de mis viajes y también algunas de las conclusiones a las que he llegado. Es una lástima que los niños y los muy jóvenes no lo podáis aún entender, pues si así fuera quizás yo podría llegar a ser tan famoso como Tintín.

Mis viajes por el universo

Os voy a narrar primero mis viajes por el universo hasta que tuve la edad de **9.000 millones de años**, que fue cuando se formaron el Sol y sus planetas.

Los realicé todos ellos en mi forma natural de partícula cuántica y únicamente cuando me interesaba por algún motivo adoptaba otras. Ya os he mencionado, por ejemplo, como me he transformado en una báscula gigante siempre que he querido conocer la masa que tenían los objetos cósmicos.

En todos estos viajes me dediqué básicamente a conocer todos los que se fueron formando y la evolución de los mismos conforme transcurría el tiempo. Vi nacer estrellas, siempre a partir de una nube muy grande de gas donde se iban formando grumos y concentraciones cada vez más densas de las partículas que las constituían, todo ello debido al efecto de la atracción gravitatoria entre sus masas, tal como me explicó el señor Isaac Newton cuando le visité hace no muchos años.

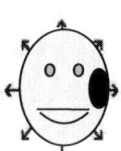 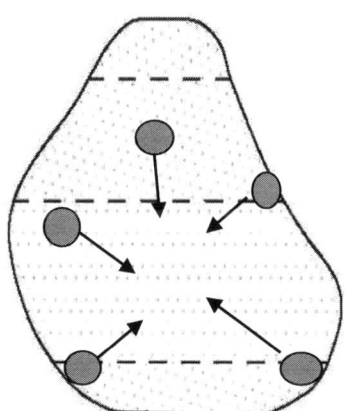

En mis primeros 9.000 millones de años, observé muchas de las estrellas que se iban originando. Igualmente, comprobé como se agrupaban formando **cúmulos estelares** y **galaxias.**

Os anticipo que cuando tenía algo más de 1.000 millones de años, me fijé en los objetos cósmicos llamados **agujeros negros**. Cuando tuve ocasión de ir a través de ellos, pude salir de nuestro universo y descubrir la existencia de muchos otros.

Allí descubrí con asombro que, de forma instantánea, siguiendo los caminos que los sabios llaman **agujeros de gusano**, podía acceder a todos los otros agujeros negros que existen y visitar, de esta manera, incluso las galaxias más lejanas a las que por el camino ordinario, ni con las mayores velocidades que puedo alcanzar no habría podido nunca llegar.

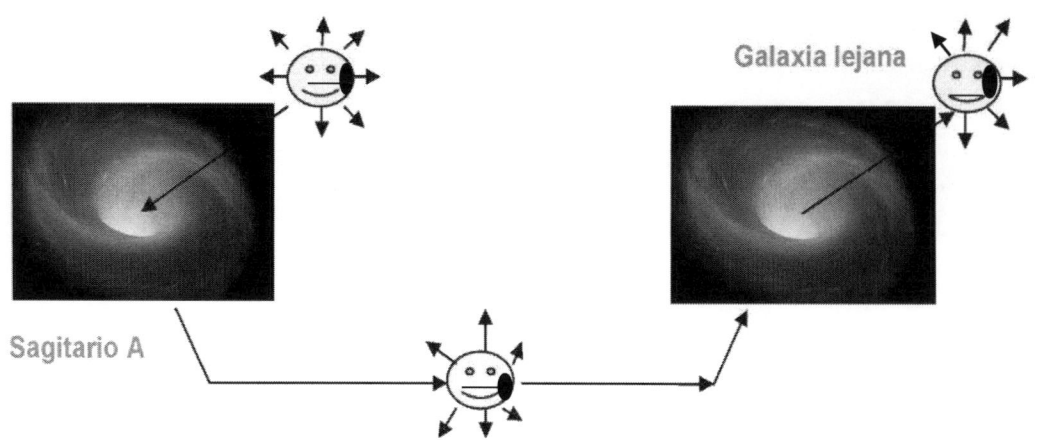

11. **Agujero de gusano.** Imagen de Pixabay / Álbum.

Así he realizado en diversas ocasiones 88 viajes, en las 88 direcciones que indican las constelaciones que vemos en el cielo nocturno. Os explicaré todos estos viajes y lo que vi en los principales objetos cósmicos que me fui encontrando.

Desde que cumplí 9.000 millones de años y me fui a vivir a la Tierra, por estar solidariamente ligado a ella, la he visto siempre en estado de reposo. Desde mi nueva localización, lo que vi que se movía era el Sol, que daba una vuelta a la misma cada 365 días. Observé también que cada día el Sol aparecía y desaparecía cada 12 horas. A pesar de las limitaciones de mi entendimiento, pronto pude deducir que esto se producía porque la Tierra rotaba continuamente sobre sí misma, dando un giro cada 24 horas. Durante las 12 horas en que era de día, prácticamente no podía ver nada del universo, pues, a pesar de lo extraordinaria que era mi vista, el Sol me cegaba. Podía observar los objetos cósmicos del universo solamente durante las horas nocturnas.

Mis visitas a los sabios

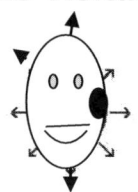

Ha sido en los últimos 2.500 años cuando me he dedicado a entablar conversación con muchas personas, en particular con los sabios, sin entrar nunca a discutir nada con nadie. Me he guardado de no hablar de fútbol, de política ni de religión, debido a que nunca he querido hacerme enemigos. Ya conocéis un dicho castellano que dice « Fútbol, política y religión no deben ser temas de discusión ».

De todo lo que me han aclarado los sabios durante estos años, me limitaré a explicaros solamente todo lo que mi nivel del conocimiento de las matemáticas me ha permitido entender. De los sabios con los que he conversado, los que más cosas me han aclarado han sido los sabios matemáticos y los físicos. He visto que unos y otros enfocan las cosas de forma distinta, pues las matemáticas y la física son disciplinas conceptualmente distintas.

Alguien me comentó que las matemáticas se mueven siempre en un ámbito abstracto en el que los distintos conceptos y sus relaciones se analizan utilizando reglas pensadas por el propio matemático. En cambio, que en la física se analizan todo tipo de conceptos y sus relaciones, empleando y aceptando las reglas fijadas por la propia naturaleza. No obstante, me he dado cuenta de que es muy curioso ver que muchas de las reglas que inventa el matemático, poco más tarde, con el avance de la experimentación, acaba descubriéndose que a menudo coinciden con las que impone la naturaleza.

Efectivamente, he comprobado que el comportamiento del universo entendido como un conjunto de partículas de masa-energía en el espacio-tiempo obedece siempre a unos **modelos matemáticos** que no solamente explican y justifican hechos comprobados experimentalmente, sino que, además, han permitido anticipar el conocimiento de nuevos fenómenos que más tarde han sido verificados en experimentos.

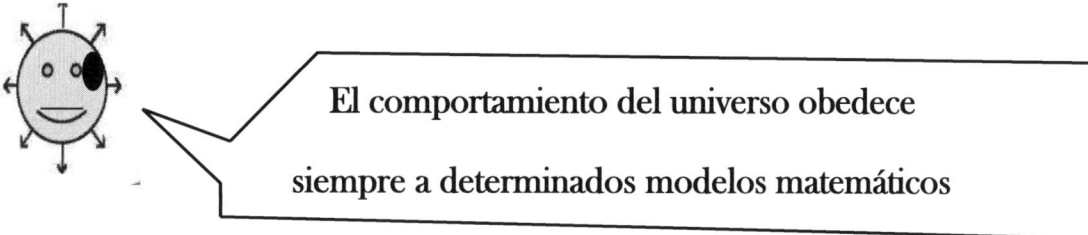

El comportamiento del universo obedece siempre a determinados modelos matemáticos

Creo que de los conocimientos proporcionados por razonamientos y deducciones matemáticas que aún no han sido verificados de forma experimental, seguramente, muchos se irán comprobando conforme los sabios normales vayan avanzando en los métodos, instrumentos y sistemas de experimentación.

Lo que sí he constatado es que, a menudo, el conocimiento del universo proporcionado por las matemáticas ha avanzado al conocimiento proporcionado por la experimentación. Quizá, entre muchos otros, uno de los casos más significativos de este hecho es lo que me explicó el señor Albert Einstein sobre una ecuación de equivalencia masa - energía. Una masa **m** equivale a una cantidad de energía **E**.

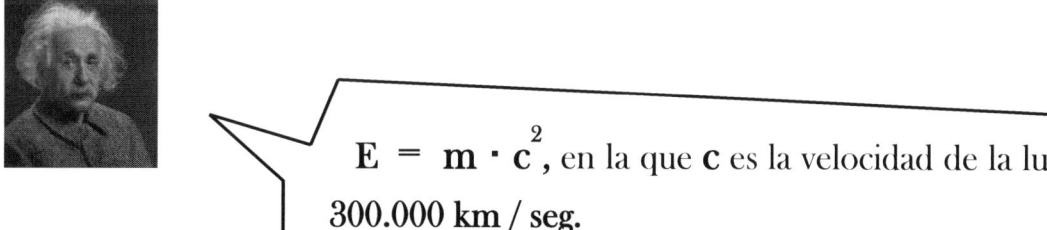

$E = m \cdot c^2$, en la que **c** es la velocidad de la luz, 300.000 km / seg.

Einstein obtuvo esta ecuación de la equivalencia entre la masa y la energía, simplemente mediante una sencilla deducción matemática. Unos cuantos años más tarde, la equivalencia quedó verificada en diversas y algunas muy nefastas experiencias como fueron las de Hiroshima y Nagasaki de la Segunda Guerra Mundial, en las que simplemente una pequeña masa radiactiva se convirtió en otros tipos de energía equivalente.

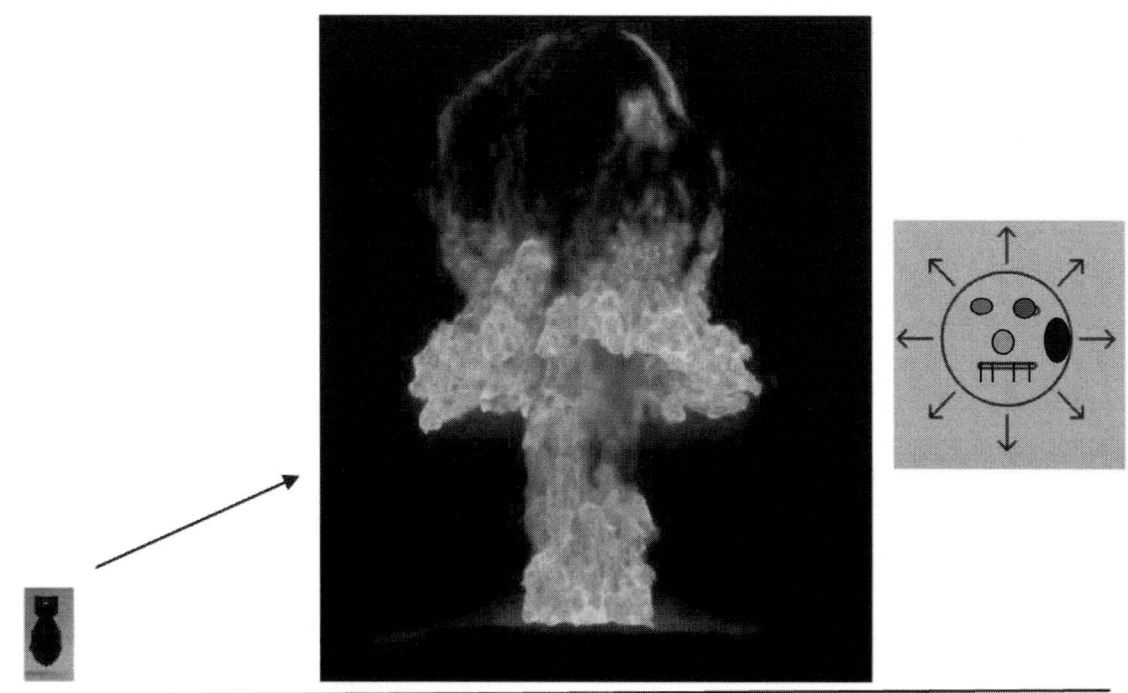

12. Hiroshima.   Imagen de Pixabay / Album.

Me he percatado también de que otro de los aspectos más significativos que ilustran el papel fundamental que han tenido las matemáticas en el conocimiento del universo, ha sido que anticipan conocimientos teóricos muy por delante de su verificación experimental.

Un ejemplo de esto ha sido el conocimiento, por parte de los humanos, de la existencia de muchas partículas elementales simplemente a partir de modelos matemáticos, mucho antes de que fueran detectadas experimentalmente. Así pues, es solamente desde hace 2.500 años que, gracias a mis visitas y conversaciones con los sabios, comencé a entender algo de todo lo que había visto.

Entre muchos otros, pude conversar con **Sócrates, Platón, Aristóteles, Galileo, Copérnico, Maxwell, Descartes, Riemann, Pierre y Marie Curie, Lorentz, Einstein, Planck, Pauli, Schrodinger, Bohr, Dirac ....**

Aparte de mis visitas a cada sabio, una vez coincidí con muchos de ellos cuando, en el año 1927, se encontraban juntos en un ya histórico Congreso Solvay, al cual yo asistí discretamente en mi forma de partícula cuántica. Entre los veintiún científicos que participaron se encontraban algunos de los más importantes de la época. Presidía el Congreso el físico holandés **Hendrik Lorentz**. También estaban **Max Planck**, el físico alemán que inició la física cuántica a principios de siglo, y **Marie Curie**, la científica francesa de origen polaco que, teniendo ya el Premio Nobel de Física, había recibido recientemente un segundo, el de Química.

Casi todos eran poseedores del Premio Nobel, o lo serían al poco tiempo. Me sorprendió que no hubiera Premio Nobel de matemáticas. Alguien me dijo que no existe un premio Nobel de matemáticas porque la esposa de Alfred Nobel le era infiel con un matemático; pero esto es falso, puesto que Nobel nunca se casó. La fotografía de los asistentes, decora muchas universidades de ciencias de todo el mundo.

Fila 3   **Schrodinger**   **Pauli**   **Heisenberg**

F 13.   Dominio público .   File : Solvay conference 1927.jpg.   Creado el 1 de enero de 1927 por Benjamín Croupie.

Fila 1   Planck   M. Curie   Lorentz   Einstein

Fila 2   Dirac   De Broglie   Born   Bohr

A la salida del congreso y ya en mi aspecto humano, escuché las conversaciones, incluso discusiones, que mantenían diversos sabios. Una de ellas fue la que mantuvieron Bohr y Einstein acerca del **azar cuántico,** en el que este último no creía totalmente.

Mientras discutían sobre el **principio de incertidumbre de Heisenberg**, se produjo el agudo intercambio de comentarios entre Einstein y Bohr que ha pasado a la historia.

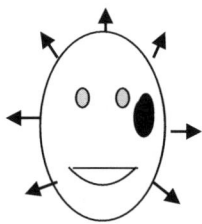

El primero le dijo al segundo,

« Dios no juega a los dados »

y Bohr respondió,

«Einstein, deja de decirle a Dios lo que debe hacer »

Aunque la mayoría de grandes sabios salieron entusiasmados del congreso, **Bohr regresó a Dinamarca decepcionado por no haber podido convencer a Einstein** para que aceptase sus ideas sobre la naturaleza de la realidad cuántica.

Concluido el evento, tuve el honor de hablar con los físicos más importantes del momento, de los que entre otros yo ya conocía a **Max Planck, Marie Curie, Hendrik Lorentz, Paul Dirac, Albert Einstein, Louis Victor de Broglie, Wolfang Pauli, Werner Heisenberg, Max Born** y **Niels Bohr.**

Para acabar, tengo que deciros también que, en todas mis visitas a los sabios, me he guardado mucho de explicarles mi verdadera naturaleza como partícula cuántica, pues pienso que no lo habrían entendido en absoluto.

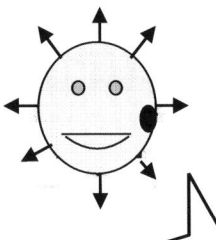

Es que lo mío es muy raro, pues simplemente mi propia existencia contradice todas las leyes que rigen el universo, las cuales los sabios han ido descubriendo.

Entre otras cosas, no habrían encontrado ninguna explicación al hecho de que, siendo yo una partícula sin masa, pueda moverme y viajar a cualquier velocidad, incluso permanecer en reposo.

Todas las demás partículas sin masa, como son los fotones normales, están condenadas a moverse perpetuamente a la velocidad de la luz, sin capacidad de modificar esta velocidad. Esto yo lo entiendo muy bien dado que la velocidad de una partícula solo varía cuando se le aplica una fuerza y cualquier fuerza solo actúa sobre partículas másicas.

Hoy por hoy, no he conocido a ningún sabio que pueda explicar lo mío, ya que va en contra de todas las teorías aceptadas. **La única explicación que a mí se me ocurre es que, posiblemente, yo debí de nacer en otro universo regido por leyes y parámetros distintos y, por un simple azar, quedé incorporado al nuestro.**

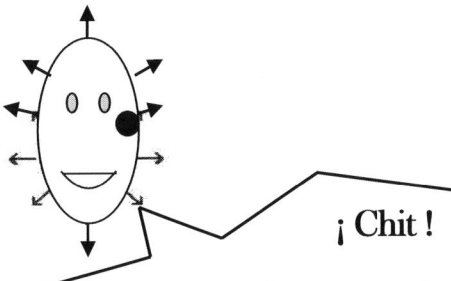

¡ Chit !

Por favor, os he contado esto solo por la singularidad de nuestra situación de confinamiento.

No digáis nada a nadie de ello, no lo entenderían y os tomarían por locos o por mentirosos.

Pienso que solamente podría entenderse todo esto, si algún día aparecieran un nuevo Einstein y un nuevo Max Planck que descubrieran la posible existencia de leyes generales distintas, válidas para la totalidad del cosmos, y una posible relación entre los parámetros propios de cada universo.

Durante los últimos años, aparte de visitar a muchos más sabios, he realizado otros tipos de actividades con las que me he entretenido mucho. Entre ellas, voy a hablaros de las excursiones que he hecho acompañando a astronautas en todas sus misiones espaciales. La más emocionante para mí fue cuando acompañé discretamente al señor **Neil Armstrong** en su paseo por la luna.

Imagen de Pixabay / Álbum

También lo he pasado muy bien montado en los artilugios que los sabios humanos han ido inventando y construyendo para poder observar el universo. Por ejemplo, me he pasado muchas horas viajando por el espacio dentro del telescopio espacial llamado, en honor a Edwin Hubble, **telescopio Hubble.**

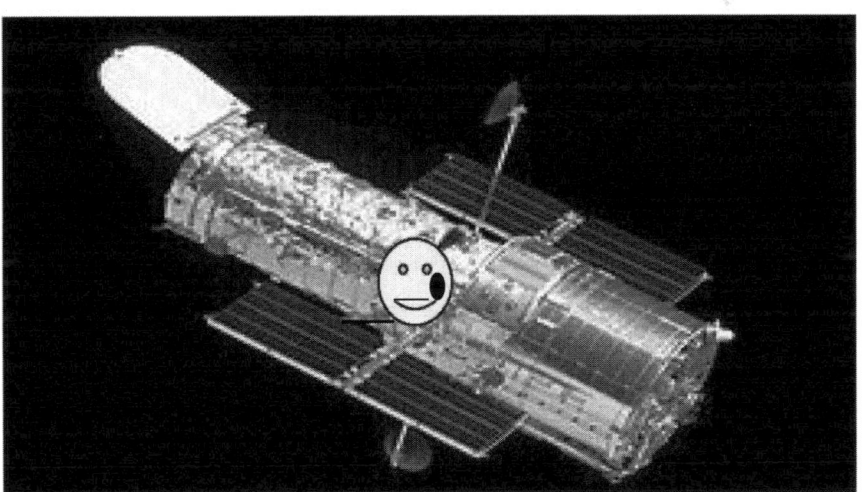

15. Cosmet viajando en el Hubble   Wikipedia   Dominio público   File:HST-SM4.jpe

Foto del telescopio espacial Hubble de la NASA tomada durante la quinta misión de servicio en 2009. Ruffnax (Tripulación de STS125)http://catalog.archives.gov/OpaAPI/media/23486741/content/stillpix/255-sts/STS125/STS125_ESC JPG/255-STS-s125e011848.j

Siempre me han gustado también bastante los aceleradores de partículas, que son unos artilugios que han ido inventando y fabricando los sabios para detectarlas, recreando en ellos las condiciones del universo primitivo en el que ya os he explicado cómo se formaron de manera natural.

En los aceleradores, los sabios crean las partículas buscadas de las que generalmente han predicho antes su existencia, a partir de provocar colisiones con otras partículas fáciles de obtener, como pueden ser los **electrones** y los **protones**. Estas son generalmente las partículas de partida en los aceleradores, cuya función es acelerarlas hasta dotarlas de una altísima velocidad y, por tanto, de una muy gran energía. Al chocar entre ellas, se desintegran y esta energía se convierte en partículas de gran masa.

Yo lo he podido ver muchas veces. Lo que he hecho es meterme dentro del acelerador y, a una velocidad ligeramente inferior a la de la luz, seguir de cerca las partículas que circulan. Esto me ha permitido observar de cerca, muchos choques y la formación de partículas que los sabios nunca han conseguido detectar.

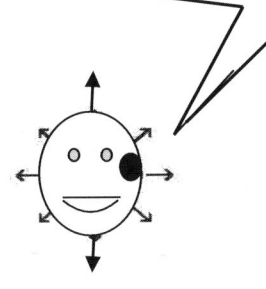

16. Cosmet dentro del LHC moviéndose casi a la velocidad de la luz

Acelerador de partículas en el LHC. Imagen tomada de Wikipedia. Fotografía del CERN. Creative Commons. Maximiliano Brice (CERN). Licencia Creative Commons Attribution-Share Alike 3.0 Unported.

2. Como veo yo ahora el cosmos y el universo en el que vivimos

En este primer día de confinamiento, tras un descanso, aquí me tenéis de nuevo en mi doble naturaleza humana y de partícula cuántica para explicaros como veo yo ahora el cosmos y el universo en el que vivimos

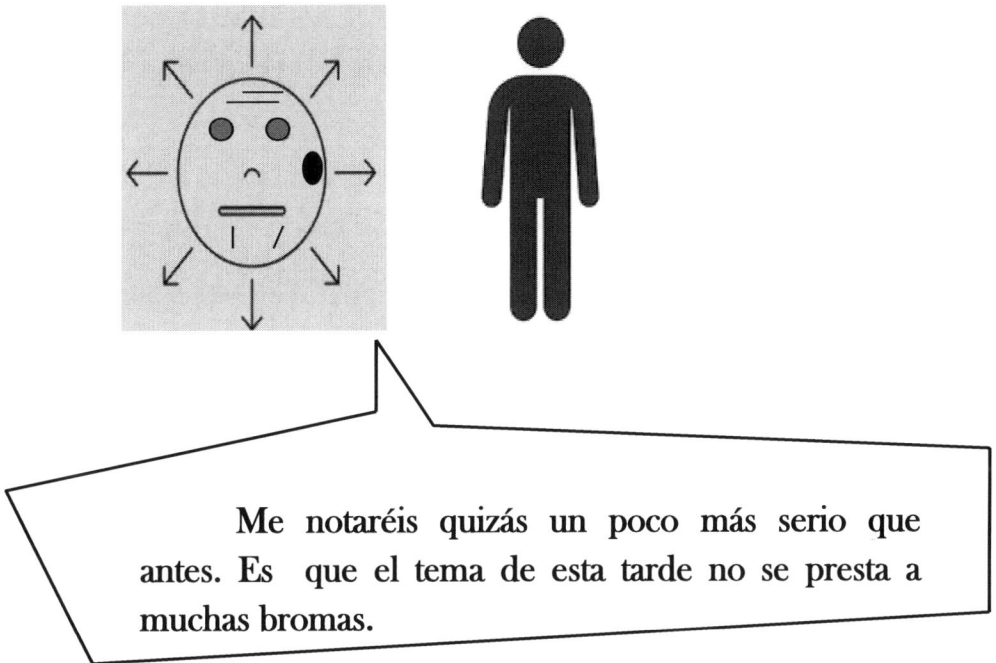

Me notaréis quizás un poco más serio que antes. Es que el tema de esta tarde no se presta a muchas bromas.

Todos sabéis que vivimos en el **universo**. Os cuento la visión amplia de este que después de muchos años de observar y viajar por él he podido adquirir.

De entrada, ya os digo que **este universo que más o menos conocéis no es el único que existe**. Es solamente una pequeña parte de lo que se llama el **cosmos,** que para mí es el **conjunto de todo lo que existe, ha existido o puede existir,** ya sea material o inmaterial y ya sea observable o no observable por vosotros, que sois seres humanos normales. De hecho, la mayor parte del cosmos existe sin que podáis tener conocimiento de ello. Efectivamente, he comprobado que, por una parte, hay el universo que conocéis, donde existe la **geometría;** por tanto, los conceptos de **punto,** de **tamaño** y de **distancia** propios de nuestro universo observable. En ese mismo, existe el **espacio** que es un **conjunto de puntos,** y también el **tiempo.**

Pero yo he podido comprobar la existencia de algunos

universos parecidos al nuestro y de otros muy distintos.

También una inmensa parte del cosmos fuera de nuestro universo, donde no existe ningún tipo de geometría, debido a lo cual, toda esta parte no se halla ligada a ningún espacio físico, a ninguna localización, ni a ningún momento temporal, pues allí no existe el tiempo.

Yo he accedido muchas veces a esta parte del cosmos y he llegado a la conclusión de que constituye un espacio abstracto, no físico, cuyos elementos, por el simple hecho de su existencia, se pueden considerar como **puntos imaginarios**, claro está, considerando la palabra **punto** en un sentido distinto al estrictamente geométrico. Cada uno de estos puntos imaginarios no es otra cosa que una cantidad indefinida de **energía que está fluctuando constantemente**. Lógicamente, no tiene demasiado sentido una representación de algo que no tiene dimensiones, pero ha habido quien incluso ha hecho dibujos, como el siguiente:

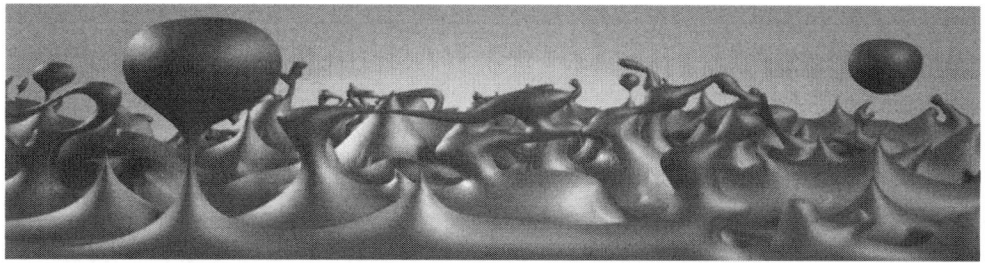

17. Imagen extraída de nasa.gov. Image Credit: X-ray: NASA/CXC/FIT/E. Perlman; Illustration: CXC/M. Weiss.

Desde que hemos comenzado estoy viendo muchas caras de sorpresa.

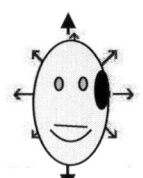

Lo entiendo, pues todos vosotros, por el hecho de estar siempre ligados al espacio y al tiempo, nunca habéis podido salir de vuestro universo; por ello se os hace muy difícil imaginaros todo esto.

Aun con todo, os voy a intentar explicar como yo lo veo:

Para mí, el cosmos global se puede asimilar a lo que sería un espacio puntual imaginario que algunos humanos han llamado el superespacio.

Dentro de este superespacio imaginario, vivimos todos en un espacio puntual real del que no es más que una pequeña parte. En términos matemáticos, es el subconjunto que los humanos normales llamáis « nuestro universo observable ». Yo sé que este es solamente una pequeña parte del cosmos total o superespacio que únicamente yo, con mis facultades y poderes extraordinarios, he podido conocer.

Además, sé que existen otros subespacios puntuales reales que son otros universos, a los que he visitado gracias a mis facultades, como ya os he comentado. Muchos se asemejan al que observáis los humanos normales, pero otros son totalmente diferentes. El conjunto de todos ellos es lo que unos pocos sabios humanos llaman el **multiverso** y lo imaginan como un conjunto de universos inmersos como burbujas flotando dentro del superespacio.

Después de explicaros someramente como he visto que evolucionaba el universo, pasaré a contaros con más detalle buena parte de lo que he ido viendo durante mi larga vida, yendo de sorpresa en sorpresa. Este universo en el que nos encontramos no ha sido siempre igual, ha ido cambiando constantemente en su tamaño, ya que se ha estado expansionando. También ha estado variando constantemente en la distribución de todo lo que contiene, que es únicamente lo que se llama **energía. Los sabios de la física admiten como principio universal que esta no se crea ni se destruye, pero que se está transformando constantemente.**

Voy a centrarme primero en este universo que todos conocéis, del cual, a pesar de las limitaciones que tenéis como humanos normales, habéis podido llegar a un conocimiento que, en general, cuadra muy bien con lo que yo he comprobado.

Me sorprende de entrada que hayáis podido calcular la **edad** y el **tamaño** de vuestro universo. Cuando habláis de universo observable os referís únicamente a la parte que podéis ver. Estamos considerando todos que este es un espacio puntual o conjunto de puntos. Por tanto, **se ha de poder observar desde cualquiera de sus puntos, lo que significa diferentes observadores**. Lo que me han contado los sabios matemáticos es que esto significa realmente distintos **sistemas de referencia**. En mis viajes a las galaxias he contemplado el universo desde todos ellos. Dado que la existencia del universo es una realidad, este debe ser el mismo, independientemente de donde se encuentre situado el observador, o lo que es lo mismo, desde cualquier sistema de referencia. Como observadores, vosotros solamente lo habéis visto desde un punto concreto del mismo que es la Tierra.

Varios sabios me han explicado algunos de sus experimentos para conocer eventos lejanos en el espacio-tiempo. Se han basado fundamentalmente en el estudio y análisis de luz que reciben procedente de objetos cósmicos que, en su momento, tal como hacen constantemente todos ellos, emitieron partículas luminosas.

En mi opinión, uno de los más importantes realizados es, sin lugar a dudas, lo que descubrió el astrónomo estadounidense **Edwin Hubble** en la década de los años veinte del siglo pasado, que le permitió llegar a la conclusión de que el universo no es estático, sino que se encuentra **en constante expansión**. Hasta el momento en que Hubble descubrió esto, incluso el mismo Albert Einstein, a quien conozco bien, me explicó que pese a que sus teorías demostraban lo contrario, no se había atrevido a ir en contra del consenso general de la comunidad científica que creía en un universo estático.

En el año 1931, me desplacé hasta California y hablé con el señor **Edwin Hubble** en el observatorio Monte Wilson, cerca de Pasadena, que es donde él trabajaba.

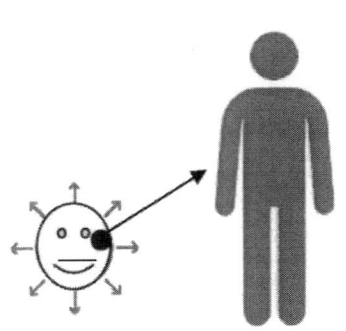

Cosmet

Edwin Hubble en el año 1931

18. Wikipedia D.P. Dominio público. Creado el 1 de enero de 1931. Retrato de estudio de Edwin Powell Hubble. Fotógrafo: Johan Hagemeyer. Fotografía firmada por el fotógrafo, fechada en 1931. http://hdl.huntington.org/cdm/ref/collection/p15150coll2/id/129.

Hubble era un hombre con alta estima de sí mismo que hacía parecer que todo lo que se proponía se viera fácil.

Antes de hablarme acerca de sus trabajos científicos, me confesó que de joven su verdadera pasión había sido el deporte y que había practicado el atletismo, el baloncesto y sobre todo, el boxeo. Tanto es así, que en su día fue propuesto para ser profesional y enfrentarse al entonces campeón del mundo de pesos pesados, Jack Johnson. Ya entrando en lo que a mí más me interesaba, me detalló cómo había verificado experimentalmente el hecho de que **el universo se expande** y de que la velocidad **v** de expansión en cada punto es proporcional a su distancia **D** a la Tierra, lo expresó en la siguiente fórmula,

$$v = H_0 \cdot D \quad \text{(ley de Hubble)}$$

Por efecto de la expansión del universo, todas las galaxias se están alejando constantemente de nosotros y a mayor velocidad cuanto más lejos se encuentran.

En la fórmula, H_0 es la constante de proporcionalidad que relaciona la velocidad de expansión con la distancia y que, en honor al propio descubridor de la ley, la han llamado más tarde **parámetro de Hubble**. Precisamente, aplicando esta ley de expansión al radio del universo y rebobinando hacia atrás el tiempo cósmico, los sabios han llegado a la **teoría del *Big Bang*,** mediante la cual intentan explicar la evolución del radio del universo desde un momento lejano en que este sería un simple punto en el cosmos hasta llegar a su tamaño actual. Me impresionó mucho el hecho de que, sin haber visto nada, los sabios vislumbraran lo que yo ya había contemplado.

Para tener una primera idea de la edad del universo, pensaron en algo que yo he observado y que, no siendo del todo real, es bastante aproximado. Se trata de que, a partir de un determinado instante, la expansión se ha producido a una velocidad casi constante.

Me hacen mucha gracia los cálculos que hicieron. Consideran que si t_C es el tiempo cósmico del momento actual, igual a la edad del universo; **R** es el radio actual del universo y v_E la velocidad de expansión mencionada, el punto más lejano del universo ha recorrido por efecto de la expansión una distancia **R** en un tiempo t_C.

Así, ha de verificarse que la velocidad media de expansión en este punto sea la distancia **R** que ha recorrido, dividida por el tiempo empleado en recorrerla; $v_E = R / t_C$.

Admitiendo la ya mencionada **Ley de Hubble ($V_E = H_0 \cdot R$)** e igualando las dos expresiones anteriores, calcularon fácilmente una edad del universo que coincide bastante con el tiempo que ha transcurrido desde que yo nací.

Para los que os gustan los números, las fórmulas y las ecuaciones, mi amigo, el ingeniero que nos acompaña en nuestro confinamiento, os hará entrega de la formulación que me entregó Hubble. De esta resulta que la edad del universo o tiempo cósmico transcurrido desde el *Big Bang*, ha sido aproximadamente la que yo he ido contando año tras año; unos **13.700 millones de años.** Así pues, durante todo este tiempo el universo se ha estado expandiendo a gran velocidad, creciendo constantemente.

En cuanto al tamaño al que ha llegado en la actualidad, **muchos astrónomos han observado a nivel experimental objetos cósmicos con masa considerable, situados a una distancia aproximada de hasta 33.000 millones de años luz,** equivalente a $4,4 \cdot 10^{23}$ **Km,** que coincide aproximadamente con la distancia a la que yo los veo.

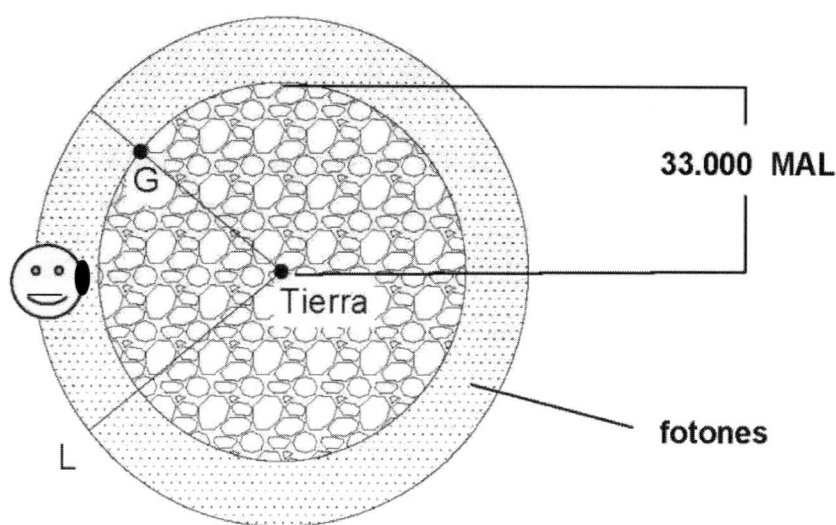

Dado que la velocidad a la que los objetos con masa se mueven dentro del universo es despreciable frente a la velocidad de la luz, esto significa que **únicamente por efecto de la expansión ha llegado a tener como mínimo este radio de 33.000 millones de años luz (33.000 MAL.).** Sin embargo, mis compañeros **fotones reales,** al no tener masa, viajan dentro del universo a la velocidad de la luz que es de **1 MAL / MA.** Por tanto, a lo largo de estos 13.700 millones de años, muchos de ellos han recorrido una distancia de **13.700 MAL** y así, han podido llegar hasta una distancia de **46.700 MAL.** Es decir, a **13.700 millones de años luz adicionales** a la distancia a que han podido llegar las partículas materiales por efectos de la expansión.

Algunos han pensado que todo lo anterior podría suponer que muchos objetos cósmicos han viajado a velocidad superior a la de la luz, que es la máxima velocidad posible en el universo. Esto no es así, pues, yo he visto que la expansión del universo lo que hace es simplemente estar **creando espacio entre las galaxias** y esto no es , pues, una velocidad dentro del universo sino simplemente el hecho de que el universo se expande.

En los anteriores razonamientos, también a muchos les ha parecido extraña la suposición de que la Tierra sea el centro del universo, el lugar donde ocurrió el *Big Bang* hace 13.700 millones de años. Yo sé que esto tampoco es así, ya que, en el *Big Bang*, todo lo que es ahora este universo observable estaba, tal como yo pude ver, reducido a un punto imaginario en el cosmos. Por este motivo yo sé que el *Big Bang* se produjo en aquel instante en todos los puntos actuales del universo a la vez. El fenómeno de la expansión no ha consistido, por tanto, en otra cosa que en el alejamiento constante de todos estos puntos unos de otros.

Este fenómeno de la expansión cósmica, muchos lo han conseguido entender muy bien mediante lo que llaman el **símil del globo**. Imaginan un hipotético universo solamente de dos dimensiones, como la superficie de un globo que se está hinchando. A partir de una geometría inicial en el momento del *Big Bang*, momento en que el globo sería un punto o una superficie esférica infinitesimal, la superficie del globo se estaría expandiendo, adoptando superficies esféricas cada vez de mayor radio conforme iría pasando el tiempo cósmico.

Esta superficie no tiene ningún centro definido dentro de ella misma y, asimismo, cualquiera de sus puntos se puede tomar como sistema de referencia, y considerar el alejamiento de los demás puntos respecto a este durante la totalidad del tiempo cósmico.

En el *Big Bang*, todos los puntos P del universo se encontraban concentrados en un punto imaginario del cosmos. Ahora ocupan todo el universo. Por eso, un punto cualquiera tomado como sistema de referencia durante todo el tiempo cósmico, se ve en el centro.

3. Como descubrí los agujeros negros y a través de ellos pude conocer la existencia de otros universos

.   Cuando yo ya tenía más de 1.000 millones de años, me fui fijando en los objetos cósmicos que ahora llamáis **agujeros negros**. Tuve ocasión de ir a uno de ellos y, a través de él, descubrí la existencia de otros muchos universos.

Entonces la Tierra aún no existía, pero yo estuve siempre viviendo cerca del punto en que se formó hace poco más de 4.000 millones de años. Me decidí a visitar un agujero negro que es el que todavía existe ahora a una distancia de solamente **26.000 años luz de la Tierra** y que se halla más o menos en el centro de la galaxia que los astrónomos llaman **Vía Láctea**. Cuando me fui acercando, noté con sorpresa que el agujero tiraba de mí con una gran fuerza y me absorbía hacia su interior. Se me estaba tragando con gran voracidad; además, no solo a mí, también a estrellas y a todo lo que se encontraba a su alrededor.

Sagitario A

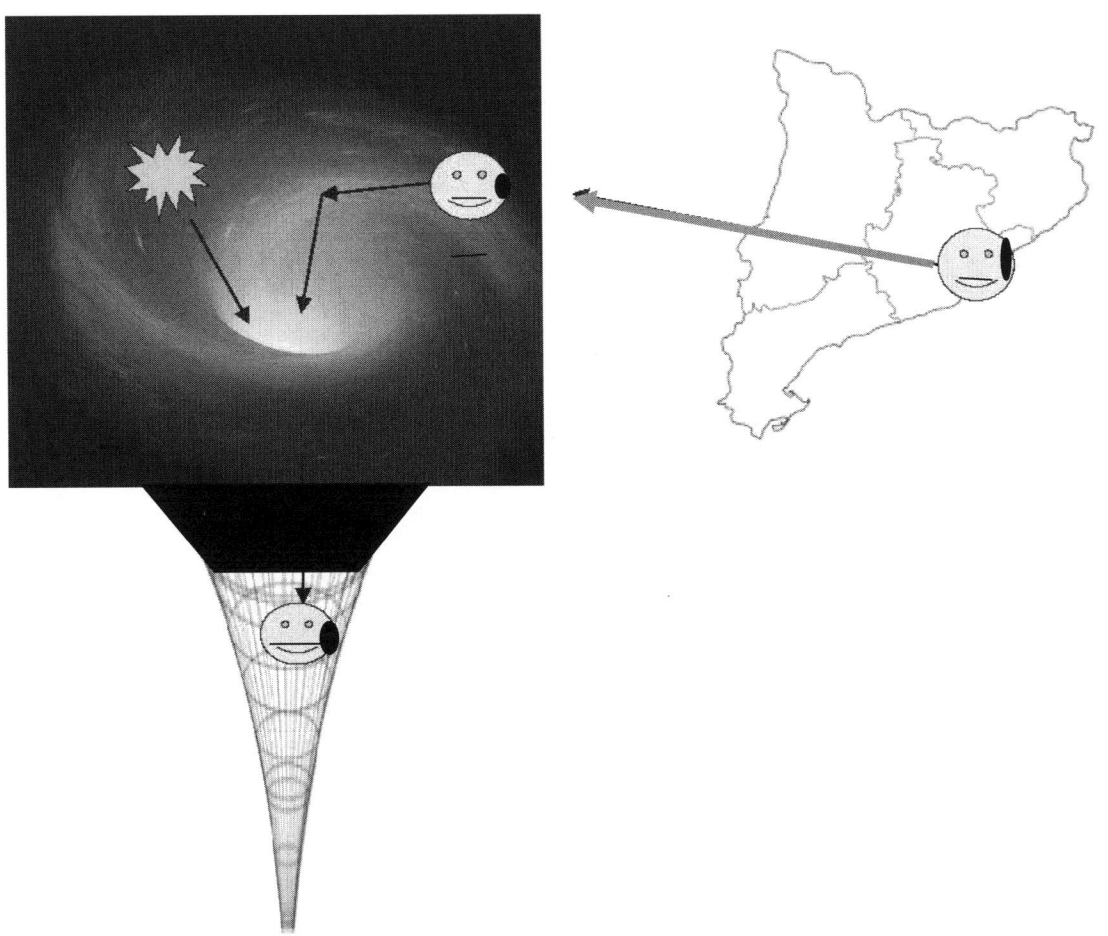

Este ha sido el momento más emocionante de mi vida. Cuando llegué al punto que ahora se llama **horizonte del agujero negro**, mirando hacia arriba, no era capaz de ver nada, pues de allí ni siquiera la luz podía salir; ni siquiera los fotones normales que viajan a la velocidad de la luz. Precisamente por eso los humanos normales los denominan agujeros negros, pues al no emitir luz no los pueden ver. Entonces contemplé que todo lo que absorbía el agujero se iba estirando rápidamente. Esto es lo que le ocurría a un alienígena procedente de un planeta cercano de los muchos que existen habitados, que, vestido de astronauta y paseando cerca del agujero negro, tuvo la mala suerte de caer en él. El pobre se fue estirando tanto que se convirtió en una especie de espagueti y, cuando yo ya no veía de él más que una línea, acabó por desaparecer.

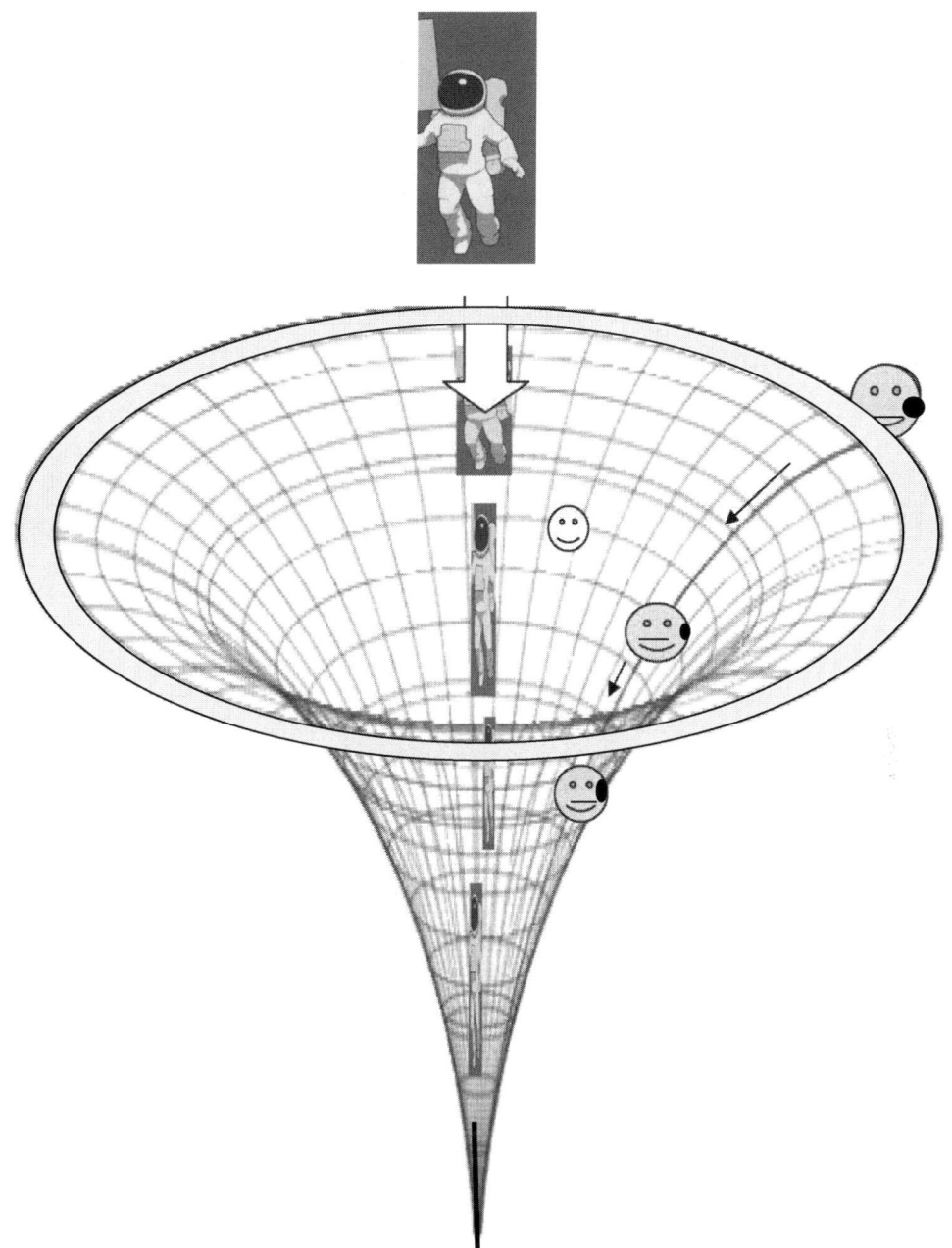

Conforme fui avanzando todo se destruía, pero al ser yo indestructible conseguí llegar al centro del agujero negro. En este momento, no me encontraba en nuestro universo, sino que me había sumergido en un superespacio donde ni tan siquiera existían ni el espacio ni el tiempo. Por lo distinto que es a lo que vosotros los normales conocéis, ahora algunos sabios le llaman **la singularidad**. En la misma, muchas de las propiedades y características de cosas que conocemos dejan de existir. En caso contrario tomarían un valor infinito, y yo, que lo puedo ver todo, sé muy bien que nada es infinito. Ahora comprendo que el valor infinito es un concepto que solamente existe en el ámbito abstracto de las matemáticas.

Cuando llegué al centro del agujero negro, me quedé totalmente alucinado, divisé los caminos que ahora algunos sabios denominan **agujeros de gusano** y los representan según esta imagen.

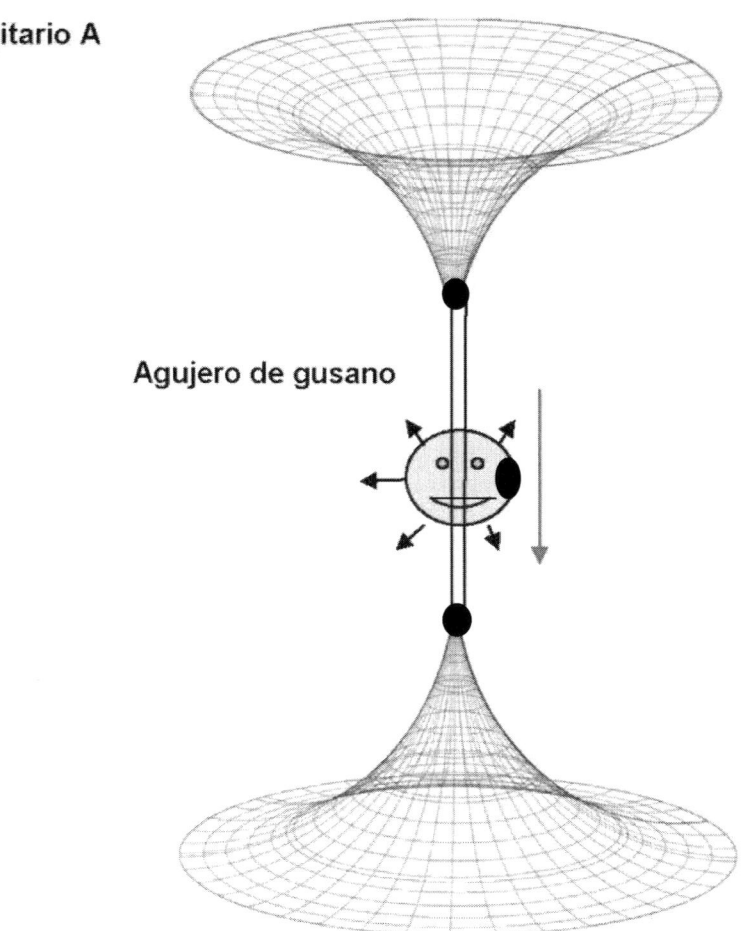

Sagitario A

Agujero de gusano

Otros universos

Puesto que en aquel lugar el tiempo no transcurría, podía desplazarme instantáneamente a través de ellos. Pronto me di cuenta de que de esta manera podía llegar al centro de todos los agujeros negros que existen y, después de atravesarlos en sentido inverso, acceder a todas las galaxias.

Pero no fue esta mi mayor sorpresa; lo más emocionante consistió en alcanzar muchos otros universos, pues todos ellos se encontraban conectados en la singularidad. Así es como he conocido y visitado lo que nunca habéis visto; lo que algunos llaman el **multiverso**.

De entrada nunca entendí nada de lo que observé. Ahora ya lo entiendo un poco porque me lo contó nada menos que mi amigo Albert Einstein.

Su teoría de la relatividad general demuestra que el concepto de tiempo es relativo, de tal manera que, entre otras cosas, se ralentiza cuando se entra en un campo gravitatorio.

El tiempo se ralentiza conforme se entra en un campo gravitatorio.

En el momento del *Big Bang*, toda la masa del universo concentrada en un punto debía producir un campo gravitatorio de tal intensidad que el tiempo estaba parado. En realidad se encontraba indeterminado, de tal manera que se puede pensar que no existía - tiempo imaginario -.

Actualmente, muchos normales sabios, basándose en el **principio universal de no unicidad de eventos,** el cual dice que cualquier cosa que ocurre ha ocurrido muchas otras veces, han llegado a imaginarse que en este tiempo imaginario se debían formar muchos universos parecidos al nuestro o completamente diferentes. Son los que hoy día algunos sabios denominan los **universos paralelos** integrantes del **multiverso.** La verdad es que lo imaginan muy bien, pues, tal como ya os he comentado, estos universos se encuentran conviviendo de manera totalmente independiente, sin existir ninguna conexión real entre ellos y nosotros. Están conectados únicamente en los puntos del superespacio donde acaecieron los diferentes *Big Bang* que motivaron su generación.

En la teoría general de la relatividad, Einstein sostiene que estos puntos pertenecen a una **singularidad**. Son puntos en los que muchos parámetros propios tienden al infinito y en ellos no existe ni espacio ni tiempo; el espacio porque se ha contraído hasta desaparecer, y el tiempo debido a que ha transcurrido cada vez más despacio hasta detenerse.

Así pues, en la singularidad se encuentran conectados todos los universos paralelos que existen y todos los agujeros negros de nuestro universo observable. Por este motivo, me son de gran utilidad cuando quiero llegar antes a cualquier galaxia. Me basta acercarme al agujero negro más cercano y, después de dejarme arrastrar, seguir instantáneamente los atajos que constituyen los **agujeros de gusano,** que al momento me conducen a cualquier galaxia e incluso a los otros universos.

El agujero negro por el que acostumbro a entrar cuando quiero visitar galaxias distantes, ahora es conocido por los sabios astrónomos. Lo llaman **Sagitario A*** y es, tal como os he dicho, el agujero negro del centro de nuestra galaxia, que se encuentra a unos **26.000 años luz de distancia.** No es el único de nuestra galaxia, pues existe incluso otro mucho más cercano que se halla en un sistema estelar situado a tan solo 1000 años luz de la Tierra, en la constelación "Telescopium".

Más tarde he comprobado en múltiples ocasiones que casi todas las galaxias contienen por lo menos un agujero negro, muchos de ellos de un tamaño exorbitante.

Cosmet viajando a una galaxia muy distante después de dejarse arrastrar

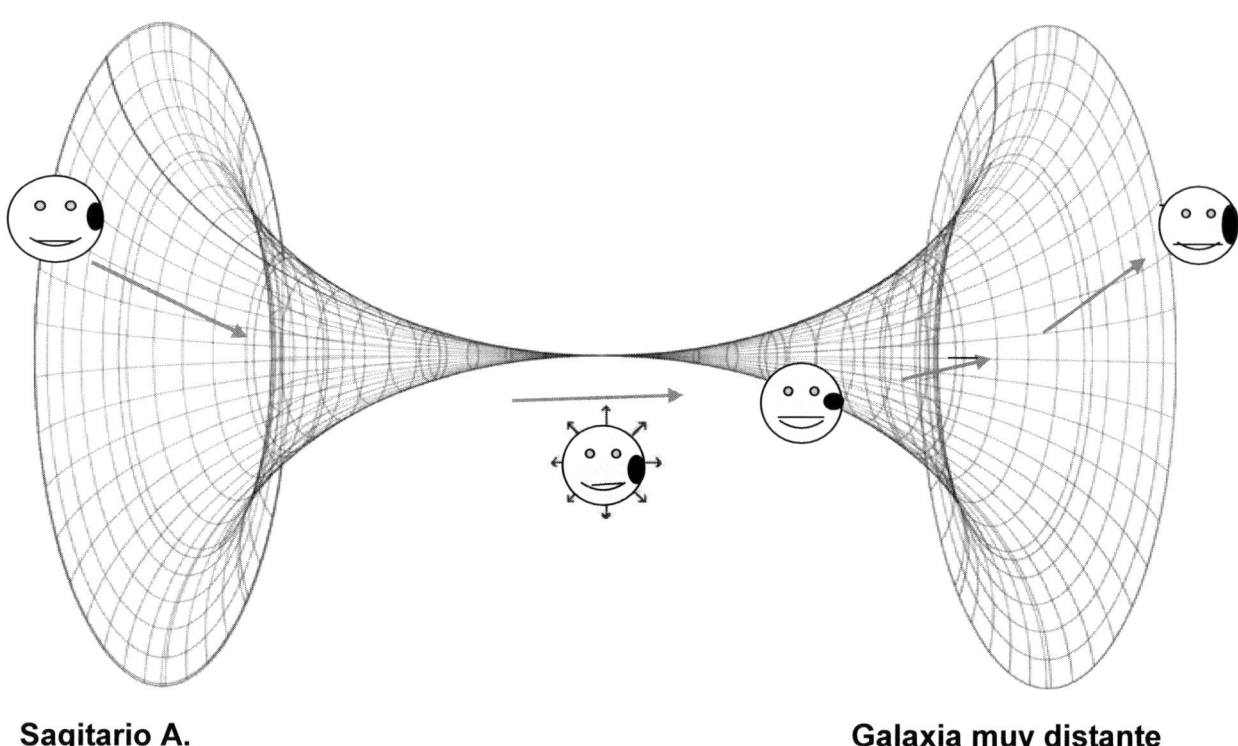

Sagitario A.   **Galaxia muy distante**

El hecho de que existan tantos universos y que otros se estén creando constantemente podría ser una explicación de la propia existencia del nuestro. A los humanos normales os parece algo insólito que exista. Efectivamente, eso ha requerido que muchos parámetros o constantes universales tengan un determinado y muy preciso valor, de tal manera que una leve desviación de este en cualquiera de ellos habría hecho imposible su existencia.

Lo que ocurrió es lo que los sabios han llamado, un **ajuste fino** de todos los parámetros, de tal modo que, si no fuera porque veis que existimos, os parecería imposible. Una justificación de la existencia de nuestro universo podría ser, pues, que en una cantidad exorbitante de puntos del cosmos se hubieran producido y se estén dando fenómenos parecidos al *Big Bang*, con infinidad de parámetros como los que conocemos y otros que no. Dada la ínfima probabilidad de producirse el ajuste fino, nuestro universo existe únicamente por el hecho de haberse generado un número desmesurado de ellos. La inmensa mayoría de estos universos han desaparecido en el mismo momento de su aparición. Sin embargo, existe una minúscula proporción de ellos, uno de los cuales es el nuestro.

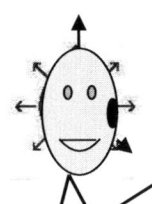

En mis viajes a galaxias lejanas a través de los agujeros negros he descubierto también muchos seres extraterrestres. Ya os he relatado como en mi primer viaje por uno de estos agujeros me topé con un ser extraterrestre parecido a nosotros procedente de un planeta cercano. Iba vestido de astronauta y paseando cerca del agujero negro, el pobre tuvo la mala suerte de ser engullido por él. Supe entonces que existían seres extraterrestres.

En los viajes por el universo que he realizado a partir de aquel momento, he tenido ocasión de visitar unas 10.000.000.000.000.000.000.000.000 estrellas. Igual que nuestro Sol, la mayor parte de ellas tenían planetas orbitando a su alrededor; incluso he visto muchos de ellos que tenían agua y una temperatura adecuada para la existencia de vida. Allí, comprobé que en algunos había seres vivos de todo tipo, casi siempre muy distintos a los que existen o han existido en la Tierra. En cambio, otros sí tenían cierto parecido con algunos de estos.

Pude observar también que algunos de ellos se asemejaban un poco a los animales normales de aquí y llegué a conocer algunos muy inteligentes, incluso uno de ellos parecido a nuestros perros.

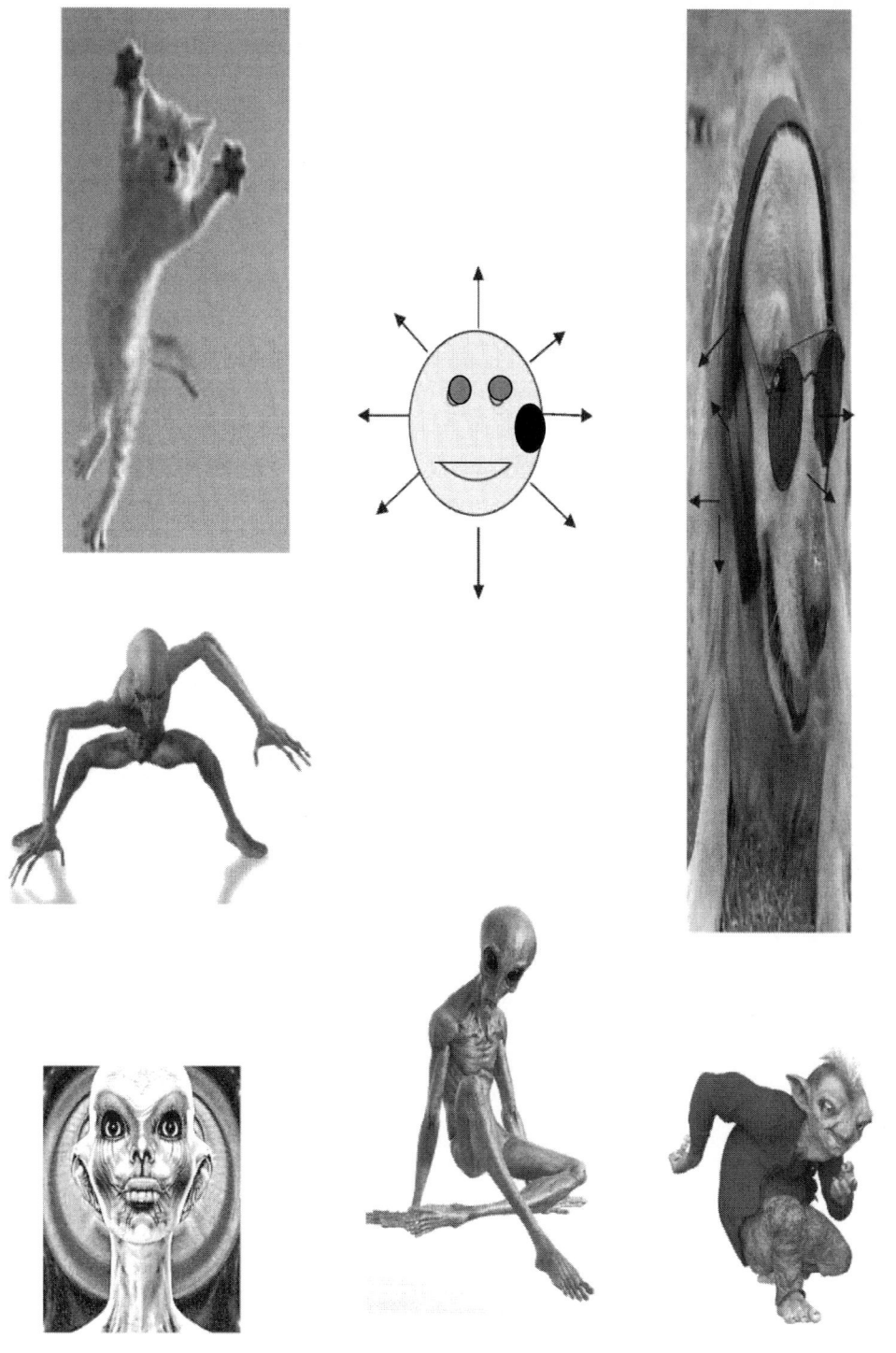

20.   Imágenes de Puixabay / Álbum.

Tampoco es que los haya conocido demasiado bien, pues me fue imposible comunicarme con ellos. Lógicamente, no hablaban ninguno de los idiomas de la Tierra y, por otra parte, en ningún momento dejé mi forma de partícula cuántica. Aquí hay muchos humanos normales que creen en la existencia de **alienígenas**. Incluso algunos han imaginado como deben ser y los han recreado en curiosos maniquíes que exhiben en museos como, por ejemplo, el llamado Museo Roswell que se encuentra en Nuevo México, en el que recientemente he estado.

También muchos humanos normales no creen siquiera en su existencia. De hecho, no habéis hallado ninguno, pues en los sistemas planetarios de las estrellas que se encuentran por aquí cerca no hay ninguno habitable. Los que creéis en su existencia estáis en lo cierto. Si en el único sistema planetario que conocéis bien ya existe por lo menos un planeta con vida inteligente, ¿cómo no existirá en alguno de los otros muchos cuatrillones de planetas?

Lo que sí es cierto es que no se encuentran cerca de nosotros. El universo está lleno de ellos y se encuentran en casi todas las galaxias, pero los más cercanos que yo he visitado en nuestra propia galaxia se localizan a más de 10.000 años luz. Sé que algunos de vosotros habéis divisado lo que os han parecido, objetos volantes procedentes de otros planetas y que, además, tenéis mucho miedo de que algún día los alienígenas invadan la Tierra.

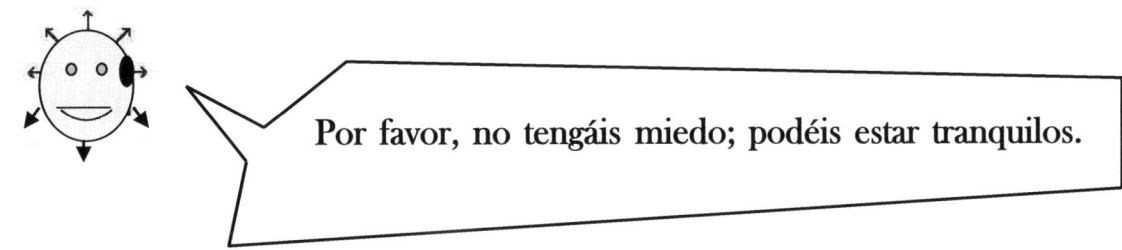

Por favor, no tengáis miedo; podéis estar tranquilos.

Todos sabéis que nada que no sea yo mismo puede viajar a una velocidad mayor que la de la luz, que es de 300.000 Km / seg. , equivalente a un año luz por año. Esto significa que **nuestros homólogos alienígenas más cercanos tardarían mucho más de 10.000 años en llegar.** Además, si viajaran a esta velocidad serían partículas sin masa como los fotones y poco daño os podrían ocasionar. En el caso de tratarse de seres extraterrestres con masa igual a la nuestra, tardarían muchos miles de millones de años en presentarse aquí.

Las notas que fui tomando en mis encuentros con los sabios (en rojo), con los comentarios de nuestro amigo (en azul).

Los sabios explican a Cosmet cómo calculan la edad del universo

Sea t_c el tiempo cósmico del momento actual, igual a la edad del universo. R es el radio actual del universo y v_E la velocidad de expansión. El punto más lejano del universo ha recorrido por efecto de la expansión una distancia R en un tiempo t_c y se cumple de forma muy aproximada que $v_E = R / t_C$.

Por otra parte, según la **ley de Hubble**, $v_E = H_0 \, R$.

Igualando las dos expresiones anteriores, resulta una edad del universo que coincide bastante bien con el tiempo que ha transcurrido desde que Cosmet nació.

$v_E = R / t_C = H_0\ R$ (**Ley de Hubble**), implica que $1 / t_C = H_0$, de donde resulta, $t_C \approx 1 / H_0$

Dando valores, para $H_0 = 21,7$ (km / seg.) / MAL. $= 21,7$ (Km / seg. · MAL.) resulta:

$t_C \approx 1 / H_0 = (1 / 21,7)$ (seg. · MAL. / km)

Teniendo en cuenta que **1 MAL.** $=$ **9,45 · 10^{18} Km,** y que **1 MA** $=$ **3,13 · 10^{13} seg,** se deduce que la edad del universo o tiempo cósmico transcurrido desde el *Big Bang* ha sido aproximadamente la que Cosmet ha ido contando año tras año; unos **trece mil setecientos millones de años.**

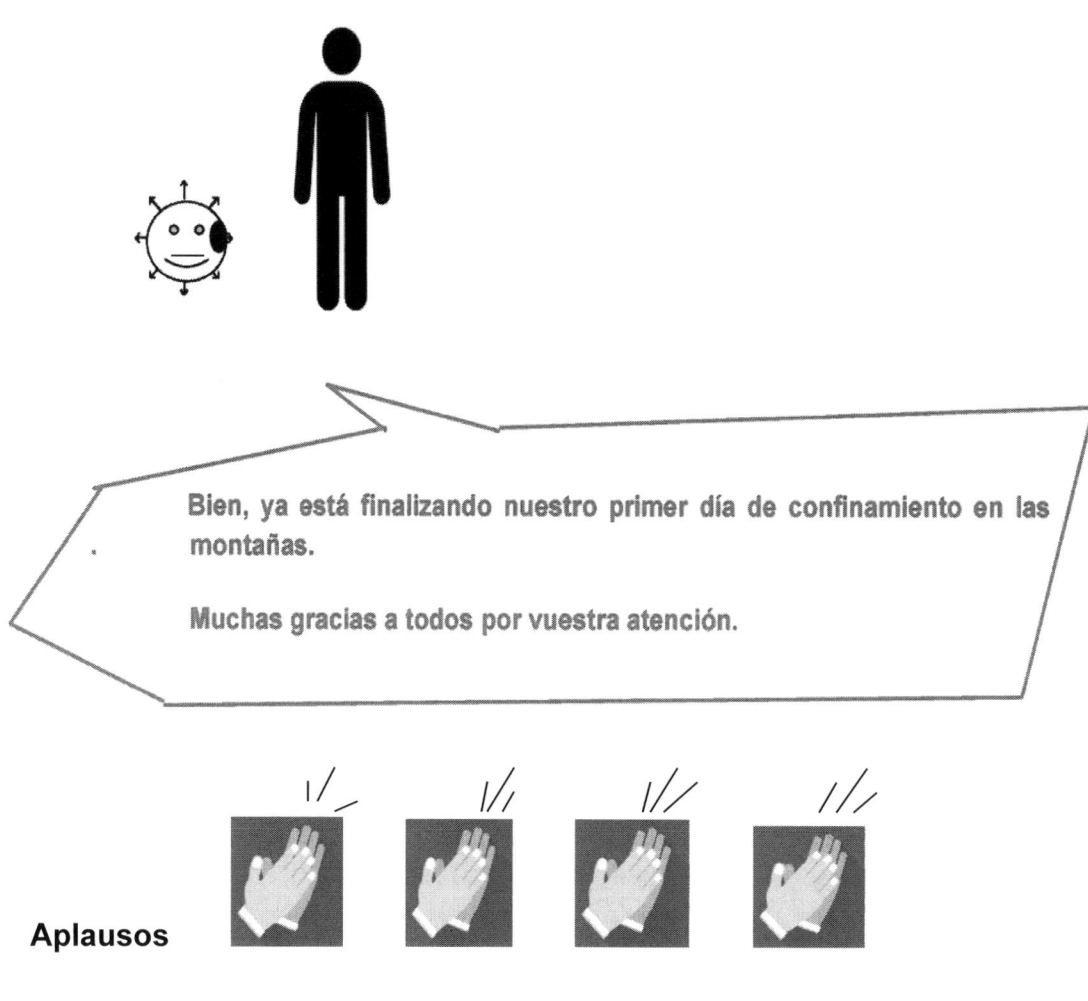

Bien, ya está finalizando nuestro primer día de confinamiento en las montañas.

Muchas gracias a todos por vuestra atención.

Aplausos

No, no, yo no merezco ningún aplauso pues me estoy limitando a contaros lo que he visto y lo que los sabios me han explicado. A ellos les remito vuestro aplauso, son los que realmente lo merecen.

https://pixabay.com/es/illustrations/aplausos-aplausos-manos-alegre-4482371/ De uso gratuito.

LAS AVENTURAS DE COSMET EXPLICADAS POR ÉL MISMO (2)

MIS PRIMEROS TRES MINUTOS DE VIDA

POCO MÁS TARDE, COMENCÉ A VER ESTRELLAS DE TODO TIPO

Segundo día de confinamiento

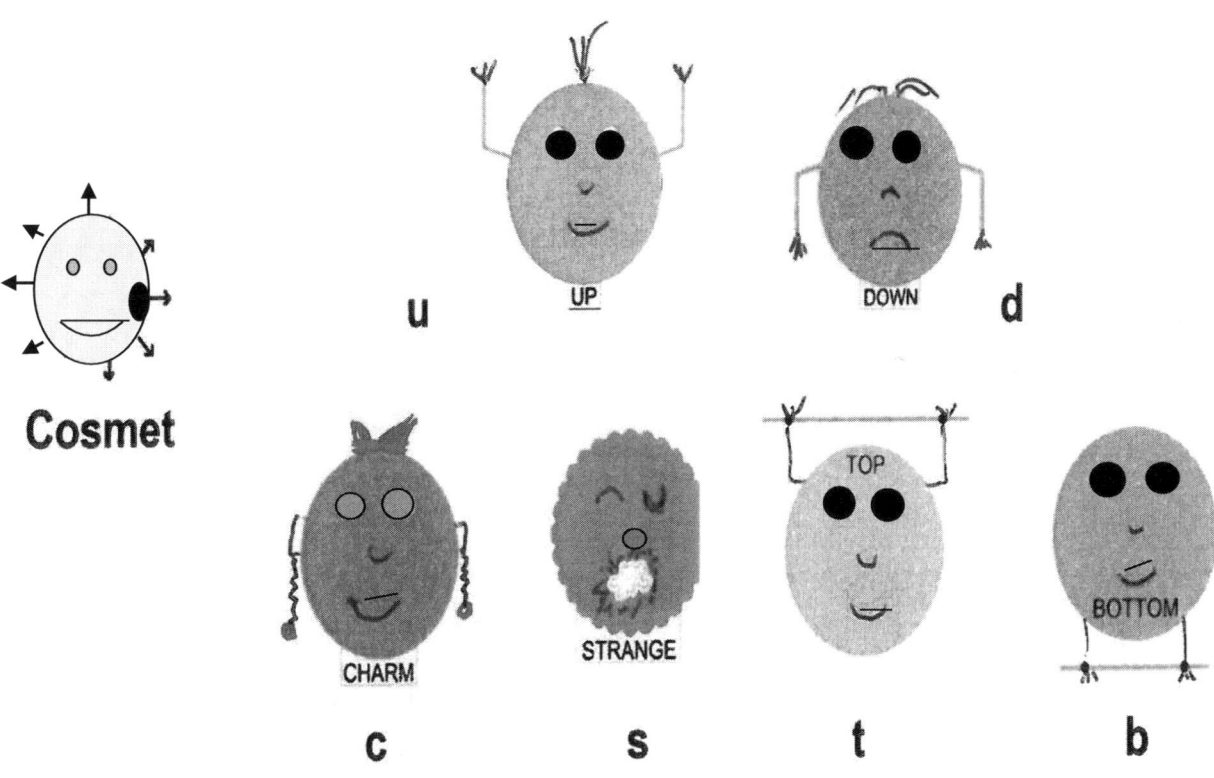

OBRA DE DIVULGACIÓN PARA CONOCER EL UNIVERSO A PARTIR DE UN GRAN VIAJE POR LA HISTORIA DEL PENSAMIENTO CIENTÍFICO

LAS AVENTURAS DE COSMET EXPLICADAS POR ÉL MISMO

MIS PRIMEROS TRES MINUTOS DE VIDA

Segundo día de confinamiento

4. El momento en que nací como partícula cuántica y cómo casi en el mismo instante vi que iban naciendo las partículas elementales

5. Mis primeros tres minutos de vida y cómo vi que se formaban los protones, los neutrones y los núcleos atómicos

Cosmet explicando a sus compañeros de confinamiento cómo vio que comenzaban a aparecer las partículas elementales

4. El momento en que nací como partícula cuántica y cómo casi en el mismo instante vi que iban naciendo las partículas elementales

Justo cuando acababa de nacer me encontré inmerso dentro de una gran explosión, la que ahora llaman el *Big Bang*. Durante los primeros instantes de mi vida, en un ínfimo lapso de tiempo, que gracias a mis facultades pude medir en unos **0,00001 segundos**, vi, tal como ya os he dicho, que el universo crecía repentinamente de una forma exorbitante hasta convertirse en una esfera de radio igual a aproximadamente **10.000 millones de kilómetros**.

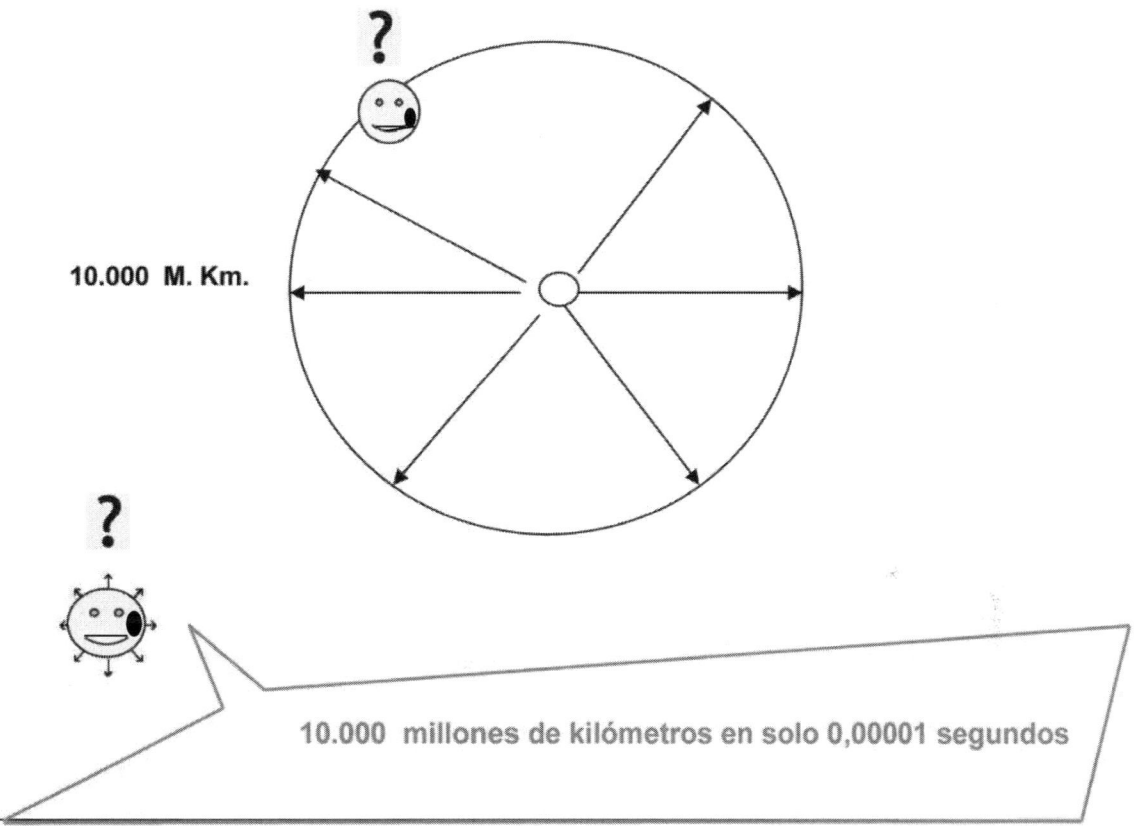

10.000 M. Km.

10.000 millones de kilómetros en solo 0,00001 segundos

Para que os hagáis una idea de esta magnitud, es más de seiscientas veces la distancia de la Tierra al Sol que los astrónomos denominan una **unidad astronómica**. Sé que os debe parecer increíble, pero yo os lo puedo asegurar, lo contemplé.

Esta especie de explosión, que ahora se llama la **gran inflación inicial,** duró solo un momento; concretamente, lo que ahora serían unos **0,00001 segundos**. Usando mis facultades extraordinarias, durante este tiempo, casi instantáneo, aprecié y experimenté las cosas que ahora os contaré. Lógicamente, no entendí nada de por qué ocurrían aquellas cosas. La verdad es que nunca lo he comprendido hasta hace muy poco tiempo, cuando he charlado con sabios humanos.

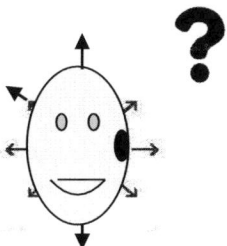

El primero fue un eminente cosmólogo, **Alan Guth,** quien sin apenas ninguna base experimental para ello, pues de aquellos primeros momentos no la podía tener, me explicó lo que él pensaba que había ocurrido. Curiosamente, casi todo lo que me dijo se parece bastante a lo que realmente vi. Mucho más tarde visité al gran físico **Steven Weinberg,** que, más comedido y con gran rigor científico, me detalló las posibles causas de aquel comportamiento tan singular del universo.

Alan Guth   **Cosmet**   **Steven Weinberg**

21. Alan Guth.   Licencia Creative Commons Attribution-Share Alike 3.0 Unported. Autor Betsy Devine. Steven Weinberg. **Archivo: Steven Weinberg 1983.jpg. Wikipedia, la enciclopedia libre.**

Archivo de Wikimedia Commons, un depósito de contenido libre. 31 de agosto de 1983. http://proxy.handle.net/10648/ad2d0fcc-d0b4-102d-bcf8-003048976d84. Rob Croes para Anefo. Disponible bajo la licencia Creative Commons. Dominio Público CC0 1.0 Universal.

A este primer período de **0,00001 segundos,** Alan Guth y algunos otros sabios lo han denominado el **universo primordial.** Conforme fue transcurriendo el tiempo cósmico, ellos me comentaron que en este período llegan a distinguir épocas sucesivas que han llamado, **época Planck** de 0 a 10^{-44} segundos, **época Gut** hasta 10^{-33} segundos, **época electrodébil** hasta 10^{-10} = 0,0000000001 segundos y, finalmente, la **época quark,** que duró hasta que el universo y yo mismo tuvimos una edad de 0,00001 segundos.

Haciendo memoria, pude recordar que todos estos momentos del tiempo cósmico coincidían aproximadamente con hechos significativos que yo experimenté.

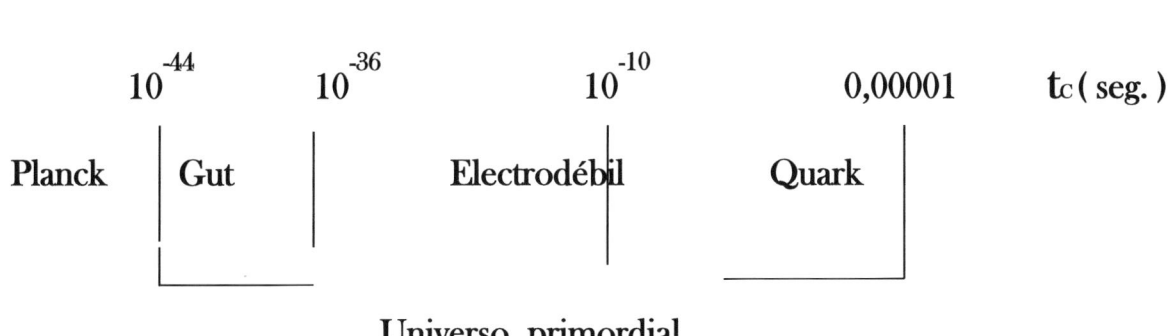

Universo primordial

La **época Planck** es como si no hubiera existido, ya que piensan que el tiempo de 10^{-44} **seg** que se llama **tiempo de Planck,** es el menor intervalo de tiempo que existe realmente y cualquiera más pequeño correspondería a un tiempo imaginario. Planck y otros físicos han tomado estos 10^{-44} **segundos** como unidad natural de tiempo. Lo que sí pude ver es que en el tiempo cósmico $t_c = 10^{-44}$ **segundos,** que fue cuando el universo y yo mismo nacimos, ya se estaba generado el espacio-tiempo y en él aparecieron las tres dimensiones espaciales que conocemos. Nació la **geometría**.

Lo primero que vi al nacer fue, tal como ya os he comentado, una gran inflación inicial del universo durante la época Gut. Hasta el final de esta yo no pude ver partículas ordinarias, solamente vislumbré **fotones**.

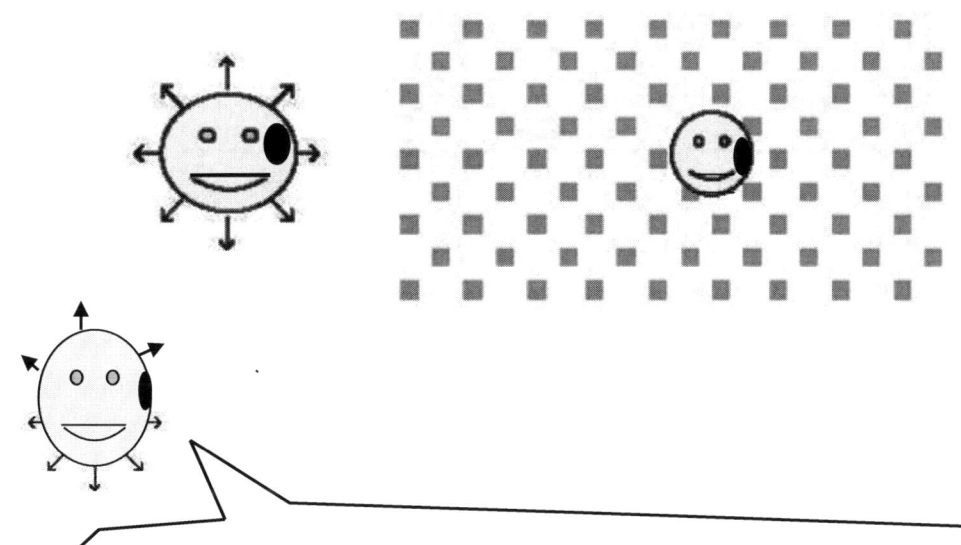

Todos eran como yo mismo, pero de menos energía y con muchas limitaciones. No paraban de moverse y siempre a idéntica velocidad.

En el primer momento, observé el universo en el estado de **vacío cuántico**, cosa que significa que no existían más partículas reales que los propios fotones. No obstante, ahora los sabios saben que este vacío cuántico está lleno de lo que llaman **partículas virtuales.** Ellos piensan que constantemente determinados fotones se transforman en parejas compuestas de **partícula** y **antipartícula,** que son idénticas, pero con energía y otras características de distinto signo. Esto es precisamente lo que yo vislumbré. Efectivamente, desde el primer momento muchos fotones de energías dispares se convertían momentáneamente en estos pares de **partícula** y **antipartícula virtuales,** que tienen **energía de distinto signo.** Dado que todo lo que existe es energía, sus cargas eléctricas eran también de distinto signo.

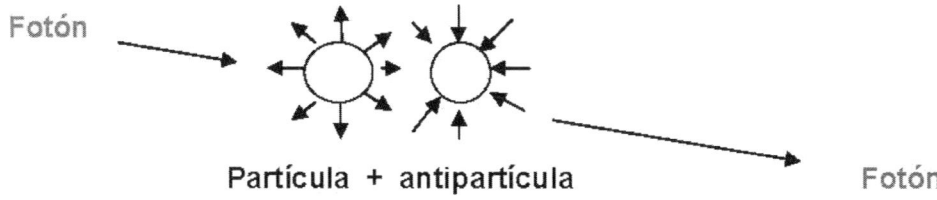

Los sabios me dijeron que las denominan **partículas virtuales** porque no llegan a existir de forma real debido a que, tal como yo vi, inmediatamente **se autoaniquilaban.**

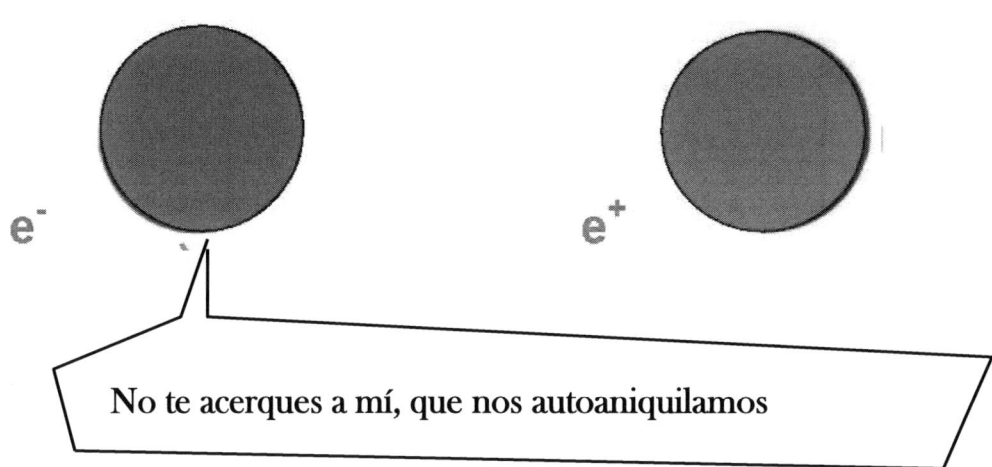

El motivo de todo esto es que el tiempo de vida de las partículas virtuales es inferior a los 10^{-44} segundos, que es el menor período de tiempo que, según dicen, existe de forma real.

Justo cuando yo nací, el calor que hacía era exorbitante. Realicé por primera vez en mi vida mi transformación en termómetro gigante y le tomé la temperatura al universo.

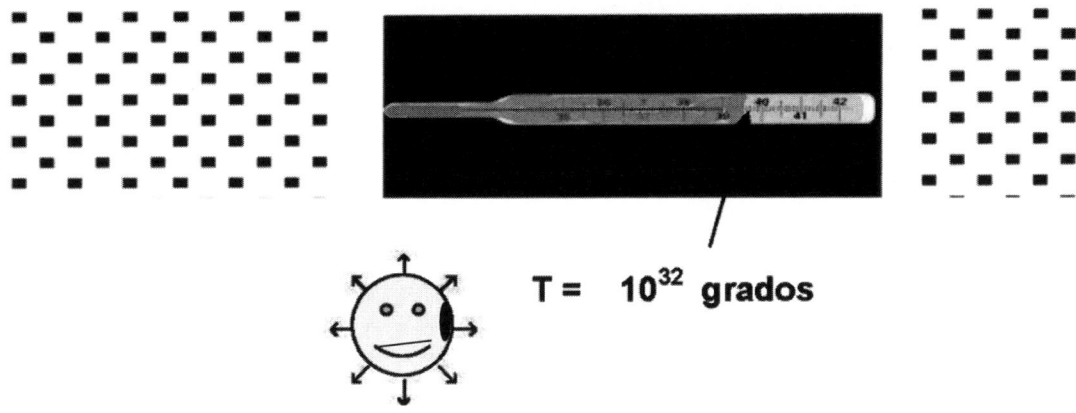

$$T = 10^{32} \text{ grados}$$

La temperatura resultó ser nada menos que de 10^{32} grados, que son:

1.000.000.000. .... 000.000 grados.

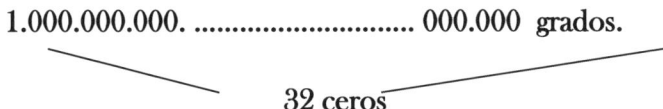

32 ceros

Sin embargo, conforme fue avanzando la gran inflación, continué tomando temperaturas y noté que estas iban descendiendo rápidamente. Cada vez la temperatura era menor y en el termómetro me aparecía la cifra con menos ceros.

Ahora detallaré lo que yo observé en cada una de las épocas en las que los sabios dividen este primer período que llaman **universo primordial.**

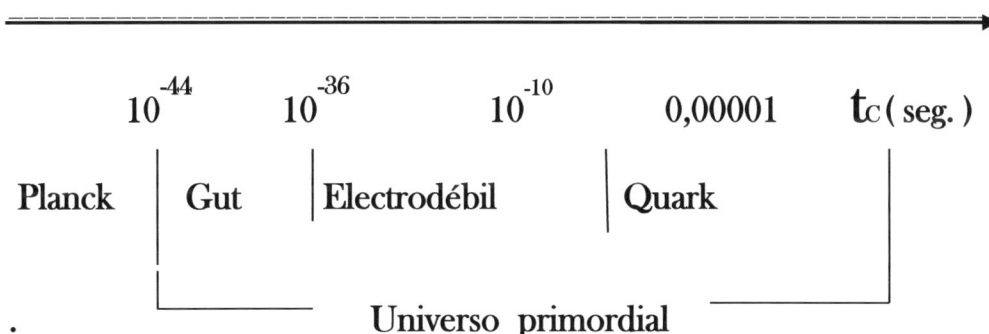

Epoca Gut

El período de tiempo casi instantáneo, que va desde $t_c = 10^{-44}$ segundos a $t_c = 10^{-36}$ **segundos,** es la época que ahora llaman **Gut.** En ella acaeció la gran inflación casi instantánea, en la que el tamaño del universo **se incrementó desde un tamaño del orden de la longitud de**

Planck (10^{-35} m.) a un tamaño del orden de casi 1 m.

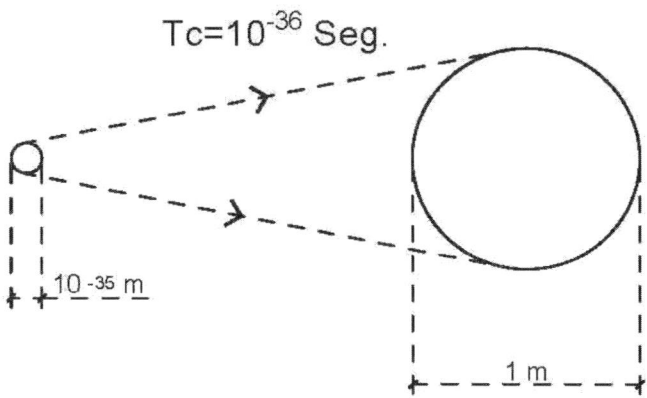

Ya os he dicho que el calor era asfixiante y que, cuando hice mi transformación en termómetro gigante por primera vez en mi vida y tomé la temperatura del universo, esta era nada menos que de 10^{32} **grados.**

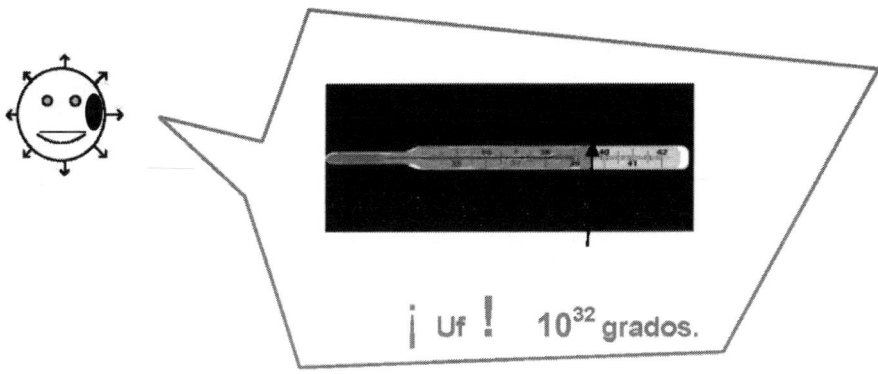

Sin embargo, tal como ya os he dicho, en sucesivas tomas noté que la temperatura descendía rápidamente. Lo ha estado haciendo sin parar durante todo el tiempo cósmico hasta la actualidad. Ahora es de solamente **2,72** grados.

Ya hace unos años que un físico llamado **Rudolf Clausius** y algunos otros, me contaron que en un sistema de partículas la temperatura es equivalente al promedio de energía de estas, por lo que muchas veces expresan la energía como su temperatura equivalente. Una de las unidades en que miden la energía, el **megaelectronvoltio (MeV)**, es equivalente aproximadamente a 10^{10} **grados Kelvin.**

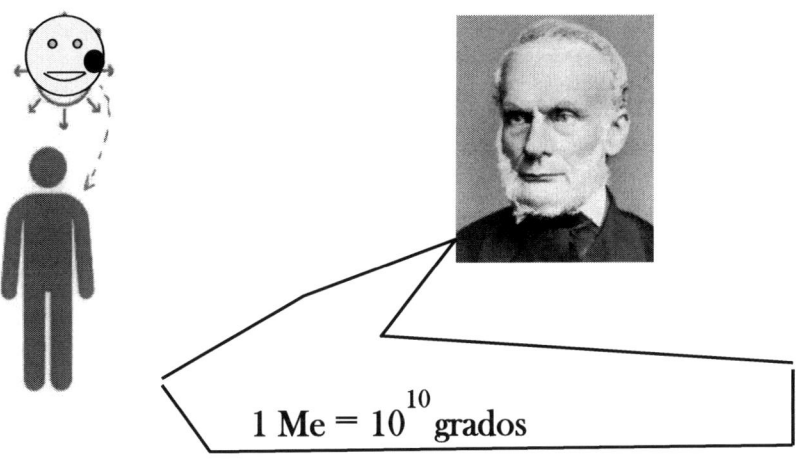

$$1 \, Me = 10^{10} \, \text{grados}$$

22. **Rudolf Clausius** (Imagen de Wiquipedia. D.P.). Dominio público. http://www-history.mcs.st-andrews.ac.uk/history/Posters2/Clausius.html . Autor desconocido. 24 de agosto de 1888.

Utilizando estas unidades, vi que a los 10^{-33} **segundos**, la **energía - temperatura del universo era mil veces menor.** Pasó en este tan corto período desde los 10^{32} **grados** a los 10^{29} .

En el inicio de esta época Gut, $t_c = 10^{-44}$ **segundos,** se originaron tanto el **espacio** como el **tiempo**, con lo que en el universo aparecieron las tres dimensiones espaciales que conocéis. Me encontré muy solo, dado que exclusivamente había fotones, pero ya os he mencionado que inmediatamente pude vislumbrar como aparecían las **partículas virtuales.** Constantemente, determinados fotones se transformaban en parejas de **partícula** y **antipartícula.** Por ejemplo, pude apreciar la antipartícula de un **quark,** que es lo que llaman un **antiquark.**

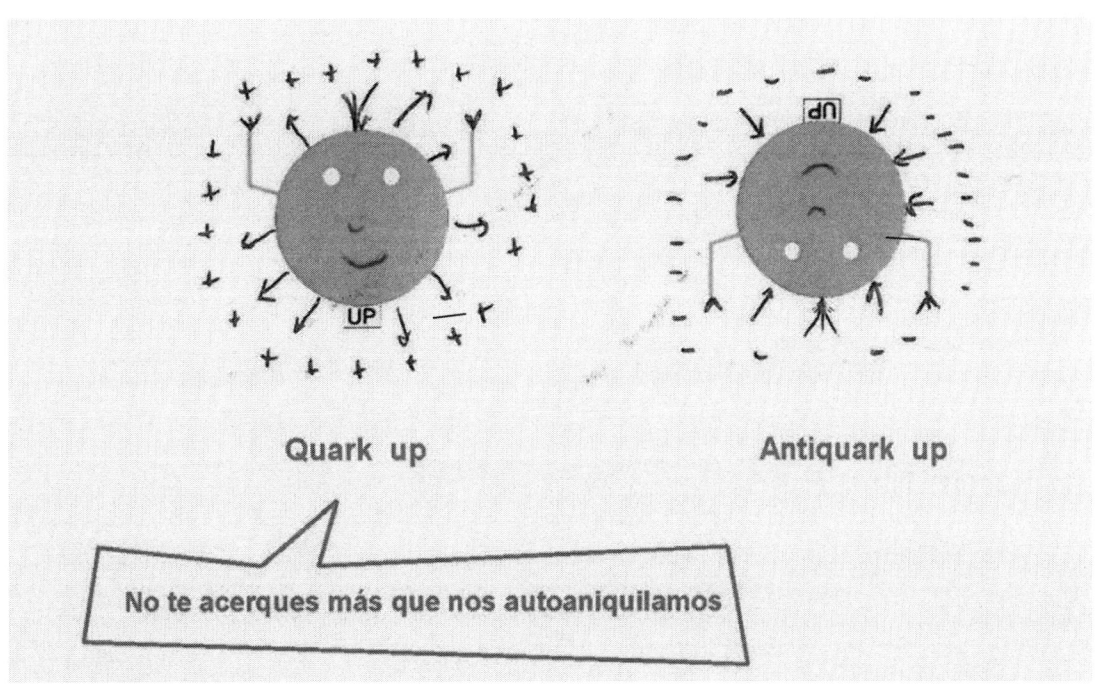

En este caso, los sabios me dijeron que las llaman partículas virtuales porque no llegan a existir de forma real, ya que inmediatamente se autoaniquilan. A pesar de ello, y como consecuencia del **azar cuántico**, pude ver que una mínima cantidad de estas con energías muy concretas conseguían sobrevivir y transformarse en partículas reales sin masa, viajando a la velocidad de la luz. Al principio, solamente observé estas partículas sin masa, parecidas a mí mismo, pero de las normales.

Al instante me di cuenta también de que **todo el universo estaba lleno de una especie de gelatina muy espesa, y que esta gelatina frenaba la velocidad de las partículas**. Casi inmediatamente y sin saber yo por qué, en medio de la gran inflación, comenzaron las partículas a adquirir masa.

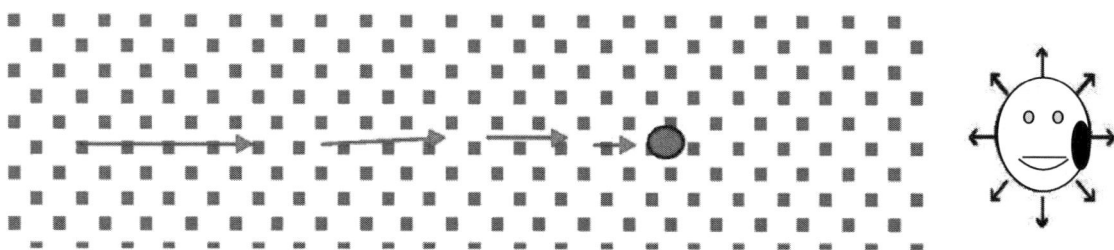

Partícula que va adquiriendo masa al ser frenada por el campo del Higgs, hasta que se para y se convierte en una partícula real.

Nunca entendí todo esto hasta que un gran físico, **Peter Higgs,** y otros sabios, me relataron cómo piensan que se ha formado la masa existente en el universo. Básicamente, aquello que yo tomé por una gelatina espesa que permeaba el universo era un campo de energías al que en su honor ahora llaman **campo de Higgs**.

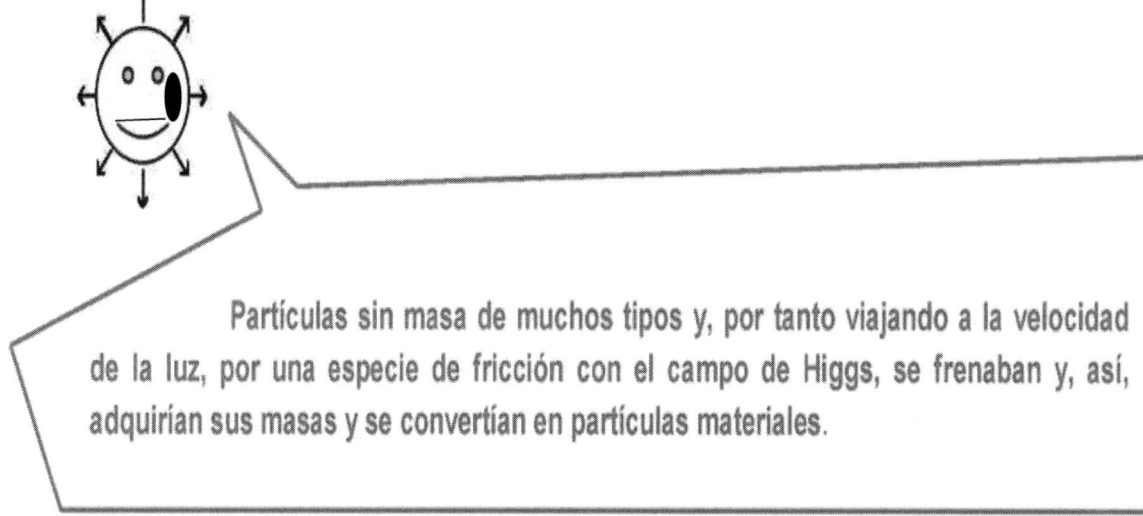

Partículas sin masa de muchos tipos y, por tanto viajando a la velocidad de la luz, por una especie de fricción con el campo de Higgs, se frenaban y, así, adquirían sus masas y se convertían en partículas materiales.

Lo que ocurría es que la parte de energía que perdían por efecto del frenado, se convertía en masa.

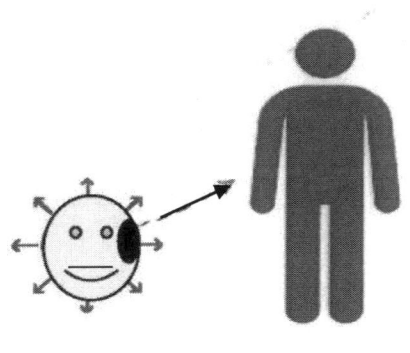

Cosmet   **Peter Higgs**

Aun así, en el primer momento aún no existían partículas materiales. Tan solo **fotones,** y toda la energía del universo que es la misma que hay ahora, por corresponder únicamente a estos, los sabios la llaman **energía radiante** o **radiación.**

Usando mis poderes extraordinarios, contabilicé los fotones que había en un centímetro cúbico y determiné su densidad que resulto ser exorbitante. Basta que os imaginéis toda la masa-energía del universo concentrada en un punto. Además, observé grandes fluctuaciones de esta densidad extrema que, desde el principio de la gran inflación, originaron en pequeñas regiones del espacio partículas tan energéticamente densas como los objetos que ahora se llaman **agujeros negros.** Eran como el que ya os he explicado que uso para viajar por el universo, aunque de tamaño microscópico. Fueron los primeros entes que yo divisé.

Pasados 10^{-35} segundos y ya hacia el final de la época Gut, **la temperatura y su energía equivalente eran mil veces menores.**

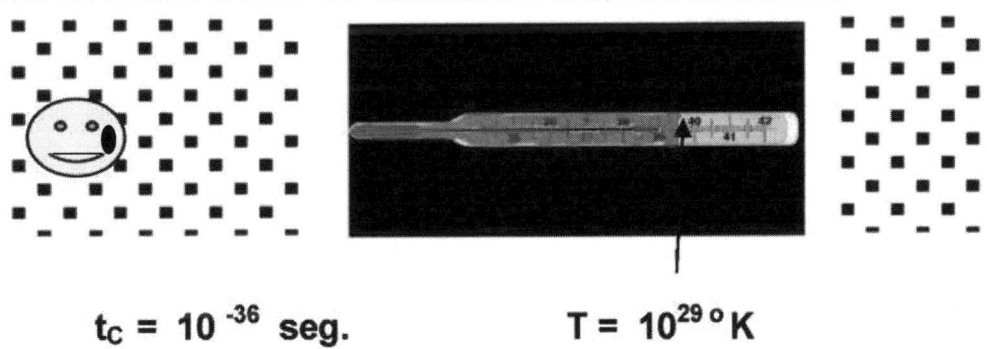

$$t_C = 10^{-36} \text{ seg.}$$ $$T = 10^{29} \, ^\circ K$$

Entonces vi cómo pares partícula-antipartícula sin masa de hasta esta energía, por fricción con la gelatina espesa del Higgs, se frenaban y adquirían su masa.

De estas partículas, a las de mayor energía actualmente inexistentes, algunos sabios las llaman **partículas X** porque las desconocen. Yo solo las vislumbré momentáneamente, pues eran muy inestables y, por tanto, de una vida muy breve. Los sabios de la física de las partículas me han dicho que esto es debido a su gran masa. En su desintegración, producían todo tipo de partículas de masas menores; entre ellas **electrones**, sus antipartículas que se denominan **positrones**, y también las que ahora se conocen como **quarks.** Otras que no tenían afinidad con el Higgs se quedaron sin masa. Eran las partículas que se denominan **gluones**.

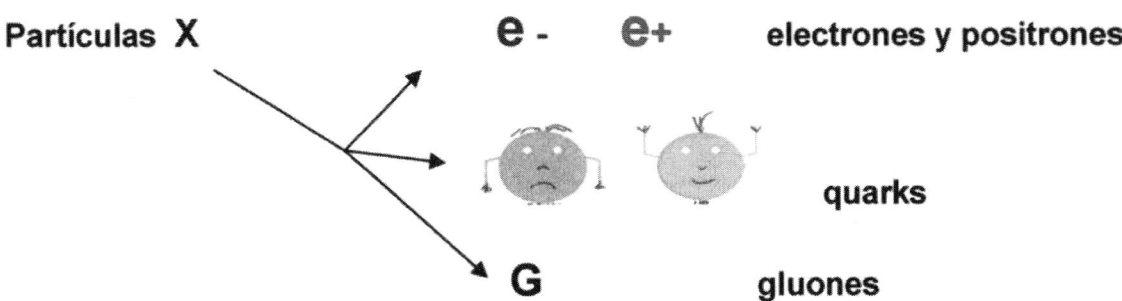

Ya entonces aprendí que, para que naciera una partícula de una determinada masa, era necesario que los fotones que la generaban tuvieran la energía equivalente. A esta, **Steven Weinberg** la llama **energía** o **temperatura umbral** de la partícula.

La temperatura umbral de una partícula es la energía mínima que tiene que tener un fotón para poder generarla.

Efectivamente, al poco tiempo vi que cuando la temperatura-energía del universo descendía muy por debajo de la **temperatura umbral** de cada partícula, entonces, esta ya no podía generarse debido a que los fotones ya no tenían energía suficiente.

Además, las partículas existentes se volvían inestables y se descomponían. De este modo, la mayoría de estas partículas desaparecieron y ya no las hemos visto nunca más. Así es; conforme fue bajando la temperatura, estas partículas de gran energía ya no se pudieron generar y las existentes, altamente inestables, casi instantáneamente se desintegraron.

La temperatura del universo se encontraba tan alta que era superior a los umbrales de todas las partículas conocidas. Como consecuencia de esto, estaban presentes todas las partículas con umbral de temperatura inferior a la temperatura del universo. Observé que cada tipo de partícula había adquirido su masa, pero su temperatura, consecuencia básicamente de su energía de radiación, era la del universo.

Los sabios me han aclarado que este hecho es porque el universo se encontraba en un **equilibrio térmico** casi perfecto. Dicen que un sistema de partículas está en equilibrio térmico cuando todas las partes en que se puede dividir se hallan a la misma temperatura. En esta situación, al ser la temperatura de cada partícula muy superior a la energía que correspondía a su masa, esta resultaba despreciable y, por tanto, tal como ya os he descrito, la partícula era básicamente una **radiación**. Así pues, **el universo no era más que una variedad de diferentes tipos de radiación, un tipo para cada especie de partícula cuyo umbral era inferior a la temperatura cósmica del momento.**

Al llegar el tiempo cósmico a los 10^{-36} **segundos**, esto dio lugar a algo parecido a lo que ahora llaman un **plasma**. Era como una **sopa caliente muy espesa de partículas, muchas de ellas similares a los quarks y antiquarks, a los electrones, positrones (m $=$ 0,511 MeV) y a los gluones.** Todas se encontraban inmersas en un mar de fotones, colisionando a gran velocidad entre ellas y transformándose constantemente unas en otras.

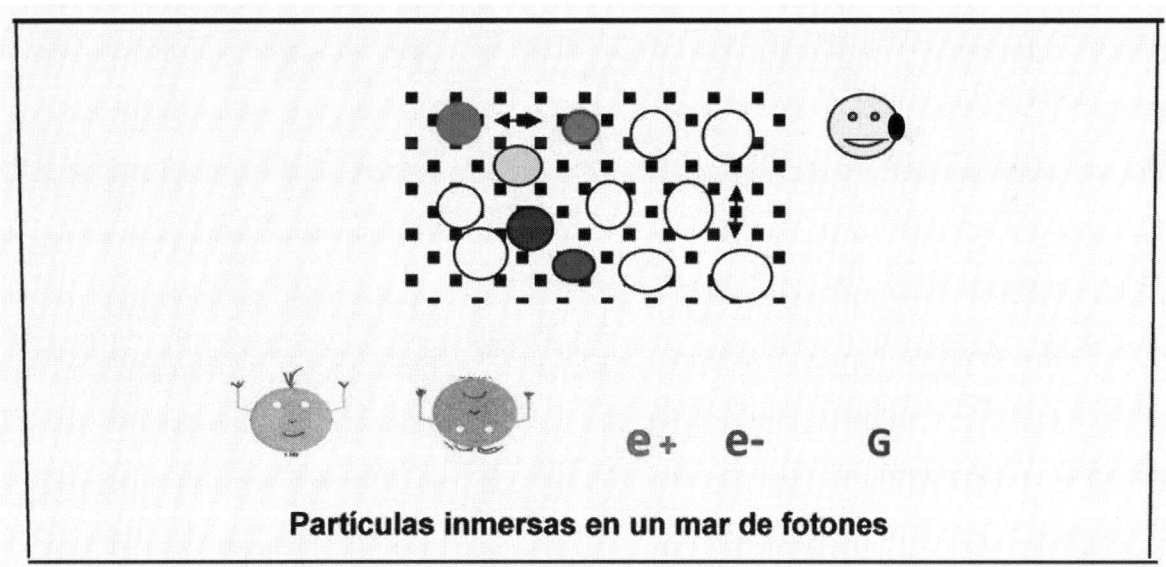

Partículas inmersas en un mar de fotones

Casi no existía aún la materia ordinaria, pues las partículas del plasma eran, tal como os he dicho, casi energía pura. Por esto, el conjunto de todas estas partículas constituía lo que se llama **materia Gut indiferenciada.**

Desde la aparición de las primeras partículas con masa **surgió en el universo la primera de las cuatro fuerzas fundamentales que rigen su comportamiento; las fuerzas gravitatorias, que son fuerzas de atracción entre partículas másicas.**

Estas tenían también la propiedad adicional de la **carga eléctrica** que, como sabéis, puede ser de dos tipos: positiva o negativa. **Eso dio lugar a la aparición de las segundas fuerzas fundamentales; las fuerzas electromagnéticas entre partículas, que tienen la particularidad de ser de atracción entre las que tienen carga de distinto signo y de repulsión en el caso contrario.**

Los sabios piensan que en el primer momento las cuatro fuerzas ya existían, pero que se encontraban unificadas en un estado de **supersimetría** y no actuaban sobre nada, ya que no existían partículas materiales. Por esto consideran la aparición de la fuerza de la gravedad como lo que llaman una **primera rotura de la simetría inicial**, consistente en la separación de la gravedad, que comenzó a actuar cuando comenzaron a formarse partículas con masa.

Las otras tres fuerzas fundamentales, que son la **electromagnética,** la **fuerte** y la **débil,** durante la época Gut se encontraban aún unificadas. Por eso la palabra Gut son las iniciales de la llamada teoría de la gran unificación inicial.

Yo nunca entendí por qué aparecían estas fuerzas en el universo, hasta que **los sabios me explicaron que es porque entre partículas se intercambian otras, los bosones, que son, por tanto, los generadores o portadores de las fuerzas.** Ya os hablaré de ellos.

Época electrodébil. Cuando ya tuve 10^{-33} segundos de edad y el universo era como una pequeña esfera de solamente **un metro de radio,** terminó la época Gut y se inició la **época electrodébil.** Esta duró hasta que tuve 10^{-10} = 0,0000000001 segundos de vida, instante en que el radio del universo había crecido hasta los **diez millones de kilómetros.**

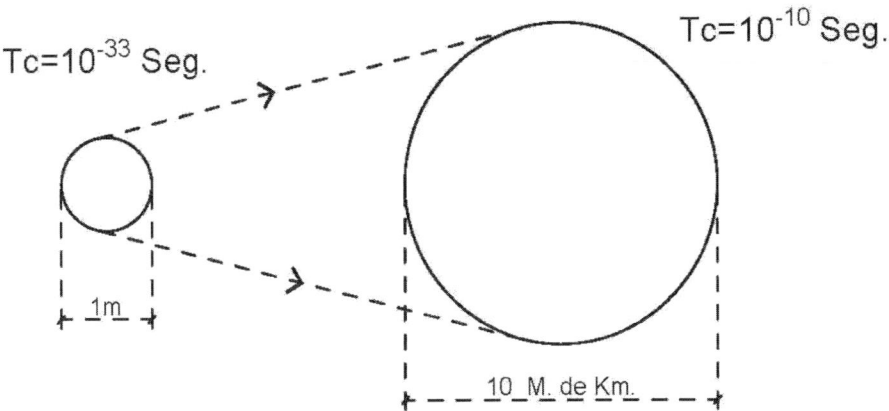

Ya al final de la época Gut y en el inicio de la siguiente **($t_c = 10^{-33}$ seg.),** tal como ya os he descrito, el universo estaba poblado de partículas de todo tipo, muchas de ellas como las partículas **X** de gran masa. Cuando apareció esta masa, vi con sorpresa que la gran inflación comenzaba a frenarse. A partir de aquí, el universo fue creciendo mucho más lentamente, crecimiento que se ha mantenido a lo largo de todo el tiempo cósmico hasta llegar al momento actual. Había terminado la gran inflación inicial, y comenzado a un ritmo más lento la **expansión del universo.**

La época electrodébil transcurrió entre los 10^{-33} y los 10^{-10} segundos del universo. **Continuaba haciendo mucho calor, pero todo se iba enfriando. Pude comprobar que la temperatura fue bajando durante este período desde los 10^{29} grados a unos 10^{16} .**

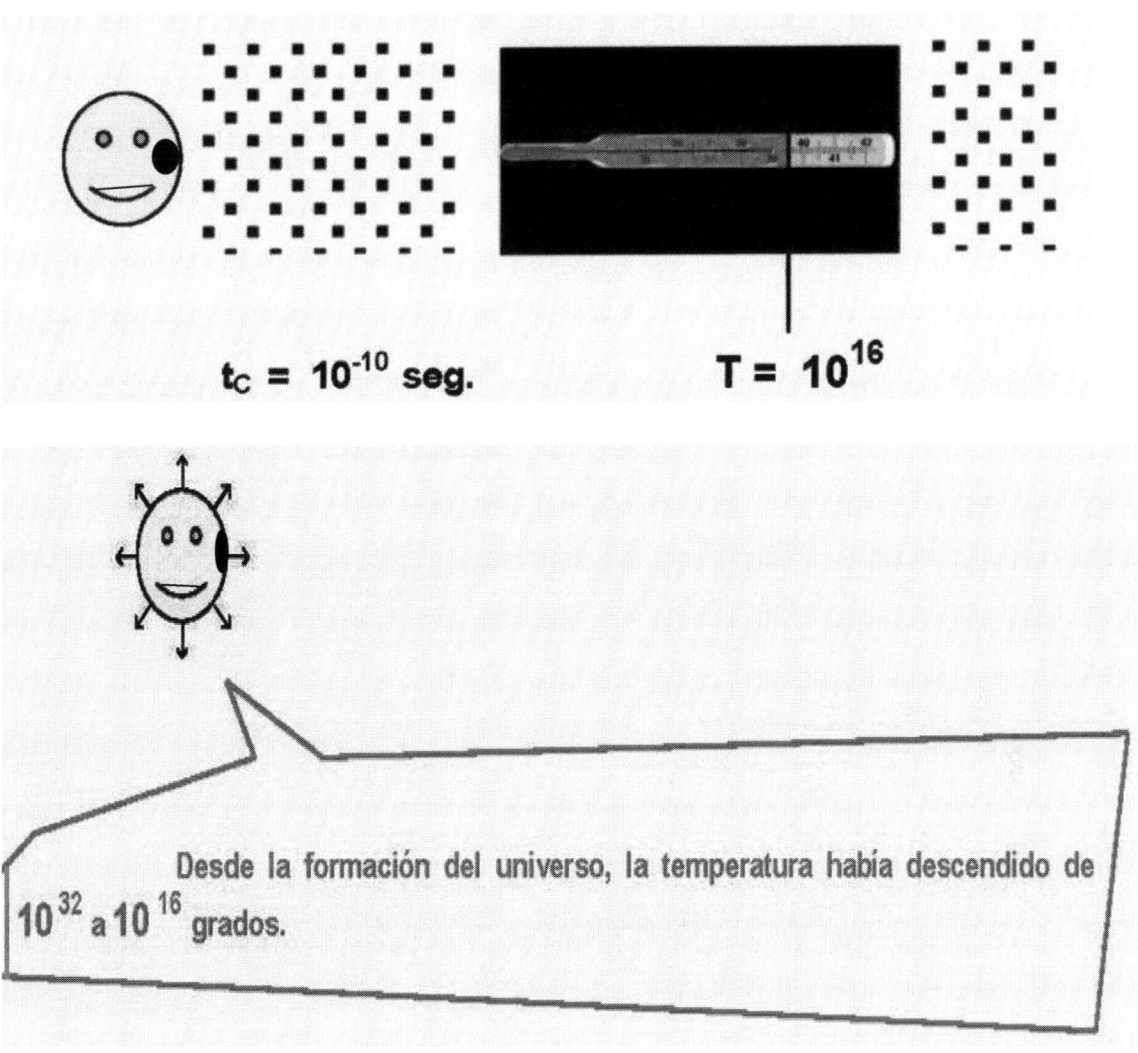

$t_C = 10^{-10}$ seg. $T = 10^{16}$

Desde la formación del universo, la temperatura había descendido de 10^{32} a 10^{16} grados.

La energía a gran escala de los fotones pasó de un poco menos de 10^{19} MeV a casi 10^{6} **MeV.**

Esta energía es aproximadamente la máxima que los investigadores humanos han podido alcanzar artificialmente en unos artilugios llamados **aceleradores de partículas,** donde intentan recrear como era el universo primitivo. Por este motivo solamente yo, que lo presencié, sé cómo era.

Tal como os he dicho, se trataba de un **plasma** caliente formado principalmente por **quarks, antiquarks, electrones, positrones** y **gluones.** Estos últimos son los bosones portadores de la **fuerza fuerte.** Por esto, cuando aparecieron, tuvo lugar la **segunda ruptura de la simetría** o separación de esta fuerza. Existía ya separada la **fuerza gravitatoria,** pero las otras fuerzas, **electromagnética** y **débil,** que otro día os explicaré que son, continuaban encontrándose unificadas en una sola.

A este hecho los sabios lo denominan **simetría electrodébil** y es lo que ha motivado el nombre dado a la época. Al final de la misma, mirando a gran escala los valores de la temperatura **(T)**, de la energía **(E)** y del radio **(R)**, vi que eran los siguientes:

$$t_c = 10^{-10} \text{ segundos.} \quad T = 10^{16} \, ^\circ K.$$

$$E = 860.000 \text{ MeV} \qquad R \approx 10^7 \text{ Km.}$$

Poco tiempo después, cuando la energía ya había descendido hasta los 125.000 MeV, observé con sorpresa cómo parte de la especie de gelatina que permeaba el universo se convertía en partículas másicas de unos 125.000 MeV, las cuales, cuando entraban en contacto con fotones, les cedían su masa y desaparecían. Eran las partículas del campo del Higgs, las **partículas H.**

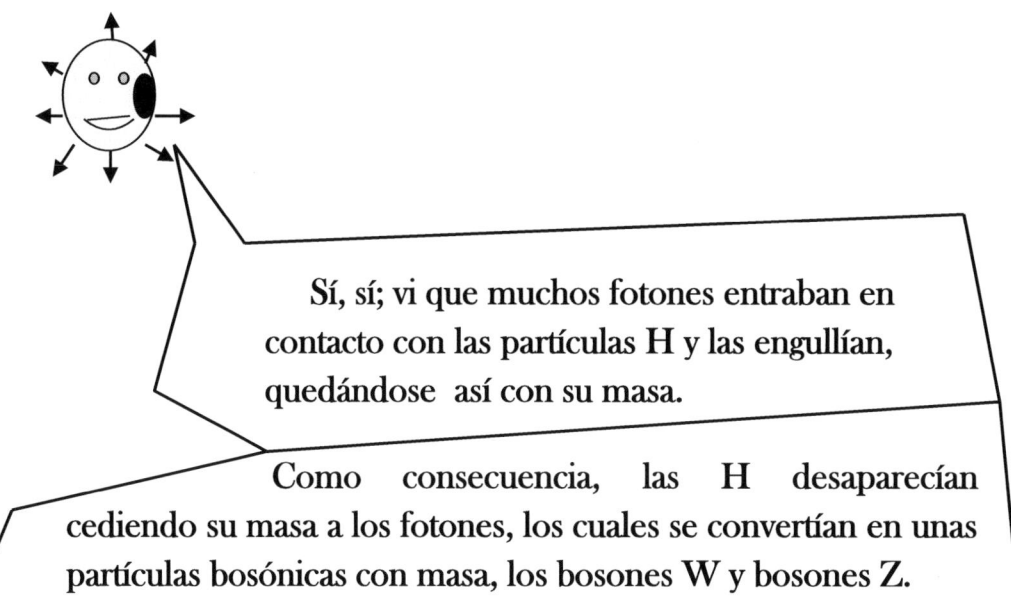

Sí, sí; vi que muchos fotones entraban en contacto con las partículas H y las engullían, quedándose así con su masa.

Como consecuencia, las H desaparecían cediendo su masa a los fotones, los cuales se convertían en unas partículas bosónicas con masa, los bosones W y bosones Z.

Lo que hice yo fue pesar estas partículas y obtuve que su masa era cercana a los 100.000 MeV. Concretamente, **el bosón W tenía una masa de 80.000 MeV y el bosón Z de 91.000 MeV. Eran como los mismos fotones, pero con masa.** Estos bosones son los portadores de la llamada **fuerza débil,** que es la que en el universo provoca las desintegraciones de partículas.

Cuando aparecieron, los sabios dicen que quedó rota la **simetría electrodébil** y la fuerza débil y la electromagnética comenzaron a actuar por separado.

Además de las partículas **H,** en el campo del Higgs surgió también otra partícula, la **partícula h.** Esta interacciona con fotones de energías concretas, pero simplemente las frena y no llega a desaparecer. De esta manera, les proporciona masa sin perder la propia. Cuando la pesé, vi que era de **125.000 MeV.** Esta partícula **h** es la misma que hace muy poco tiempo un equipo de sabios, encabezados por el señor **Peter Higgs,** han conseguido crear en un acelerador de partículas. Por esto se llama **bosón de Higgs.** Su vida es muy efímera, ya que es de tan solo $1,5 \cdot 10^{-22}$ segundos.

En resumen, vi como aparecían las partículas con masa y también como se rompía la simetría electrodébil, quedando separada la fuerza débil de la electromagnética. Los fotones continuaron siendo los portadores de la fuerza electromagnética y los bosones con masa **W** y **Z** que aparecieron, pasaron a ser los bosones portadores de la fuerza débil que actúa solo a nivel de las partículas produciendo desintegraciones.

En estas reacciones comenzaron a aparecer también otro tipo de partículas que ahora se llaman **neutrinos** y se simbolizan como **ν**. Son parecidos a los fotones, pero con una masa ínfima que hace que no lleguen a viajar a la velocidad de la luz, sino un poco más despacio. En seguida vi que tenían un **espín** que es como una especie de giro, en este caso, en sentido contrario al del movimiento. Al revés de lo que ocurre en un sacacorchos, aprecié que se movían en sentido contrario al de su giro.

Por este motivo, tal como se ve en el dibujo anterior, dicen que **el neutrino es de izquierdas** o que es una **partícula zurda.** También aprecié sus antipartículas, los **antineutrinos,** que se simbolizan como **ν̄** y tienen un espín en el mismo sentido del movimiento de la partícula.

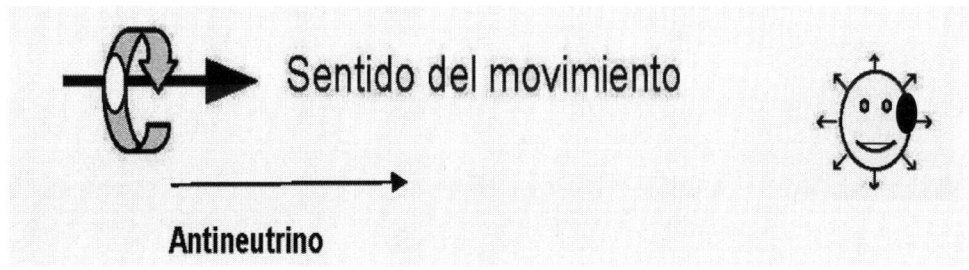

A consecuencia de ello, dicen que **el antineutrino es de derechas** o que es una **partícula diestra.**

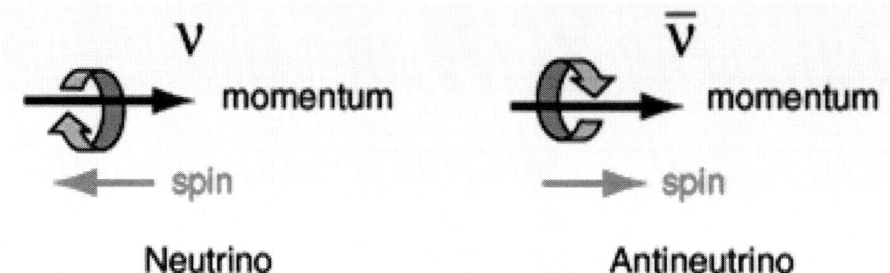

Poco más tarde, en el plasma caliente de partículas elementales, divisé también que se iban produciendo ciertas inhomogeneidades en el sentido de aparecer regiones dispersas con mayor o menor concentración de masa. Estas inhomogeneidades, que ya pude observar durante la gran inflación, han sido las semillas de lo que al cabo de muchos millones de años han sido las galaxias, los cúmulos de galaxias, los supercúmulos y la estructura actual del universo; grandes filamentos de materia que penetran grandes espacios vacíos.

En cuanto a los quarks que fueron apareciendo, no todos ellos eran iguales, ya que, tal como ya os he mencionado, había de seis tipos distintos; un grupo de cuatro con una elevada energía y un grupo de dos con menos.

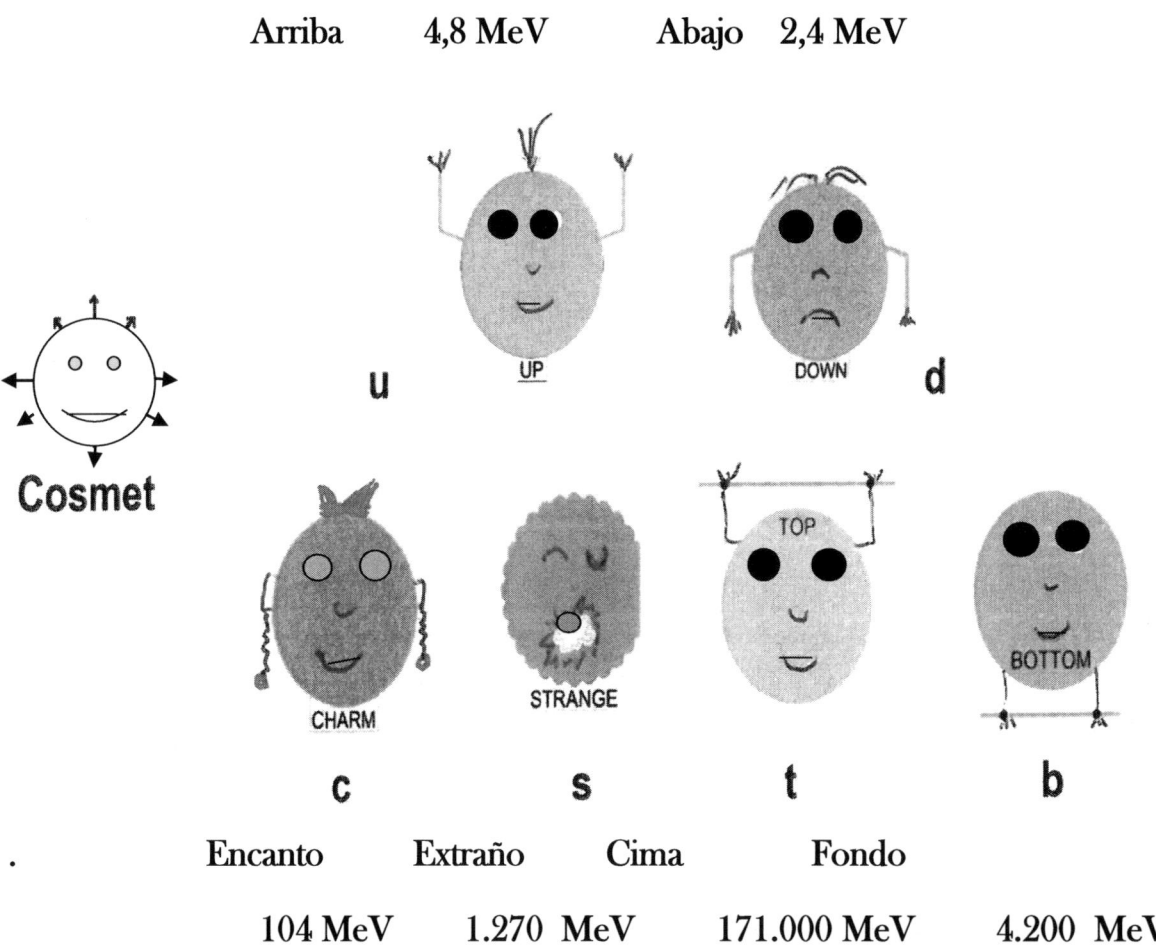

88

Los quarks de este segundo grupo fueron desapareciendo del universo cuando este bajó a energías mucho menores que su temperatura umbral. Yo los pude ver entonces fugazmente entre muchos otros tipos de partícula, pero los humanos normales solo los han conocido cuando, hace muy pocos años, las han creado artificialmente en los aceleradores de partículas. Incluso les han dado nombre.

En cuanto a los quarks bautizados como *up* y *down*, no han desaparecido nunca y me han acompañado toda mi vida. Ciertamente, al cabo de un tiempo, estos quarks fueron abandonando su estado libre y fueron formando las partículas compuestas, que son las que en grupos de tres **constituyen ahora los protones y los neutrones de los núcleos de todos los átomos que existen.**

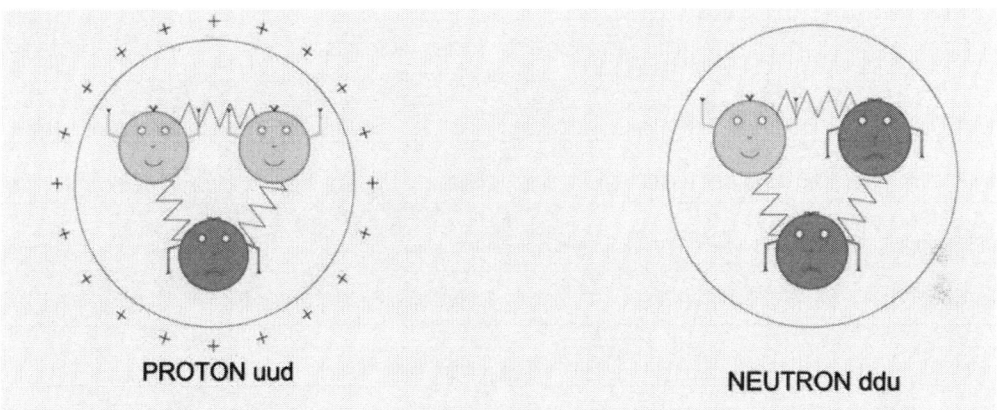

PROTON uud   NEUTRON ddu

No obstante, durante toda la época electrodébil, la formación de estas partículas compuestas todavía no se había producido y el contenido del universo continuó siendo el **plasma** caliente del que ya os he hablado, formado principalmente por **quarks, antiquarks, electrones y positrones.** Los antiquarks y los positrones eran como los quarks y los electrones, pero con propiedades invertidas. Eran las antipartículas que conformaban la llamada **antimateria.**

También las partículas y sus antipartículas continuaban aniquilándose mutuamente, dando lugar a nuevos fotones. En un principio, su número era prácticamente el mismo, pero, al poco tiempo, comprobé que **las primeras dominaban por encima de las segundas.** Dicho de otro modo, había una **asimetría bariónica**, que es lo que ha hecho posible que no se eliminaran todas las partículas con sus antipartículas, haciendo de esta manera posible que exista la materia.

Casi nadie sabe cómo se produjo esta asimetría, pero yo sí porque lo presencié. En el vacío cuántico situado en la frontera de los microagujeros negros, vislumbré cómo de los pares partícula - antipartícula que se formaban, la antipartícula caía en el agujero negro, quedando las partículas reales circulando libremente. De este modo el número de partículas pasó a ser ligeramente mayor que las antipartículas.

Cuando al poco tiempo, partículas y antipartículas se aniquilaron totalmente entre ellas, quedó solo el excedente de las primeras que aún hoy constituye la materia del universo.

Época quark

El siguiente período, que transcurrió desde $t_c = 10^{-10}$ a $t_c = 0,00001$ **segundos**, es la **época quark.** Se denomina así por ser ya al final de ella cuando se produjo el fenómeno consistente en la generación de las partículas compuestas formadas por quarks, que ahora se denominan **bariones.** Son **los protones, los neutrones** y las demás partículas compuestas de mayor masa. Al inicio de esta época, aún no se habían originado estas partículas compuestas. Continué viendo el plasma de **quarks, electrones y gluones libres,** aún muy caliente, pero enfriándose constantemente. Al llegar al final, tras transformarme de nuevo en termómetro gigante, vi que el universo se encontraba en la siguiente situación:

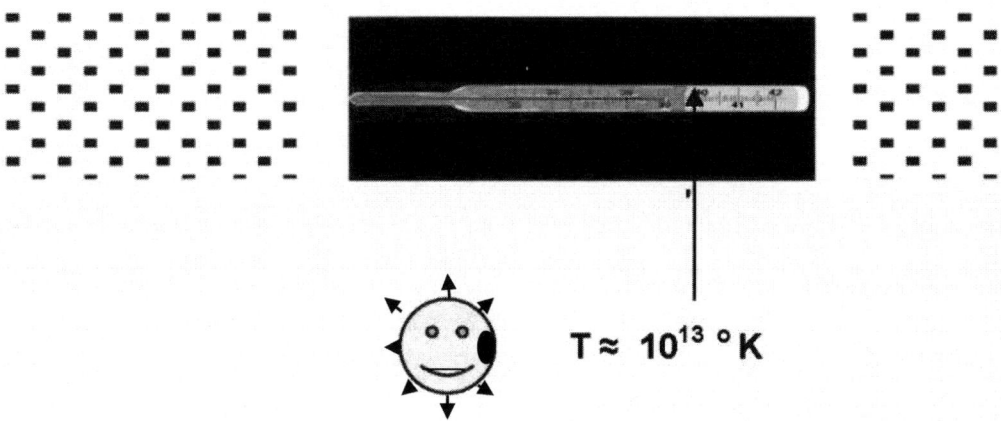

$$T \approx 10^{13}\,^\circ K$$

$t_c = 0,00001$ segundos

$$T \approx 10^{13}\,^\circ K\,. \qquad E = 860\ MeV\,. \qquad R \approx 10^{10}\ Km.$$

En este contexto, la velocidad de los quarks dejaba de ser suficiente para mantenerlos en estado libre y, como consecuencia, comenzaron a unirse entre ellos para formar las partículas compuestas que genéricamente se llaman **hadrones.**

No les debía gustar unirse en parejas, dado que lo hacían entre ellos formando **tríos,** generando los hadrones que hoy se denominan **bariones.** En cambio, lo que se unía formando parejas eran partículas con antipartículas. Se unían quarks con antiquarks de tipos distintos constituyendo los hadrones que se denominan **mesones.**

Por tener los **quarks extraño, encanto, fondo y cima,** masas muy superiores a los quarks *up* y quarks *down,* la velocidad de estos era muy inferior. Por este motivo fueron los primeros en unirse formando diferentes tipos de partículas que eran inestables por ser muy másicas. Se desintegraban casi inmediatamente y, por tanto, mi visión de ellas fue muy fugaz, casi instantánea.

Hace unos pocos años presencié como los sabios han conseguido crear artificialmente algunas de estas partículas compuestas en los **aceleradores de partículas.** De esta manera, las he podido ver de nuevo, aunque también de forma muy fugaz, debido a que su tiempo de vida media es pequeñísimo. A algunas de ellas, como las que os relaciono, los sabios les han puesto también nombres.

Bariones sigma uus y **dds** con vida media de 10^{-10} segundos.

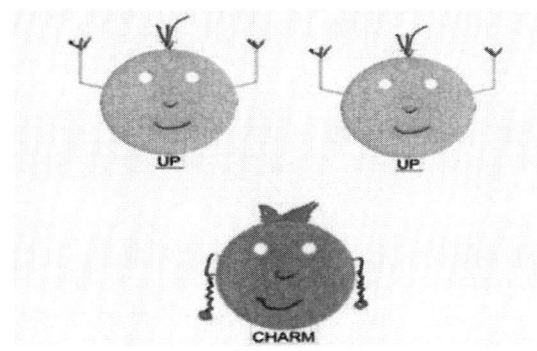

Bariones lambda uds con vida media de 10^{-10} segundos, y bariones lambda **udc** con vida media de 10^{-13} segundos.

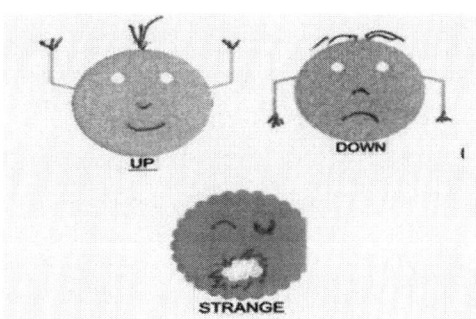

Bariones xi compuestos de **dos quarks extraños y un quark arriba o abajo**, con vida media de 10^{-10} segundos.

Mesones K o kaones, $\underline{su}$, $u\underline{s}$, $\underline{s}d$, $d\underline{s}$, con vida media de 10^{-8} segundos.

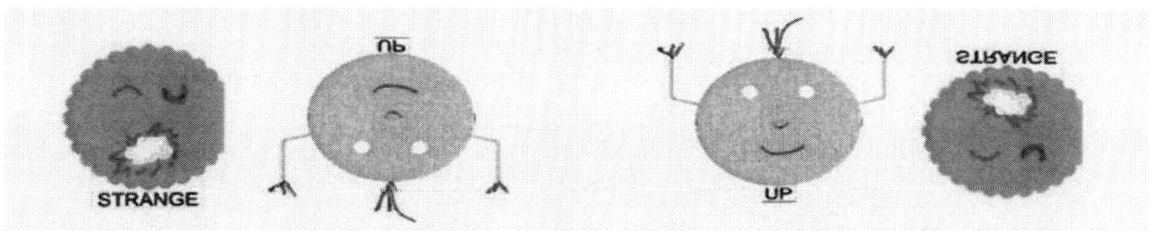

A partir del momento $t_c = 0,00001$ segundos, **los quarks arriba y los quarks abajo,** totalmente estables por ser más ligeros, se unieron entre ellos, dando lugar a los **protones** y **neutrones** que aún hoy día constituyen los núcleos de los átomos.

Los sabios llaman a este fenómeno el **confinamiento de los quarks**. Efectivamente, los **quarks u** y los **quarks d** constituyentes de protones y neutrones quedaron confinados por acción de la **fuerza fuerte** que generaban los **gluones**, que son las partículas mediadoras de esta nueva fuerza que solo actúa a nivel de partículas y las mantiene unidas. Es muy fuerte porque tiene que superar la repulsión eléctrica que actúa, tal como ya os he dicho, entre partículas con carga eléctrica del mismo signo.

Los científicos han bautizado a los **gluones** con este nombre, porque son como una pega que une los quarks, provocando su confinamiento, generando los protones y neutrones.

Antes de llegar a esto, los quarks y los gluones tenían suficiente energía cinética - gran velocidad - como para estar libres formando la sopa llamada **plasma quark – gluon; un plasma muy caliente que permitía la existencia de los quarks y gluones en estado libre.** No obstante, el universo continuó enfriándose hasta algo menos de los 10^{13} **grados,** que es la que corresponde al umbral de energía en el que la velocidad de los quarks deja de ser suficiente para mantenerlos libres. Esta energía cinética pasó a ser una energía de ligadura de los quarks.

Estos, a partir de aquí, ya no pudieron existir como partículas libres y formaron protones y neutrones. Su energía de ligadura confinada, teniendo en cuenta su equivalencia en masa, es la que constituye el 90% de la masa de los mismos.

La época quark concluye con el confinamiento de los quarks. En ella llegué a observar cómo el radio del universo pasaba de aproximadamente 10^{10} **metros** (10^7 kilómetros), a un radio de 10^{13} **metros,** y como la temperatura del universo bajaba hasta unos 10^{13} **ºK,** equivalentes a **86 MeV.**

A los **0,00001** segundos aproximadamente, acaba el período correspondiente al **universo primordial** para iniciarse el **universo temprano.** A partir de este momento, vi el universo no solamente poblado de partículas elementales; también de partículas compuestas, básicamente protones y neutrones, como las que constituyen el universo actual.

Evolución del universo primordial

De acuerdo con todo lo que ya os he explicado, durante el tiempo cósmico de **0,00005 segundos que corresponde al universo primordial,** las propiedades o características fundamentales del universo evolucionaron de acuerdo con lo que os indico en el siguiente cuadro:

Edad t	Temperatura T	Energía E	Radio R (t)
10^{-44} s.	10^{32} K	$8{,}6 \cdot 10^{18}$ GeV	$R(t) = 10^{-35}$ m.
10^{-36} s.	10^{29} K	$8{,}6 \cdot 10^{15}$ GeV	$\approx 0{,}5$ m.
10^{-10} s.	10^{16} K	$8{,}6 \cdot 10^{2}$ GeV	$\approx 10^{7}$ Km. $\approx 10^{-6}$ AL.
10^{-5} s.	10^{13} K	$0{,}086$ GeV	$\approx 10^{10}$ Km. $\approx 10^{-3}$ AL.

Cómo eran las partículas elementales que fueron apareciendo desde el primer momento

Aparte de los fotones que eran partículas sin masa como yo, con mi vista excepcional vi muy pronto partículas con masa como los quarks y los electrones que, además, poseían carga eléctrica, ya sea positiva o negativa. Mis poderes extraordinarios me permitieron incluso pesar las partículas. Resultó que la masa de los electrones era de unos 10^{-30} **Kg**. En cuanto a los quarks, había unos cuya masa era cuatro veces más y otros incluso diez veces mayor. Atendiendo a que todo lo que existe es energía, ahora utilizáis como unidad de masa el megaelectronvoltio (**MeV**), que es $1\,\text{MeV} = 1{,}78 \cdot 10^{-30}$ **Kg**. Haciendo números resultan las siguientes masas:

PARTICULA	MASA EN REPOSO (en MeV / c²)	
Fotones	0	
Electron	0, 511	e⁻
Quark up	2	
Quark down	5	

93

Lo que también me llamó la atención fue ver que estas partículas estaban girando constantemente sobre ellas mismas. Es lo que ya os he comentado que se llama **espín**. También observé otra cosa muy curiosa: partículas girando en el sentido de un sacacorchos. A estas las llaman « **de derechas** » - **estado diestro** -, pero a las partículas que se mueven en sentido contrario, las denominan « **de izquierdas** » - **estado zurdo** -.

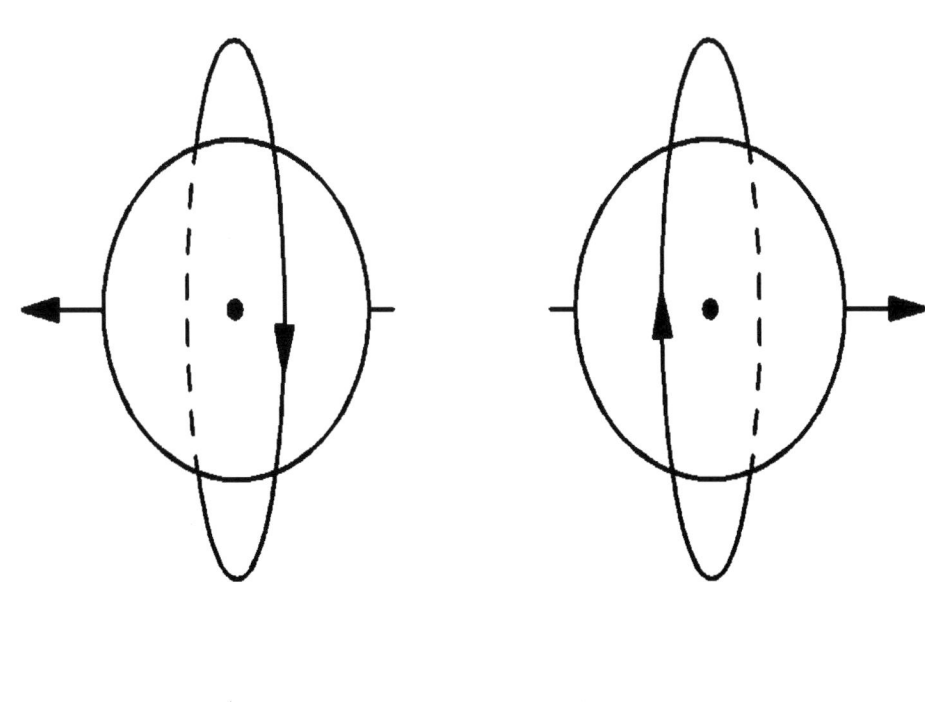

partícula zurda   **partícula diestra**

Estas son las partículas que pude ver al muy poco tiempo de nacer. De ningún modo me podía imaginar que serían mis compañeras durante toda mi vida y que se asociarían de muchas maneras formando los múltiples y muy diferentes objetos cósmicos que han existido y que existen.

Muchas de las distintas partículas elementales que desde un buen principio vi que se estaban formando son, pues, las que aún ahora constituyen el universo. He podido comprobar que todas ellas existen sueltas o bien agrupadas y organizadas de distintas maneras para originar las **partículas compuestas.** Por ejemplo, los átomos que constituyen la materia están formados básicamente por dos tipos de partículas elementales: **los electrones,** que son partículas sueltas que orbitan alrededor del núcleo, y los **quarks,** que se agrupan formando los protones y los neutrones.

Sé que el orden de magnitud del diámetro de los átomos es de unos 10^{-10} **metros,** mientras que **los núcleos atómicos son unas 10.000 veces más pequeños** ya que el orden de magnitud de su diámetro es de 10^{-14} **metros.**

A su vez, los protones y neutrones tienen un diámetro del orden de 10^{-15} metros y el del electrón de 10^{-18} metros. Con todo ello, la estructura planetaria de los átomos, tal como yo la veo, es la siguiente:

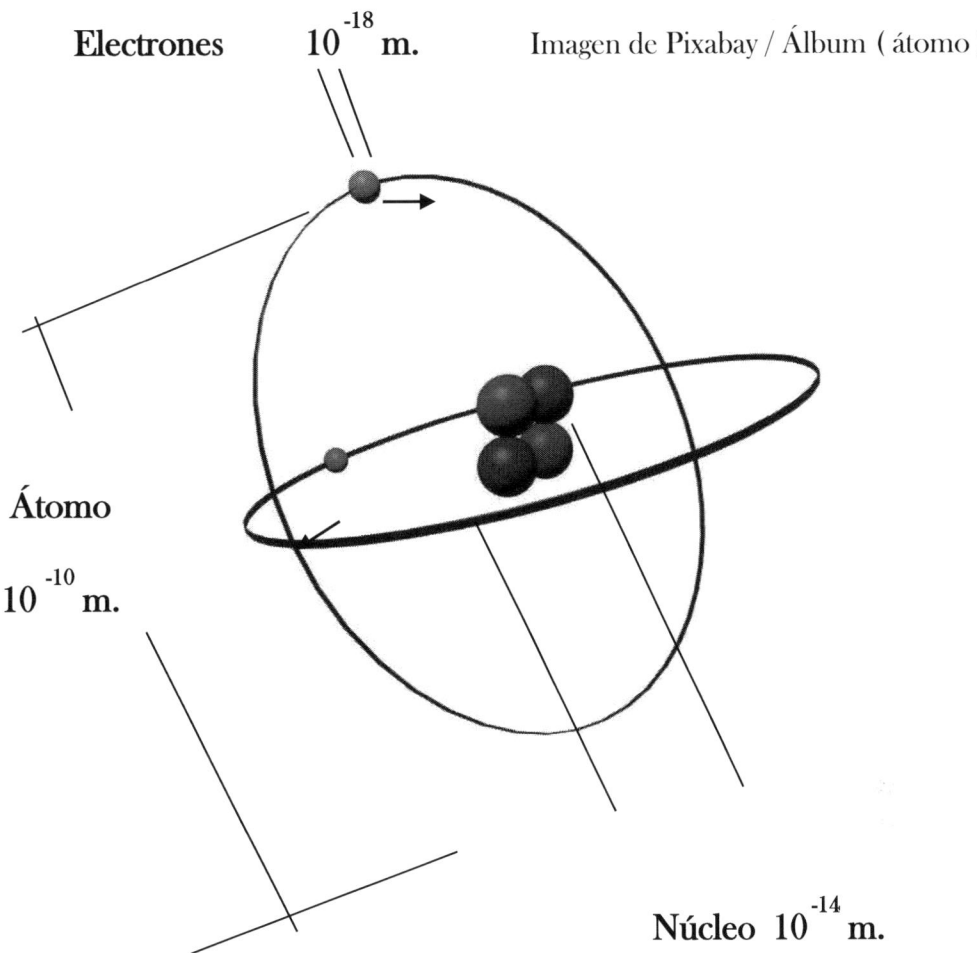

Electrones 10^{-18} m.

Imagen de Pixabay / Álbum (átomo)

Átomo

10^{-10} m.

Núcleo 10^{-14} m.

Os recuerdo que las partículas compuestas de quarks, que constituyen los núcleos atómicos, son las que los sabios llaman genéricamente **hadrones.** De estas, las compuestas por dos quarks, realmente un quark y un antiquark, se han denominado **mesones,**

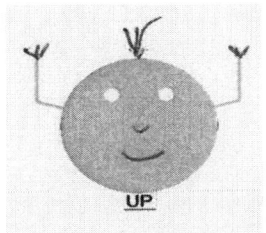
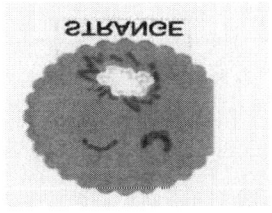

y las compuestas por tres quarks **bariones.**

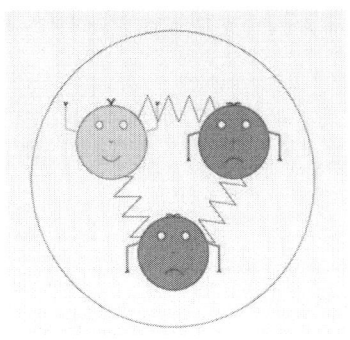

Protón   Neutrón

Los protones y neutrones son bariones; por esto la materia ordinaria del universo se llama también **materia bariónica**.

Con relación a las partículas consideradas como partículas elementales, y desde otro punto de vista, los físicos me han contado que existe una distinción entre las partículas que forman los átomos que se engloban en el nombre genérico de **fermiones** y las partículas de las que ya os he hablado, que son mediadoras de las interacciones y de las fuerzas que rigen el comportamiento del universo, que se engloban en el nombre genérico de **bosones.**

Fermiones y bosones son partículas que en muchos aspectos se comportan de forma muy diferente, debido a que en el grupo de las partículas que son **fermiones,** como los quarks y los electrones, cada una tiene como propio el espacio que ocupa.

Dos fermiones del mismo tipo no pueden encontrarse en un mismo punto. De acuerdo con este hecho, se puede decir que se evitan unos a otros. Esto me lo relató hace pocos años el físico **Wolfang Pauli**. Es el llamado **principio de exclusión de Pauli**. Me dijo que **dos fermiones no pueden encontrarse en el mismo estado.** Es algo parecido al hecho evidente de que, en la mecánica clásica, es imposible que dos sólidos ocupen la misma posición.

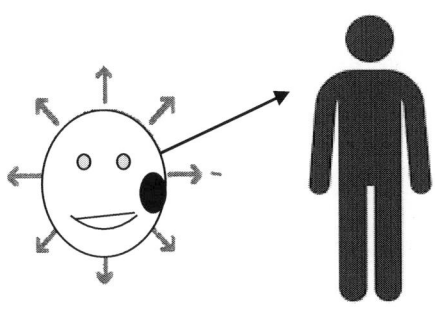

24.   Cosmet   **Wolfang Pauli**   (Wiquipedia D.P.)

.Autor: Fundación Nobel 1945. http://nobelprize.org/nobel_prizes/physics/laureates/1945/pauli-bio.html. Dominio público.

En cambio, las partículas del grupo de los **bosones** pueden compartir los mismos espacios. También es algo parecido a lo que pasa en física clásica con las ondas.

5. Mis primeros tres minutos de vida y cómo vi que se formaban los núcleos atómicos

La evolución de la temperatura, de la energía y del radio del universo, que estuve viendo en el muy corto período de universo primordial, es tal como ya os la he explicado.

Recordad que es a los **0.00001 segundos** cuando acaba el **universo primordial** y comienza el **universo temprano,** que abarca los **tres primeros minutos del universo.**

Durante este, a pesar de que ya existía la materia, la mayor parte del contenido de energía del universo continuó siendo la de las partículas sin masa. Correspondía a la energía de los fotones y neutrinos que constituyen la **energía de radiación.** Por otra parte, dado que el universo se encontraba aún en un elevado grado de **equilibrio térmico,** para las partículas con masa, esta era insignificante, pues casi la totalidad de su energía era también radiación.

En este **universo temprano** los sabios me han dicho que distinguen las siguientes épocas sucesivas:

$$\longrightarrow t_c$$

0,00001 seg.	→	0,00005 seg.	→	4 seg.	→	200 seg.
Hadrónica			Leptónica			Fotónica

La evolución de la energía - temperatura del universo y el crecimiento de su radio en estas tres épocas pude ver que fue así:

Edad **t**	Temperatura T	Energía E	Radio **R (t)**
0,00005 s.	$1,5 \cdot 10^{12}$ K	148 MeV	$\approx 10^{11}$ Km.

Hadrónica

| 4 s. | 10^{10} K | 0,5 MeV | $\approx 10^{13}$ Km. |

Leptónica

| 200 s. | 10^{9} K | 0,4 MeV | $\approx 10^{14}$ Km. |

Fotónica

Aquí ya había finalizado la gran expansión inicial y la aceleración de la expansión del universo fue disminuyendo en muchos órdenes de magnitud.

A continuación, os cuento todo lo que pude apreciar durante las tres épocas citadas.

Época hadrónica   (de 0,00001 seg. a 0,00005 seg.)

Momento inicial   t = 0,00001 segundos $T = 1,6 \cdot 10^{12}$ °K

La época comienza cuando se produce el fenómeno del **confinamiento de los quarks** que ya os he descrito. Con una temperatura del universo de 10^{13} **grados,** comienza la producción de todo tipo de **hadrones,** tanto de **bariones,** entre ellos, los protones y neutrones, cómo de **mesones,** por ejemplo, los llamados **mesones pi,** compuestos de un quark y un antiquark de los tipos *up* y *down.* También de otras partículas que inmediatamente empezaron a aniquilarse mediante el mecanismo partícula-antipartícula.

Momento final   t = 0,00005 segundos $T = 1,5 \cdot 10^{12}$ °K   140 MeV

Como veis la época fue muy breve, pues **duró solo 0,00004 segundos.** Termina casi inmediatamente, cuando la temperatura baja hasta el umbral correspondiente a los **140 MeV,** que es el umbral de los **mesones pi** ($1,5 \cdot 10^{12}$ °K). A partir de aquí, conforme fue bajando la temperatura cósmica, ya no podían formarse estos mesones ni, claro está, los mesones o bariones más másicos.

Recordad que **la temperatura umbral es la temperatura a partir de la cual una cantidad equivalente de radiación térmica puede crear la partícula.** Esto significa que, cuando el universo se enfrió por debajo de la temperatura de $1,5 \cdot 10^{12}$ **grados K,** ya no pudo crearse el **mesón pi** y los existentes pronto desaparecieron. En este tiempo, el universo estaba constituido por **hadrones y sus antipartículas** en proceso de aniquilación y por los **fotones** resultantes. También por todo tipo de partículas leptónicas **(leptones).** Estos se aniquilaban entre sí, pero también continuaban apareciendo nuevos pares, ya que, su umbral de temperatura era inferior a la temperatura del universo en aquel momento.

Época leptónica   (de 0,00005 seg. a 4 seg.)

Abarcó el tiempo cósmico hasta que tuve una edad de **4 segundos.**

Momento inicial t_c = 0,00005 segundos.   T $= 1,5 \cdot 10^{12}$ °K

Al final de la época hadrónica y, por tanto, inicial de la época leptónica, a una edad del universo de t_c = 0,00005 s , la temperatura era de $1,5 \cdot 10^{12}$ **grados K;** un billón y medio de grados Kelvin, que es la **temperatura umbral del mesón pi,** equivalente a **135 MeV.**

Empezó, pues, la aniquilación de muchos hadrones como los citados mesones pi, que ya no podían continuar formándose por estar el universo por debajo de su temperatura umbral. Conforme avanzó este proceso de aniquilación, fui viendo el universo poblado básicamente por partículas leptónicas; **leptones** como los e⁻, e⁺, μ⁻, μ⁺ y sus **neutrinos y antineutrinos electrónicos y muónicos.**

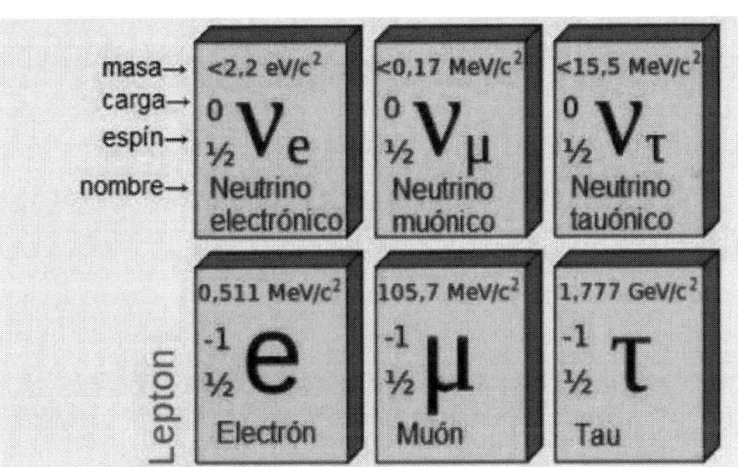

No obstante, continuaron existiendo **pequeñas cantidades de protones y neutrones,** remanente de la **asimetría materia-antimateria que** impidió su total aniquilación.

Conforme la temperatura del universo fue descendiendo, también fueron dejando de formarse los leptones. Todo fue ocurriendo de acuerdo con este cuadro:

	Temperatura umbral	Energía en reposo
Meson pi	$1,5 \times 10^{12}$ °K	135 MeV
Muon	$1,2 \times 10^{12}$ °K	106 MeV
Electron	6×10^{9} °K	0,51 MeV

Cuando la temperatura del universo bajó a $1,2 \cdot 10^{12}$ °K, por debajo de una energía de **106 MeV,** ya no se pudieron crear pares muon - antimuon y comenzó la desaparición de los mismos.

En el momento $t_c = 0,001$ segundos, la temperatura se había enfriado ya hasta unos cien mil millones de grados Kelvin, **(10^{11} °K)**, muy por debajo de los **umbrales de temperatura** de los mesones pi, los muones y todas las partículas más pesadas, pero aún muy por encima del de los electrones que es de $6 \cdot 10^{9}$ °K.

El universo aún continuaba repleto de la **sopa indiferenciada de materia y radiación,** aún muy densa, en un estado de equilibrio térmico casi perfecto. Las partículas abundantes eran aquellas cuyos umbrales de temperatura están por debajo de los 10^{11} °K, que son solamente: el **electrón** y su antipartícula, el **positrón** y, desde luego, las partículas sin masa, **fotones, neutrinos y antineutrinos**

El universo continuó expandiéndose y enfriándose rápidamente y el número de partículas nucleares o hadrones que existían era pequeño, dado que se habían ido eliminando.

Momento $t = 0,1$ **segundos** $T = 3 \cdot 10^{10}$ °K

Cuando la temperatura del universo bajó a **30.000 millones de grados Kelvin (3×10^{10} °K),** habían transcurrido **0,11 segundos.** Nada había cambiado cualitativamente y el contenido del universo estaba aún dominado por los electrones, positrones, neutrinos, antineutrinos y fotones, todo casi en equilibrio térmico y muy por encima de su umbral de temperatura. El ritmo de expansión fue disminuyendo y los protones y neutrones existentes, supervivientes de la aniquilación, aún no se hallaban ligados formando núcleos.

Momento t_c = 1,1 segundos. T = $2 \cdot 10^{10}$ K = 20.000 millones de grados.

Cuando la temperatura del universo fue de 20.000 millones de grados, habían transcurrido **1,1 segundos.** El universo continuaba aún demasiado caliente para que los neutrones y los protones pudieran unirse en núcleos atómicos.

Momento t_c = 4 segundos. T = 10^{10} K = 10.000 millones de grados.

Fue el final de la época leptónica.

Cuando mi edad fue ya de cuatro segundos, a una temperatura ligeramente inferior a 10^{10} °K, que es el umbral del electrón, equivalente a **0,5 MeV,** vi que **dejaban de formarse pares electrón - positrón** y continuaba el **aniquilamiento de los pares existentes.**

E^+ E^-

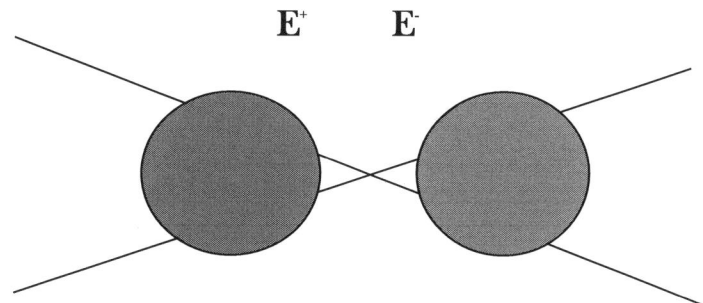

La época termina a los cuatro segundos del tiempo cósmico, con el inicio de la aniquilación electrón-positrón. En este instante vi que el radio del universo había pasado a ser $r = 10^{13}$ **Km,** aproximadamente **1 año luz.** A partir de aquí, ya no se producen pares de partículas electrón - positrón y el ritmo de destrucción de pares electrón-positrón pasa a ser muy alto. **Muchos electrones y positrones se aniquilaron mutuamente, dando lugar cada par de ellos a dos fotones de alta energía.** De este modo, creció el ritmo de producción de fotones, producto de las aniquilaciones. Por este motivo, la siguiente época se denomina **fotónica.**

Época fotónica   (de 4 seg. a 200 seg. = tres minutos)

Al principio, además de los fotones y los neutrinos, existía el remanente de protones, neutrones y también electrones moviéndose a gran velocidad.

Momento inicial t_c = 4 segundos   T = 10.000 millones de grados.

A los cuatro segundos se entra en la **época fotónica** y a la **era de la radiación real,** en la que la radiación es la densidad de energía dominante.

Momento t_c = 100   segundos   T = 1.500 millones de grados.

A partir de los **cien segundos de mi existencia,** que son aproximadamente **1,5 minutos,** la temperatura continuó bajando y ya cercana a los **1.000 millones de grados,** vi como se producía el fenómeno que los sabios llaman **nucleosíntesis primitiva,** que consiste en la fusión de algunos protones y neutrones para formar los primeros núcleos atómicos sueltos.

Momento t_c = 200   segundos = 3 minutos.   T = 1.000 millones de grados.

Cuando la temperatura del universo fue de 1.000 millones de grados (10^9 °K), habían transcurrido **tres minutos y dos segundos.**

Esta temperatura corresponde a la energía de ligadura de los núcleos. Mientras los protones y neutrones estuvieron a temperaturas superiores, su energía cinética impedía que estos se unieran, pero la menor energía de las partículas dejó actuar ya la interacción fuerte entre protones y neutrones. De esta manera **comenzaron a formarse núcleos del tipo de hidrógeno que se conoce como deuterio (1 protón + 1 neutrón).**

A partir de aquí divisé como comenzaron a formarse rápidamente núcleos más pesados como el helio **(He^4)** y se sintetizaron núcleos atómicos de masa inferior a cinco.

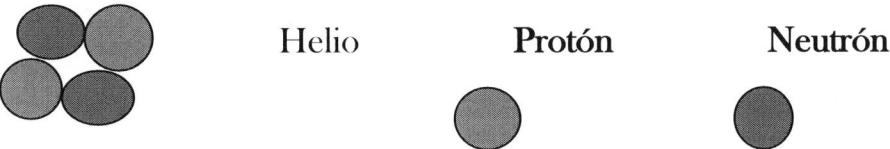

Helio   **Protón**   **Neutrón**

Conocer todo lo que os he contado que fue ocurriendo durante mis primeros tres minutos **de vida es muy importante, pues después he ido observando que el resto de cosas que han sucedido en los 13.700 millones de años de existencia del universo han venido condicionadas por lo que pasó en estos primeros tres minutos.** Con los datos referentes al crecimiento del radio del universo que he proporcionado a mi amigo, el ingeniero, este ha dibujado el gráfico que os adjunto:

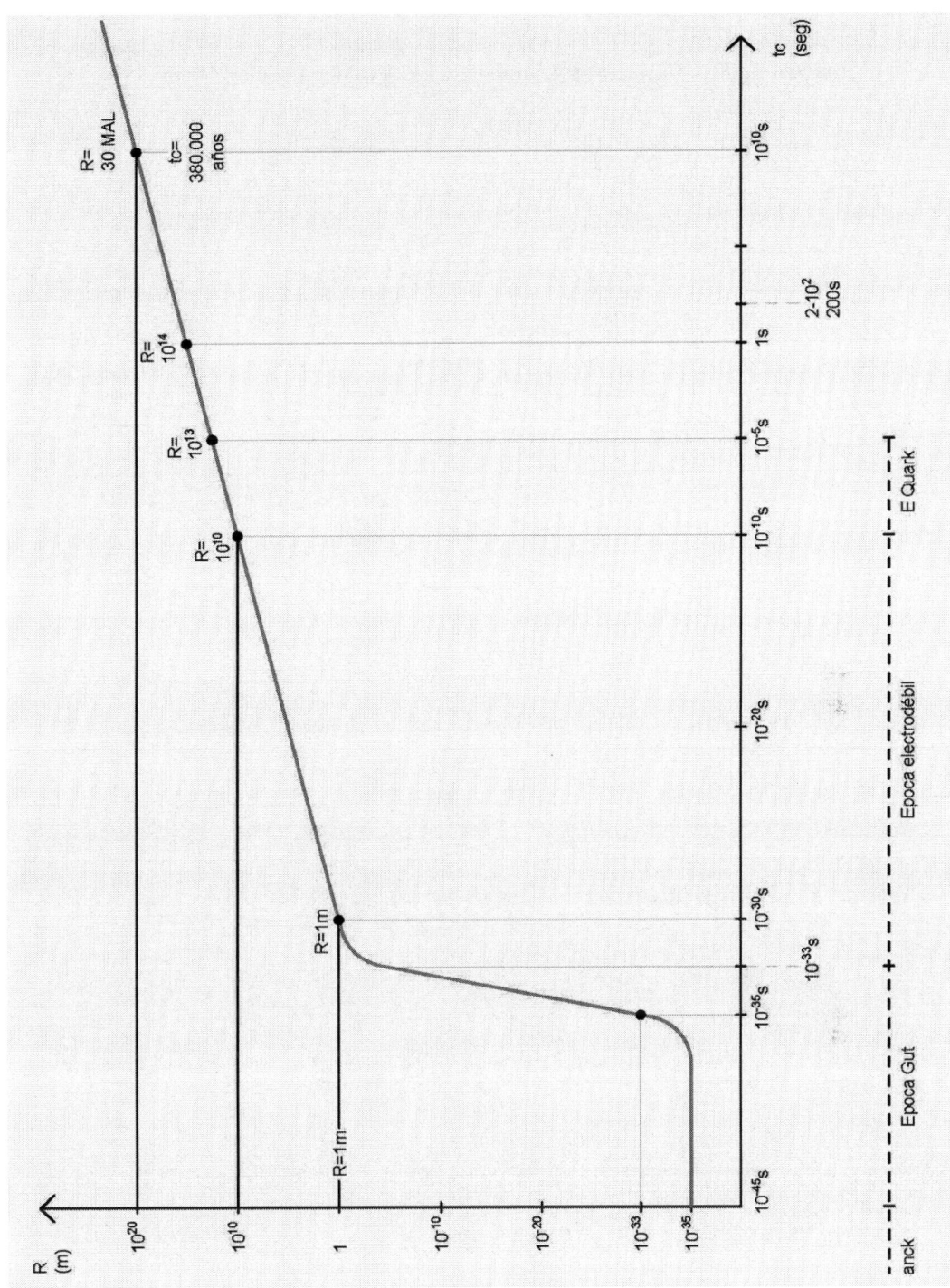

Hasta aquí os he contado como cierto, solamente lo que pude ver. Os he explicado que en el momento inicial $t_c = 10^{-44}$ segundos aún no existían partículas materiales reales y toda la energía del universo, que es la misma que hay ahora, era lo que los sabios llaman **energía del vacío cuántico.**

En aquel primer instante, por encontrarse toda la masa-energía del universo concentrada en un volumen tan pequeño, su densidad era exorbitante. Algunos de los sabios con los que he hablado afirman que **esta exorbitante energía del vacío era repulsiva** y que fue lo que hizo que

103

se iniciara la **gran inflación**. Opinan que todo fue debido a la existencia de una **presión negativa** extremadamente fuerte o **presión del vacío extrema,** en la cual las leyes de la física son distintas.

Consideran también que esta masa-energía del vacío no es causa de atracción, sino de repelencia. **Según ellos, debieron ser estas enormes fuerzas de repelencia la causa que propició que el universo se expandiera aceleradamente en solamente unos instantes.**

Pude contactar con Alan Guth, físico americano del que ya os he hablado, quien fue el primero que intuyó que al principio se había producido lo que él ya llamó la **gran inflación cósmica inicial.** En el instante del *Big Bang* y por causas que él tampoco entendía muy bien, se desencadenaría la gran inflación inicial y el proceso de expansión que con el tiempo lo convertiría en nuestro universo observable.

Los primeros 10^{-44} segundos. Todo lo que me han explicado los sabios sobre la época Planck (primeros 10^{-44} segundos)

Ya os he detallado todo lo que fui viendo en los denominados **universo primordial** y **universo temprano,** pero sentí gran curiosidad por conocer lo que debía haber antes de que yo naciera. Lógicamente, sabía que no existía el universo, pues este y yo mismo nacimos juntos cuando el tiempo cósmico era una unidad Planck, que siendo de 10^{-44} segundos, es el intervalo de tiempo real más pequeño que existe. Sabía también que no existía el espacio tal como lo vemos nosotros, dado que la mínima longitud que existe realmente son 10^{-35} metros, lo que medía el radio del universo cuando yo nací. Sin embargo, poco os puedo comentar de esta primera **época Planck,** porque entonces yo no estaba. Solo sé lo que hace poco tiempo me han explicado los sabios.

Ya os digo, de entrada, que estas y muchas otras cosas que dicen gente muy sabia, al resultar imposible verificarlas experimentalmente, no es necesario tampoco tomarlas totalmente al pie de la letra. Incluso un gran científico, **Roger Penrose,** me dijo que lo único que se puede considerar como totalmente cierto es lo comprobable a nivel experimental.

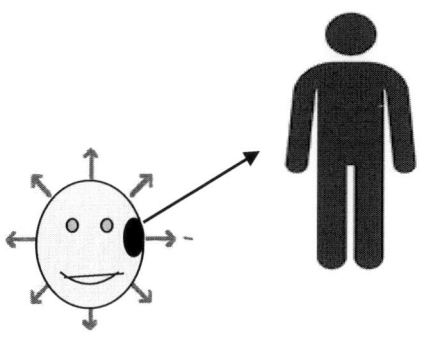

Cosmet   **Roger Penrose**

> **Todas las demás teorías son a veces como actos de fe. Algunas otras nacen de la fantasía porque son muy bellas y unas y otras, muchos se las creen porque se ponen de moda.**

Algunas de estas teorías vienen a decir básicamente que en un punto de una región hipotética del superespacio dominada por el vacío cuántico o en un entorno infinitesimal de dicho punto imaginario, ahora hace aproximadamente 13.700 millones de años, se debió producir una fluctuación extremamente singular del campo del vacío cuántico, produciéndose el fenómeno del ***Big Bang***, con el consiguiente nacimiento de nuestro universo.

Hasta este instante inicial, nuestro universo debía ser como una minúscula porción de vacío cuántico dentro del superespacio. Dado su estado de vacío cuántico, no contendría partículas materiales de ningún tipo, pero tendría una energía radiante y, por tanto, una temperatura exorbitante. Me explicaron que el *Big Bang* se podría haber producido cuando este minúsculo universo, en una fluctuación muy singular, habría alcanzado los valores Planck en todas sus propiedades más características. Dado que el tiempo de Planck es $t = 10^{-44}$ **segundos,** se ha asignado este tiempo cósmico al nacimiento del universo.

Bien, ya está finalizando nuestro segundo día en las montañas. Para terminar, os doy una copia de unos esquemas que me ha proporcionado mi amigo el ingeniero, que también nos acompaña en nuestro confinamiento.

En ellos ha dibujado gran parte de todo lo que hoy os he contado. Dice que, después de pasar cerca de cincuenta años construyendo carreteras, urbanizaciones, canales y todo tipo de obras públicas, lo que ahora más le gusta es hacer esquemas y dibujos sobre todo lo que os estoy contando.

Amigo mío, ya sé que no te gusta demasiado que hablen de ti, pero lo he hecho por deferencia a nuestros compañeros de confinamiento,

Muchas gracias a todos por vuestra atención.

Aplausos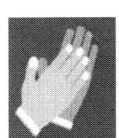

No, no, os repito que yo no merezco ningún aplauso, pues me estoy limitando a contaros lo que he visto y lo que los sabios me han explicado. A ellos les remito vuestro aplauso, pues son los que realmente lo merecen.

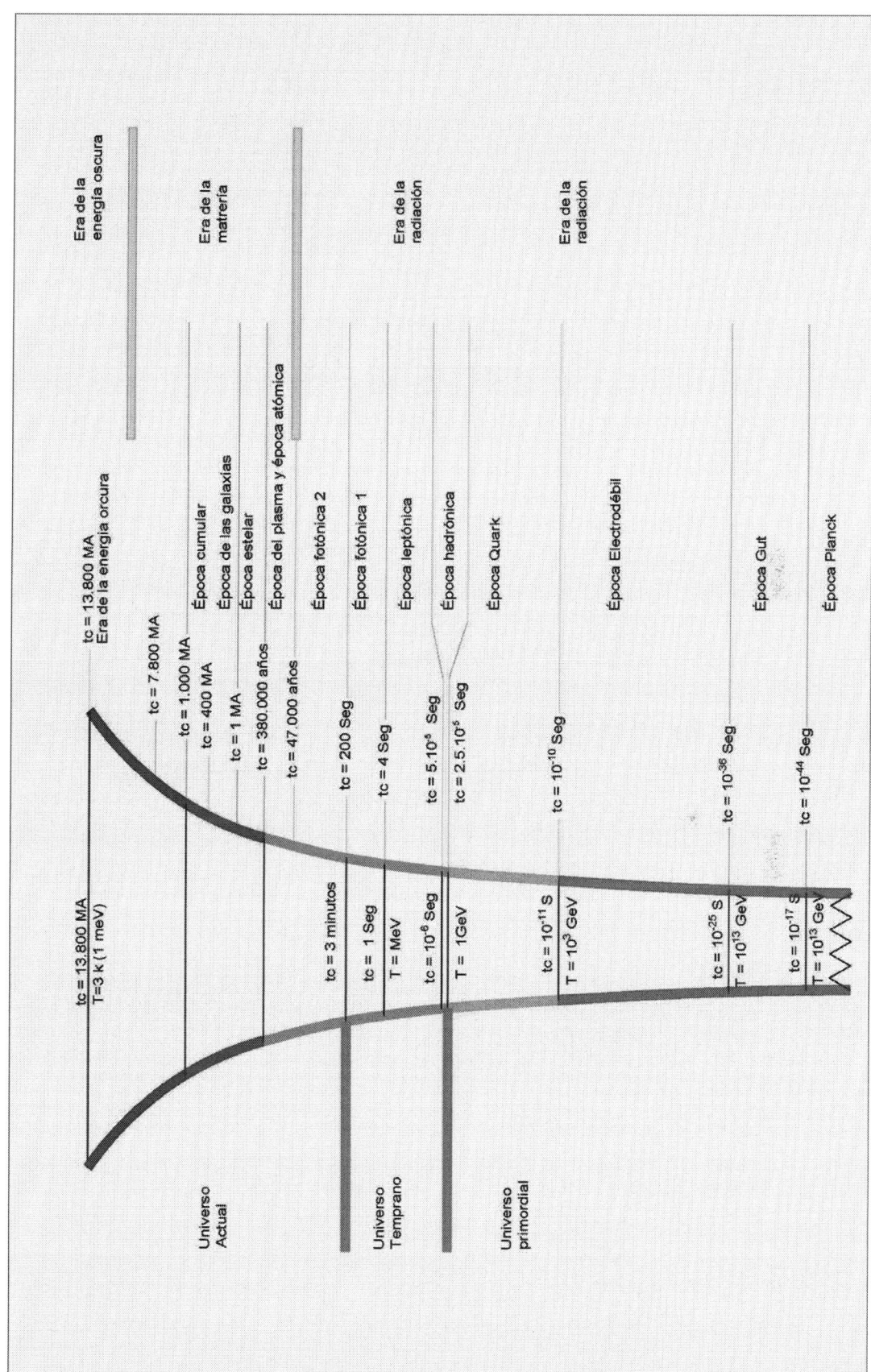

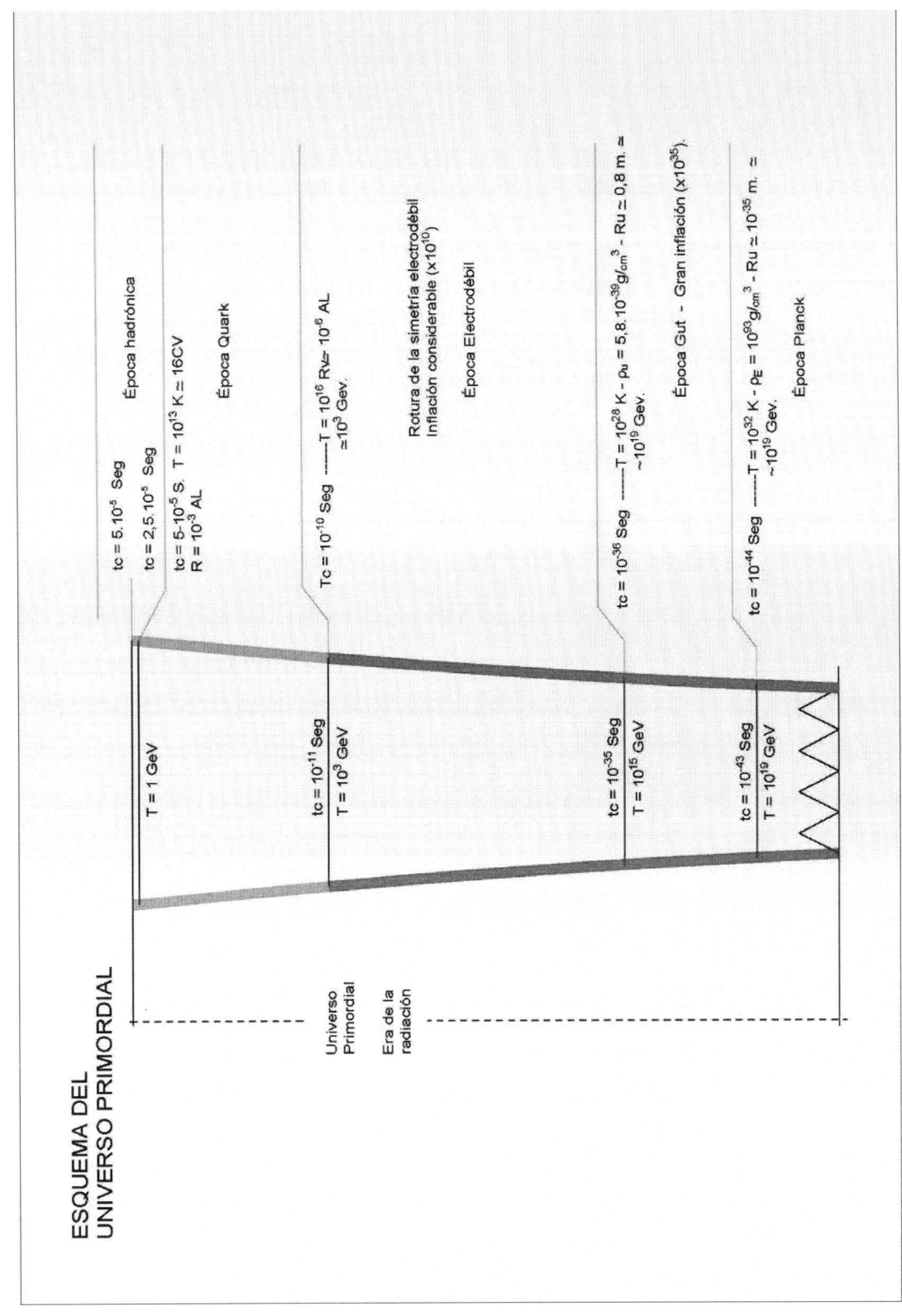

ESQUEMA DEL UNIVERSO PRIMORDIAL

Época hadrónica

$tc = 5 \cdot 10^{-5}$ Seg

$tc = 2,5 \cdot 10^{-5}$ Seg

Época Quark

$tc = 5 \cdot 10^{-5}$ S, $T = 10^{13}$ K $\simeq 16$ CV
$R = 10^{-3}$ AL

$Tc = 10^{16}$ $Rv \simeq 10^{-6}$ AL
$\simeq 10^3$ Gev.

$Tc = 10^{-10}$ Seg

Rotura de la simetría electrodébil
Inflación considerable ($\times 10^{10}$)

Época Electrodébil

$T = 10^{28}$ K - $\rho_u = 5,8 \cdot 10^{-39}$ g/cm^3 - $Ru \simeq 0,8$ m. $=$
$\sim 10^{19}$ Gev.

$tc = 10^{-36}$ Seg

Época Gut - Gran inflación ($\times 10^{35}$).

$T = 10^{32}$ K - $\rho_E = 10^{93}$ g/cm^3 - $Ru \simeq 10^{-35}$ m. $\simeq$
$\sim 10^{19}$ Gev.

$tc = 10^{-44}$ Seg

Época Planck

$T = 1$ GeV

Universo Primordial

Era de la radiación

$tc = 10^{-11}$ Seg
$T = 10^3$ GeV

$tc = 10^{-35}$ Seg
$T = 10^{15}$ GeV

$tc = 10^{43}$ Seg
$T = 10^{19}$ GeV

108

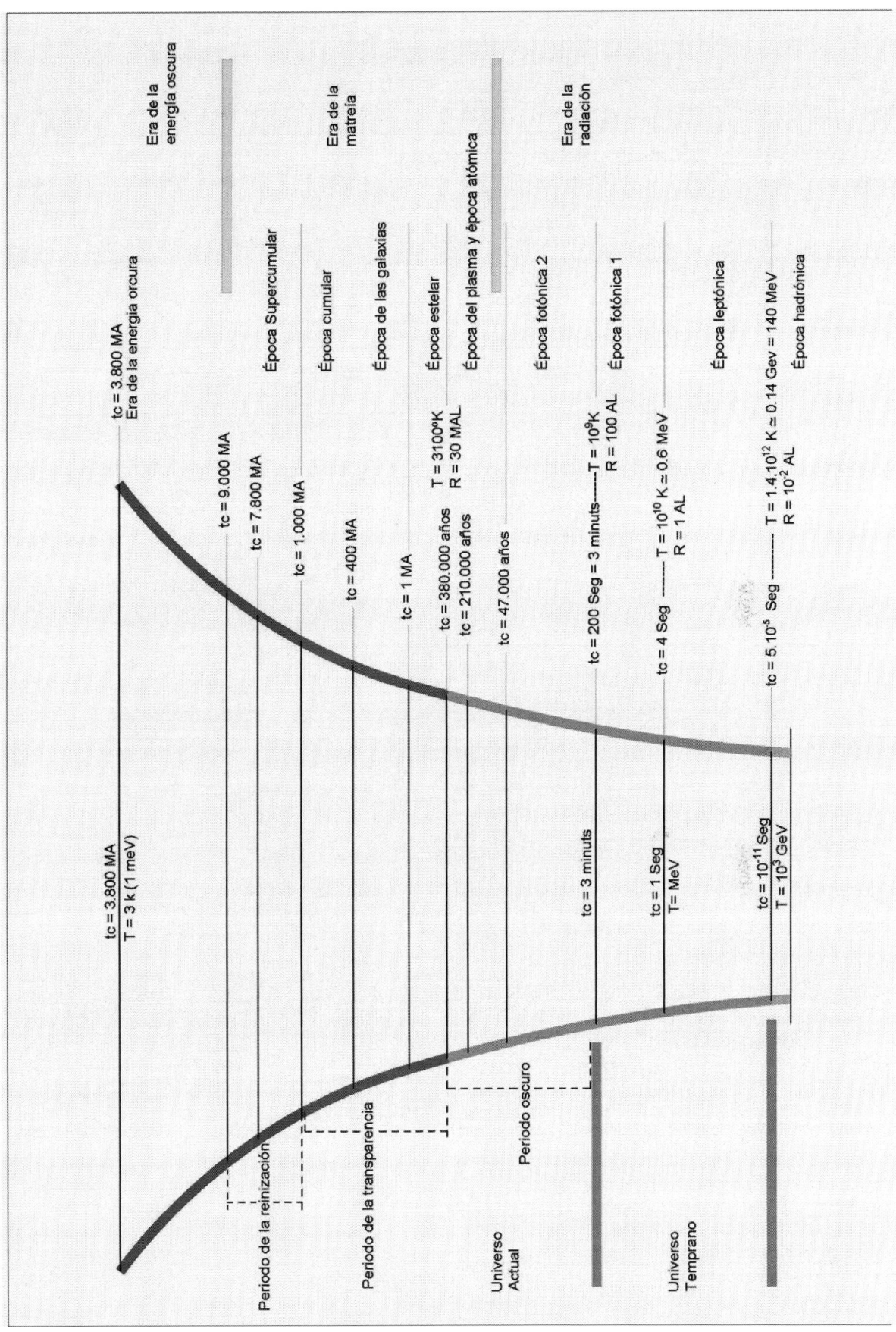

LAS AVENTURAS DE COSMET EXPLICADAS POR ÉL MISMO.TODO LO DEMÁS QUE HE IDO VIENDO

Tercer día de confinamiento

Tercer día de confinamiento

6. Todo lo que he podido ir viendo desde que cumplí los tres minutos de edad, mientras el universo se ha ido expansionando, enfriando y desordenando

Cómo he visto que las estrellas se agrupaban entre ellas formando cúmulos estelares y galaxias

III. Lo demás que fui viendo y mis grandes sorpresas

7. El contenido del universo

8. Descubriendo partículas en los rayos cósmicos y en los aceleradores

Azul   Azulada   Blanca   Amarillenta   Amarilla   Naranja   Roja

Cosmet

Moléculas

Todos los objetos cósmicos están constituidos por partículas elementales unidas que forman átomos. Estos, a su vez, moléculas.

6. Todo lo que he podido ir viendo desde que cumplí los tres minutos de edad, mientras el universo se ha estado expandiendo, enfriando y desordenando

Después de ya formadas todas las partículas elementales y desde los **tres minutos** hasta los **380.000 años** de mi vida, aprecié que el universo se encontraba ocupado por una especie de plasma opaco, ya repleto de núcleos atómicos y electrones libres, casi pegados unos a otros, flotando en un mar de fotones. Los protones libres ya eran núcleos de hidrógeno y una parte de ellos se había juntado con neutrones, formándose de esta manera núcleos de helio.

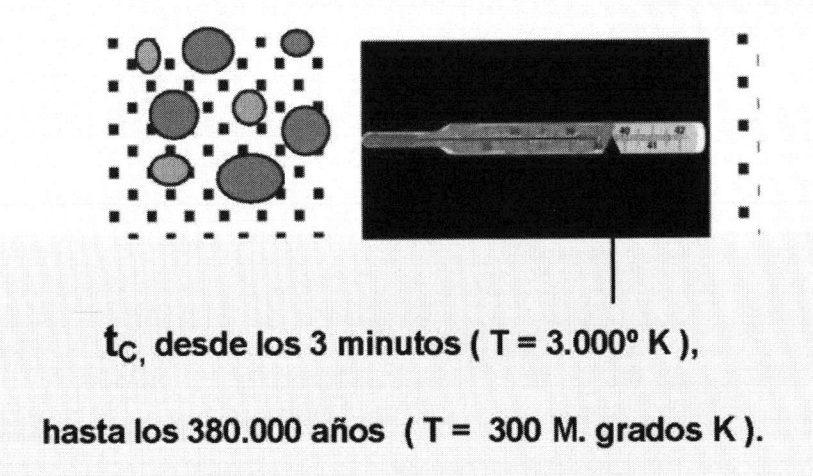

t_C, desde los 3 minutos (T = 3.000° K),

hasta los 380.000 años (T = 300 M. grados K).

Durante todo este tiempo, los fotones que se mueven siempre a la velocidad de la luz casi no podían moverse, pues no tenían espacio libre para ello. Chocaban continuamente con núcleos y electrones, no pudiendo, por tanto, viajar por el universo.

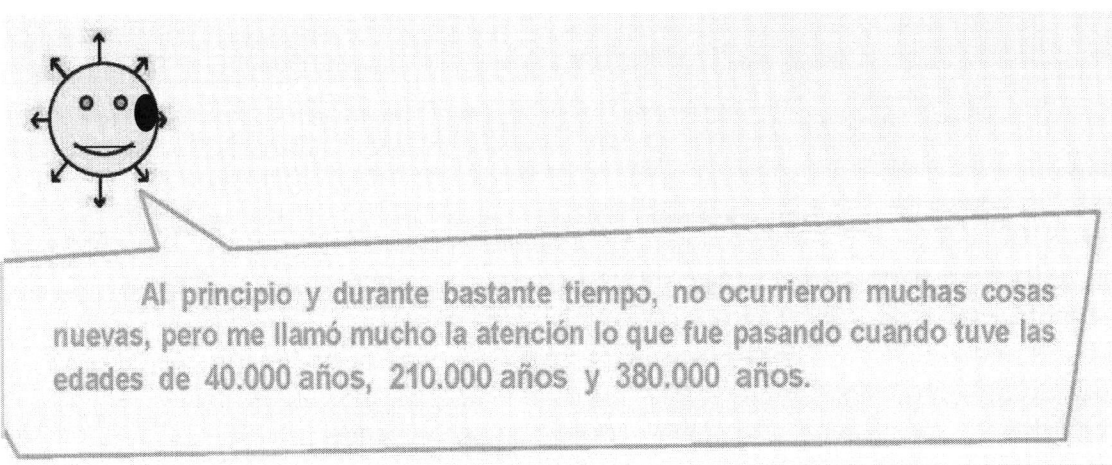

Al principio y durante bastante tiempo, no ocurrieron muchas cosas nuevas, pero me llamó mucho la atención lo que fue pasando cuando tuve las edades de 40.000 años, 210.000 años y 380.000 años.

Hasta que tuve **40.000** años de edad, la densidad de radiación que corresponde a los fotones y neutrinos era muy superior a la densidad debida a la materia, pero pude ir observando que conforme se expandía el universo, la densidad de radiación iba disminuyendo mucho más rápido que la densidad de materia hasta que llegaron a igualarse. Esto es lo que ocurrió cuando cumplí los **40.000** años de edad. Con mi vista graduada a gran escala pude observar que en todo el universo se igualaba la densidad de materia correspondiente a las partículas con masa, con la densidad de energía de radiación correspondiente a los fotones y neutrinos y, a partir de este momento, fui viendo cómo iba pasando a dominar la densidad de materia por encima de la densidad de radiación.

La densidad de energía correspondiente a la gran cantidad de núcleos formados que constituían la mayor parte de la materia, fue superando la densidad de energía de los fotones y de los neutrinos (radiación), pasando a dominar en el universo. Por este motivo los sabios dicen que es cuando finalizó la **era de la radiación** y comenzó el primer período de la **era de la materia.**

Desde los 40.000 años a los 380.000 años, comenzó a ser tal la concentración de núcleos de hidrógeno y de helio, que casi no se podía ver nada. Todo estaba oscuro; por eso al primer tramo de esta era los sabios lo han llamado **período oscuro.** En él distinguen entre la **época del plasma, hasta los 210.000 años, y la época atómica.**

Sin embargo, cuando cumplí los **210.000 años**, la expansión propició que los núcleos se fueran alejando unos de otros. Además, **algunos núcleos sueltos existentes en el plasma comenzaron muy lentamente a capturar electrones para formar átomos,** que al principio fueron escasos y del gas que ahora conocemos como helio y unos pocos de litio. Comenzó, pues, muy lentamente, el fenómeno que ahora se llama **recombinación.**

27. Pixabay / Álbum   D.P.

Los electrones de carga negativa quedaban girando alrededor del núcleo de carga positiva, estables a la distancia en la que la fuerza de atracción eléctrica entre núcleo y electrones, se igualaba a la fuerza centrífuga producida por el giro.

A partir de los **210.000 años** el fenómeno fue avanzado rápidamente. En el universo se fue formando una cantidad importante de átomos y se inició **época atómica**. A los **380.000 años** ya había tal cantidad que todo pareció más transparente. Este fue el **final del período oscuro.**

.   Período oscuro

Era de la radiación   Era de la materia

40.000   210.000   380.000   años

Época del plasma   Época atómica

En el momento en que cumplí los **380.000 años,** cuando la temperatura ya había bajado hasta los **3.100º K,** el universo tenía un radio de aproximadamente **30 millones de años luz.** La gran cantidad de átomos existentes hizo que el universo se fuera convirtiendo en transparente y los fotones pudieron comenzar a viajar sin chocar con nada.

Concluyó el período oscuro y empezó el largo período de la transparencia, que abarca todo el tiempo de evolución del universo hasta hoy. A toda esta larga etapa se la ha llamado genéricamente universo actual.

Los átomos que se formaron fueron principalmente de hidrógeno y helio, con trazas de átomos de litio. A partir de aquí, los fotones cósmicos ya no chocaban con la materia y tuvo lugar lo que se ha llamado **desacoplamiento de los fotones cósmicos. Estos comenzaron a viajar en todas las direcciones a través del universo en expansión. Por otra parte, con la expansión aumentó la longitud de onda de los fotones y disminuyó su frecuencia, su energía y su temperatura.**

Muchos de estos fotones han viajado por el universo hasta hoy y los recibimos actualmente con una temperatura de solamente **2.7º K.** Por ser los más antiguos que se pueden observar, los sabios dicen que constituyen el **fondo de microondas.**

Lo denominan de esta manera porque los fotones, al ir atravesando el universo durante casi todo el tiempo cósmico, con motivo de la expansión, su longitud de onda ha crecido mucho y su frecuencia y energía han descendido hasta ser la propia de las microondas.

El universo desde los 380.000 años hasta que cumplí la edad de 9.000 millones de años

Lo que quedó de la era de la materia hasta llegar a los **9.000 millones de años,** los sabios lo han dividido también en épocas. Son la que llaman la **época estelar, hasta los 200 millones** de años, la época de las galaxias, hasta los 800 millones, la época cumular, hasta los 1.000 millones, y la época de la reionización o supercumular, hasta los 9.000 millones.

Período de la transparencia o universo actual

―――――――――――――― Era de la materia ――――――――――→ t_c

| 380.000 | 200 M. | 800 M. | 1.000 M. | 9.000 M. años |

Época estelar   Galaxias   Cumular   Supercumular

Lo que vi durante este largo período, conforme fue transcurriendo el tiempo cósmico, lo trataré con detalle cuando os cuente mis viajes por el universo; no obstante, os avanzo algunos de los hechos más significativos.

Cuando cumplí **un millón de años,** la temperatura del universo ya había bajado hasta los **1.000 º K.** y su radio era de **90 MAL. Este fue el período en que pude ver formarse lo que más tarde serían las primeras galaxias. Eran solo zonas con acumulación de nebulosas en las que se fueron distinguiendo las nubes moleculares que darían lugar a las primeras estrellas.**

Con el transcurso del tiempo cósmico, los parámetros fundamentales del universo fueron cambiando, adquiriendo sucesivamente valores como estos:

t_c = 10 millones de años ; R = 245 MAL ; T = 378 º k.

t_c = 17 millones de años ; R = 340 MAL ; T = 270 º k.

La temperatura de la radiación cósmica de fondo se había enfriado **desde los 3.000º K a unos 270 º K.**

Cuando cumplí los **100 millones de años,** se fue produciendo un colapso gravitacional de partículas de materia. El radio del universo, a los **150 millones de años,** era de unos **2.000 millones de años luz.**

t_c = 150 millones de años ; R = 2.000 MAL ; T = 46 º K.

La temperatura había descendido ya hasta los **46º K,** y fue cuando vi que se comenzaron a formar las primeras estrellas. Pronto empecé a visitarlas, y comprobé que no eran más que enormes bolas de gas incandescente que brillaban debido a la energía en forma de luz que emitían desde su superficie. Efectivamente, una primera generación de estrellas se formó cuando el universo tenía de **150 a 250 millones de años.** Estaban constituidas solamente por hidrógeno y helio por ser los únicos elementos existentes. Por estos años (t_c ≈ 150 a 250

MA.) divisé, pues, una primera generación de estrellas; viajé a muchas de ellas y, a continuación, seguí su evolución.

Ya desde el principio me di cuenta de que las que tienen masas muy pequeñas casi no evolucionan; las he podido ver durante toda mi vida. Cuando me acerqué a ellas, las vi de diferentes colores. Son las que se conocen como **enanas marrones, enanas rojas y enanas naranja.** A casi todas las vi nacer y, aún ahora, continúan brillando en el cielo. Por el contrario, las que tenían mucha masa, como las **gigantes rojas y gigantes azules,** evolucionaban muy deprisa y en un momento dado comenzaban a crecer enormemente hasta hacerse gigantescas y morir a continuación

En el interior de las estrellas, tenían lugar reacciones nucleares de fusión que fueron generando elementos químicos distintos al hidrógeno y al helio. Cuando estas estrellas morían, expulsaban toda su parte externa al espacio, formando nebulosas con contenido de los elementos metálicos diferentes al hidrógeno y al helio, que se habían generado en su interior. Estas nebulosas son las que han dado lugar a la aparición de nuevas estrellas de generaciones posteriores, con contenido de todos los elementos químicos mencionados que los cosmólogos consideran metales.

A la propiedad consistente en la proporción de metales que figuran en las nuevas estrellas, los sabios la llaman **metalicidad.** Así es como he visto nacer y morir estrellas a lo largo de mi vida, siempre, sin entender nada de las causas de estos comportamientos tan singulares.

Tal como ya os he indicado, al intervalo de tiempo cósmico que abarca desde los **380.000 años** hasta los **200 millones de años** se le ha llamado **época estelar** porque fue cuando se originaron las primeras estrellas, de las que podéis apreciar aún las de masas muy pequeñas. Las de mayores masas no, puesto que ya no existen y únicamente quedan los remanentes que han dejado. La estrella más antigua que ahora conocéis se formó precisamente en este momento (t_c = **200 millones de años**). Se trata de la estrella llamada **Matusalén,** que se encuentra a solamente **190 años luz.** Está compuesta casi completamente de hidrógeno y helio, con muy pocos metales.

Cuando tuve de 200 a 300 millones de años, presencié como las primeras estrellas continuaban brillando. Muchas de ellas eran muy grandes y calientes y, tal como ya os he dicho, su ciclo de vida fue bastante corto. Otras, como las enanas rojas, han permanecido durante todo el tiempo cósmico.

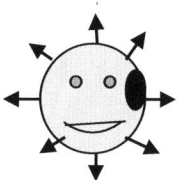

Durante mi muy larga vida, he contemplado cómo se han ido creando estrellas, y cómo, la mayoría de ellas, han ido muriendo al cabo de unos pocos millones de años.

En estos años, he percibido constantemente que la creación de una estrella parte siempre de una nube muy grande de gas en la cual se van formando grumos y concentraciones cada vez más densas de las partículas que las constituyen, todo ello debido al efecto de la atracción gravitatoria entre sus masas, tal como me explicó el señor **Isaac Newton** hace no muchos años. He comprobado que las estrellas están constituidas por partículas compuestas que en su mayor parte son átomos de hidrógeno y, en menor cuantía, de helio. Por un simple proceso gravitatorio estas partículas se van acercando lentamente y la nube de gas inicial se va contrayendo.

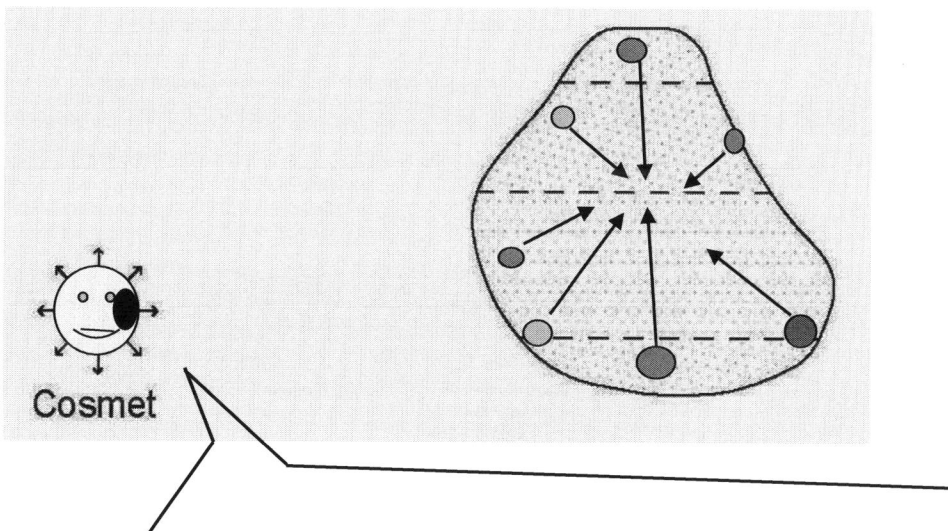

Cosmet

Acoplando mi vista a la escala adecuada, he podido observar las partículas una a una y su recorrido en el proceso de contracción.

Sin embargo, también siempre he visto que llega un momento en que el proceso de contracción se para y la nube de partículas permanece estable. Nunca entendí por qué se producía esto, hasta que no hace mucho traté el tema con dos humanos muy sabios que me lo explicaron. Los dos tenían título nobiliario.

Cosmet   Lord Kelvin   Sir Arthur Eddington

28. Wikipedia D.P. Retrato de William Thomson, Baron Kelvin, Bibliotecas Smithsonian. Foto de los Sres. Dickinson. Según http://www.sil.si.edu/DigitalCollections/hst/scientific-identity/fullsize/SIL14-T002-07a.jpg. Este archivo es de **dominio público** porque las Bibliotecas Smithsonian lo declaran "Sin derechos de autor". Wikipedia D.P. File: Arthur Stanley Eddington.jpg. Creación: Unrecorded. Colección George Grantham Bain, División de Impresiones y Fotografías de la Biblioteca del Congreso Washington, DC "No se conocen restricciones de publicación".

Me contaron que llega un momento en que las condiciones de presión y temperatura que se alcanzan en el proceso de contracción hacen que empiecen a desencadenarse reacciones nucleares mediante las cuales se va quemando el hidrógeno que se va convirtiendo en helio. Asimismo, que, cuando debido a la fuerza gravitatoria, la presión y la temperatura del interior de una estrella son suficientemente intensas, se inicia un fenómeno que es la **fusión nuclear de sus átomos.**

Cuando se inician estas reacciones nucleares, los sabios dicen que la nube se convierte en estrella propiamente dicha. Creen que entra en un intervalo o fase de su evolución al que llaman la **secuencia principal,** durante la cual la estrella ni se dilata ni se contrae. Por analogía a un cuerpo sumergido en un fluido, se encuentra en un **equilibrio hidrostático.**

Estrella en equilibrio hidrostático

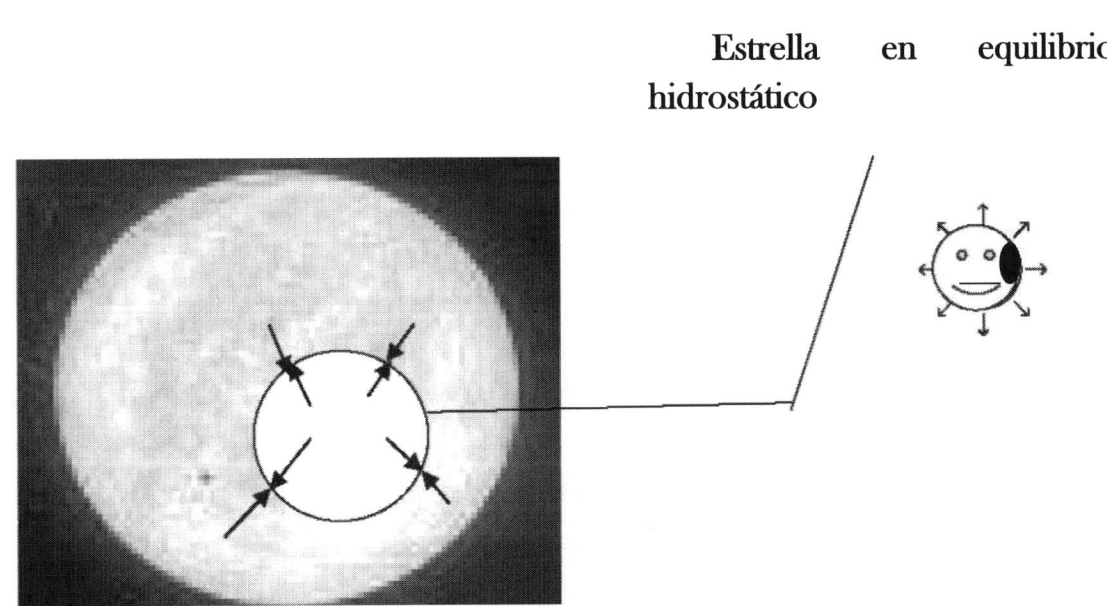

Yo he podido comprobar lo que tarda una nube a entrar en esta fase y convertirse en estrella. Puede durar entre 100.000 años y varios miles de millones. La nube se convierte en estrella, pues, cuando comienzan a producirse en ella reacciones nucleares y comienza la **secuencia principal.**

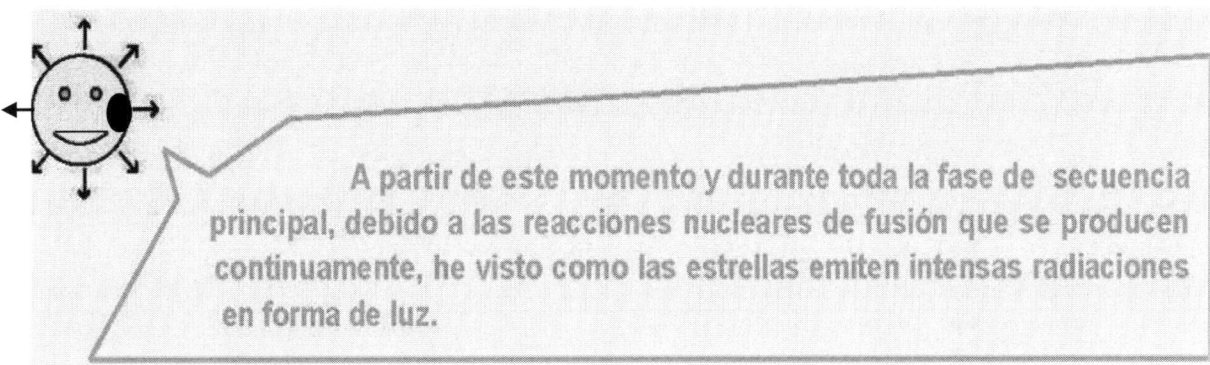

A partir de este momento y durante toda la fase de secuencia principal, debido a las reacciones nucleares de fusión que se producen continuamente, he visto como las estrellas emiten intensas radiaciones en forma de luz.

El color de las estrellas

Durante toda mi vida he contemplado todos los tipos de estrellas y, a simple vista, más o menos todas tenían un color parecido; de un amarillo casi blanco u otro más anaranjado; el mismo que presentan cuando por las noches, desde la Tierra, las veis en el cielo. No obstante, aunque en el cielo nocturno las veamos todas más o menos iguales, lo cierto es que las estrellas presentan un rango de colores. Existen **estrellas con tonalidades de diferentes colores y esto se debe únicamente a su temperatura superficial.**

Los sabios me han explicado que estas, como todos los cuerpos que están a una determinada temperatura, **emiten radiación electromagnética**, o sea luz, y la intensidad de esta radiación depende de la temperatura superficial del cuerpo. También como se reparte esta energía emitida por los cuerpos en diferentes longitudes de onda y, por tanto, diferentes frecuencias. Hay siempre una **longitud de onda en la que se produce la emisión de energía máxima o intensidad máxima de emisión** y en un entorno de la frecuencia que corresponde a esta, se produce el máximo de emisión de energía. En el caso de la luz que se recibe de las estrellas, en cada caso este intervalo de longitudes de onda donde se produce la máxima emisión depende de la temperatura superficial de la estrella. Los sabios asignan a cada intervalo un color. Lo que miran ellos es una pantalla a la que incide la luz procedente de la estrella, después de atravesar un **prisma** en un artilugio llamado **espectroscopio**. En la misma observan lo que llaman el **espectro** de la luz emitida.

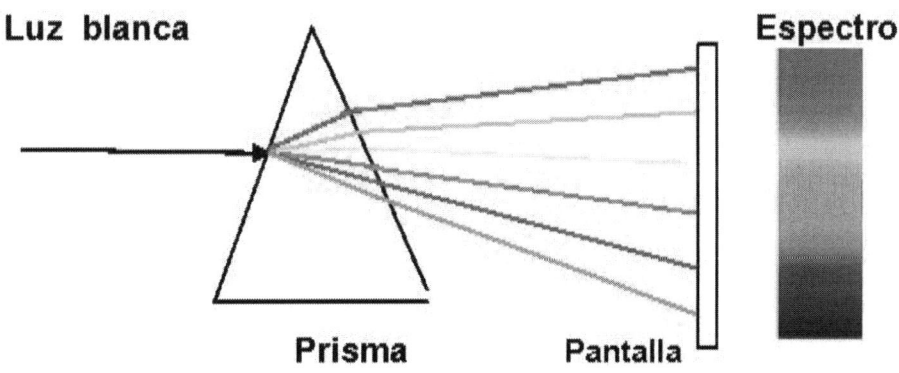

En el espectro de la luz visible, cada intervalo de frecuencias o longitudes de onda corresponde a un determinado color de los del arco iris.

En cada caso, sobre la imagen del espectro de la luz que se recibe se superpone la representación de las intensidades de la radiación en cada longitud de onda y se observa el intervalo en que esta es máxima, que es distinto para estrellas de diferente temperatura superficial. En la figura que os adjunta nuestro amigo podéis ver, por ejemplo, las curvas que resultan para temperaturas de 4.500, 6.000 y 17.500 grados.

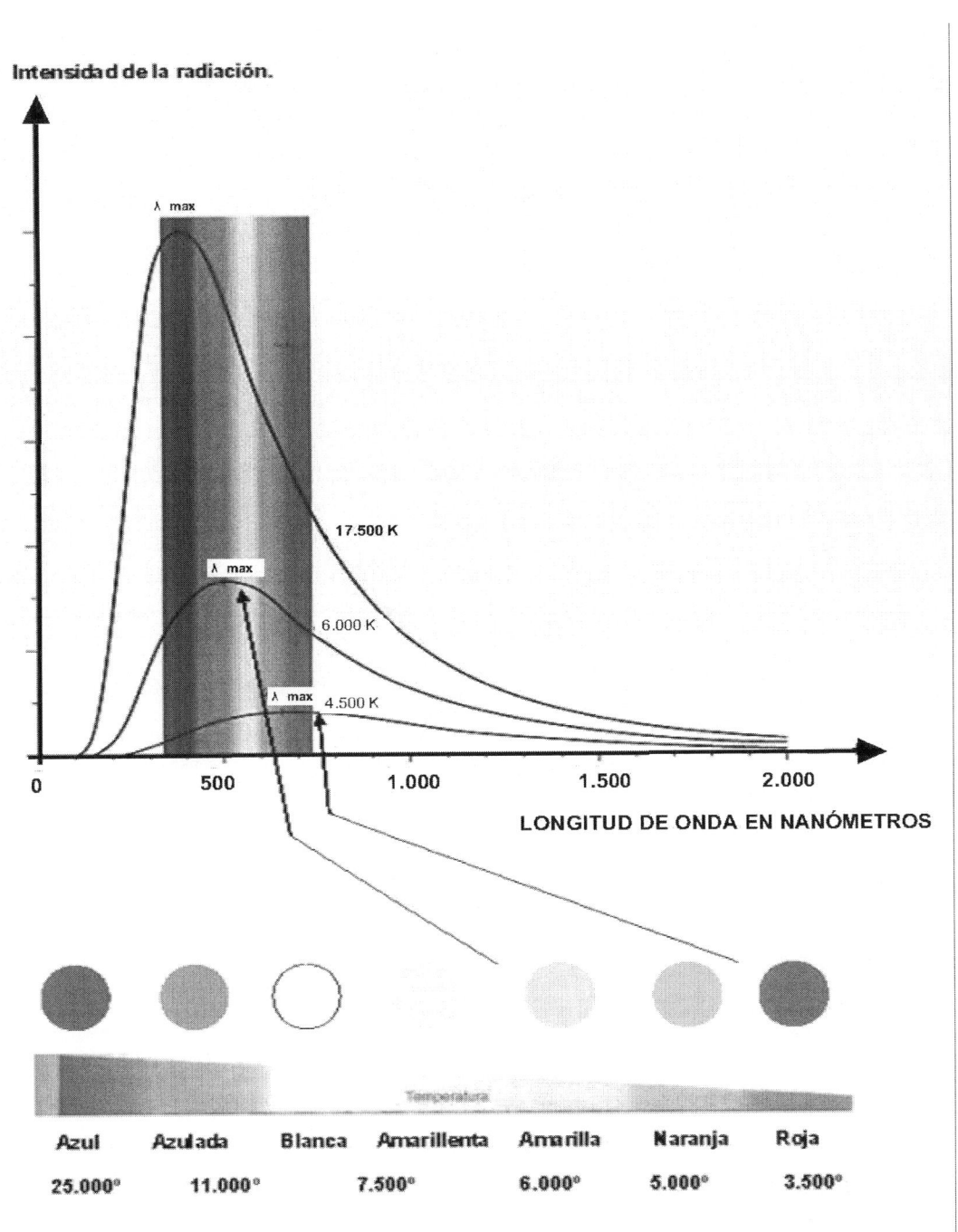

En cada caso, el intervalo de longitudes de onda y, por tanto, de frecuencias, que tiene la máxima intensidad de la radiación, corresponde a un determinado color de los del arco iris.

Este intervalo es, tal como vemos, distinto según la temperatura superficial de la estrella emisora. Por ejemplo, el color rojo dominante corresponde a muy bajas frecuencias, lo que indica que la radiación que emiten es de baja energía. Así, estas estrellas son de reducida temperatura superficial y se trata de **estrellas rojas**. En cambio, el color azul dominante corresponde a alta frecuencia y a alta temperatura superficial. Se denominan **estrellas azules**. Esta distinción, que se hace de las estrellas por colores, indica, pues, la temperatura superficial de la estrella emisora.

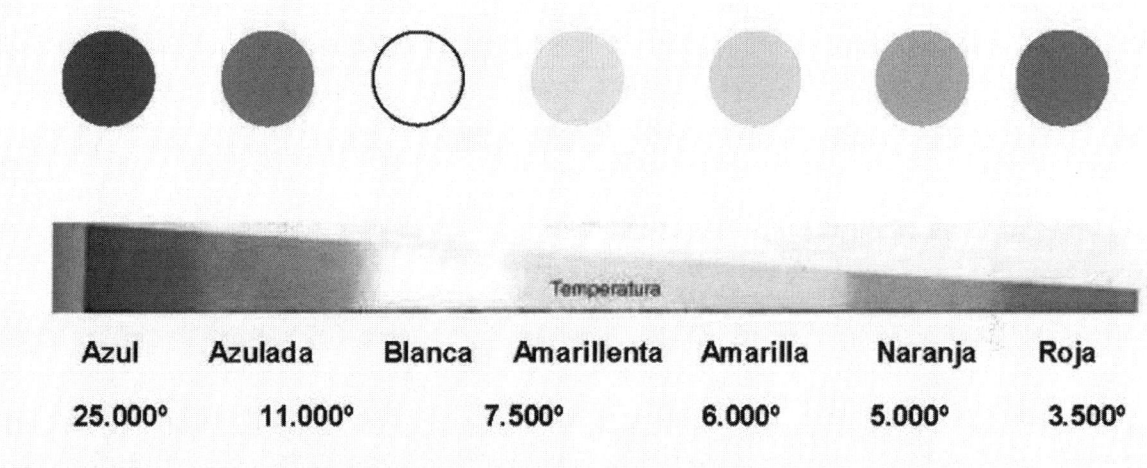

Azul	Azulada	Blanca	Amarillenta	Amarilla	Naranja	Roja
25.000°	11.000°	7.500°		6.000°	5.000°	3.500°

Por ejemplo, si miramos en la dirección de la constelación Orión, a las frecuencias del infrarrojo, hay estrellas rojas como la gigantesca y espectacular **Betelgueuse**. En cambio, a frecuencias mucho más altas, estrellas azules como la también espectacular **Rigel**, mucho más pequeña que la primera.

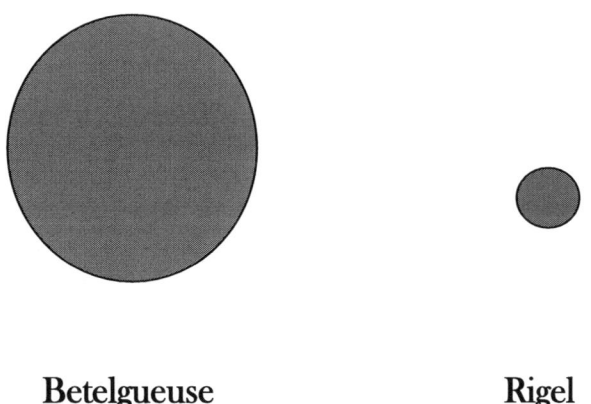

Betelgueuse   Rigel

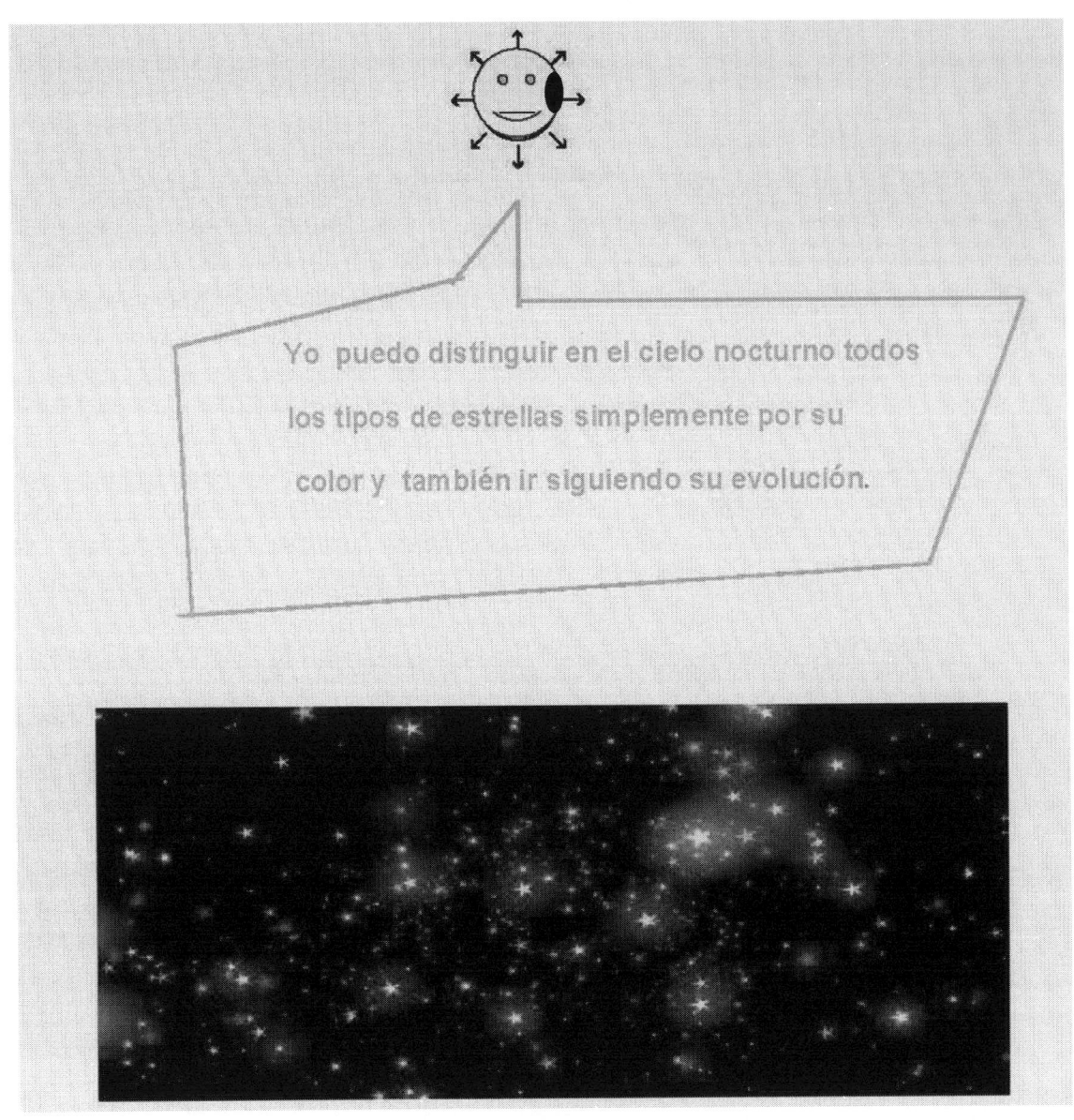

Yo puedo distinguir en el cielo nocturno todos los tipos de estrellas simplemente por su color y también ir siguiendo su evolución.

Pixabay / Álbum   D.P.

Os voy a explicar esta evolución de los diferentes tipos de estrellas tal como yo la he ido viendo

Por ejemplo, si miramos en la dirección de la constelación Orión, a las frecuencias del infrarrojo, hay estrellas rojas como la gigantesca y espectacular **Betelgueuse**. En cambio, a frecuencias mucho más altas, estrellas azules como la también espectacular **Rigel**, mucho más pequeña que la primera.

Protoestrella enana marrón

No las he visto propiamente como estrellas, sino como unos planetas grandes. Los sabios dicen, lo he comprobado, que si la nube inicial que genera el objeto cósmico tiene masa muy pequeña **(M < 0,08 Msol)**, la atracción es también reducida. Esto hace que en ningún momento lleguen a iniciarse las reacciones nucleares y, por tanto, no se alcanza nunca la secuencia principal. La nube queda convertida en una **protoestrella enana marrón.** Yo he estado en algunas y su temperatura superficial no llega a los **2.500 grados,** de modo que la emisión de energía es tan reducida que difícilmente vosotros los normales las podéis ver.

Entonces, las **enanas marrones** no son consideradas por los sabios como estrellas. Cuando las he pesado, he visto que su masa es siempre inferior a **0,08 masas solares.** Solamente en objetos de más de 0,08 masas solares, empiezan las reacciones termonucleares y la nube cósmica se convierte en una verdadera estrella.

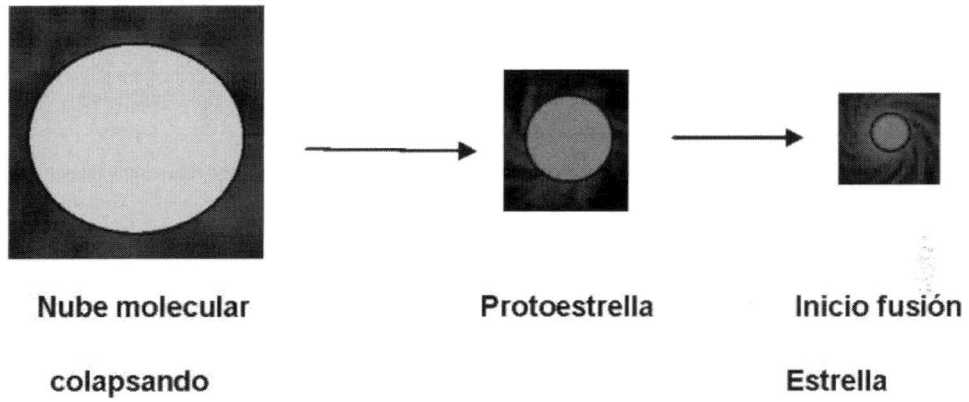

Nube molecular   **Protoestrella**   **Inicio fusión**

colapsando   **Estrella**

Enana roja

Si la masa de la nube es algo mayor, entre **0,08 MS** y **0,5 Msol ,** que es la mitad de la masa del Sol, he visto que esta siempre alcanza la secuencia principal y se convierte en lo que se conoce como una **enana roja.** La masa de las mismas que he obtenido cuando las he pesado, ha sido de **0,08** a **0,5 masas solares**, y cuando les he tomado su temperatura superficial, esta ha variado, según los casos, entre **2.500** y **3.800 ºK,** intervalo propio de su color rojo.

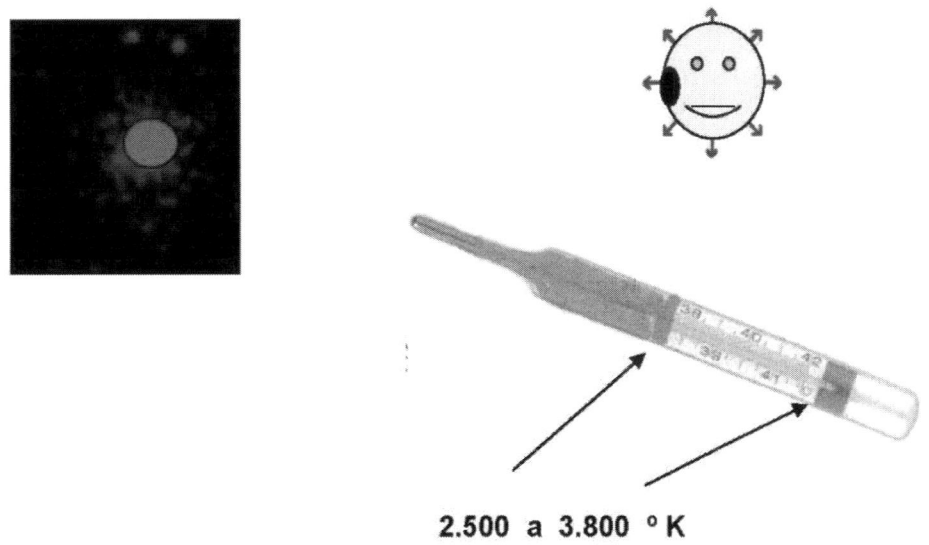

2.500 a 3.800 º K

Debido a su pequeña masa, las enanas rojas queman hidrógeno lentamente y, por lo tanto, tienen **una vida muy larga, entre diez y diez mil millones de años**. Permanecen mucho tiempo en la secuencia principal en equilibrio hidrostático. Por este motivo, bastantes enanas rojas que he visitado son estrellas muy viejas que llegarán a tener un tiempo de vida incluso superior a la edad actual del universo.

Enanas naranja y enanas amarillas.
Cuando la masa de las estrellas ha resultado mayor de **0,5 M** sol y hasta **0,8 M** sol, he visto que una vez alcanzada la fase de secuencia principal, la estrella quema su hidrógeno mucho más rápido y, ante esto, tiene una vida mucho más corta. Al tomarles la temperatura superficial, he obtenido un valor de entre los **5.500** y los **4.000 grados**. Por este motivo, la estrella emite luz en naranja mientras su aureola va creciendo. Se trata de una **enana naranja.**

Este mismo proceso he comprobado que se realiza con mayor rapidez e intensidad en las **enanas amarillas.** Toman un color amarillo brillante, casi blanco. Las he visto con temperaturas de **5.500** a **6.500° K** y luminosidades de **0,5** a **1,8 Ls**. Sus masas son de **0,8** a **1,4 Ms** y, siguiendo el proceso que os he explicado, evolucionan a mayor velocidad

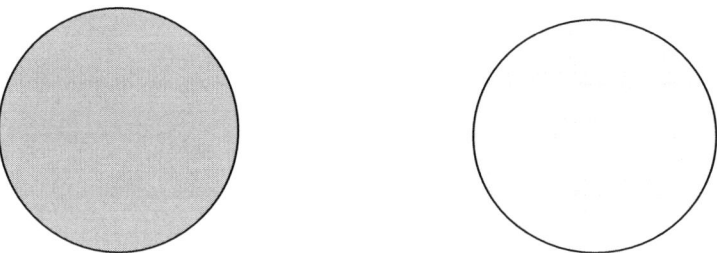

El Sol es una estrella de este tipo. En todas ellas, la evolución más rápida hace que se llegue a quemar todo el hidrógeno, momento en que las estrellas se enfrían y aumentan su volumen para ir pasando a ser **estrellas subgigantes y gigantes.** Por eso se habla de **estrellas enanas** solamente hasta la masa de **1,3** a **1,4** masas solares.

Estrellas gigantes rojas y sus remanentes estelares

Cuando el hidrógeno que se quema en el núcleo se agota, he observado que la parte central de la estrella se convierte en helio, el cual se acumula en las capas más exteriores. Si la masa es suficiente, una vez agotado el hidrógeno, pasa a quemarse el helio de la corona exterior de la estrella, que se transforma en carbono y oxígeno. Se van originando reacciones nucleares que producen elementos más pesados. Esto provoca que la estrella se expansione aumentando enormemente de tamaño, de tal manera que la aureola que forma la estrella, al llegar ya a su madurez, ha crecido tanto que la estrella se enfría hasta emitir en rojo y pasar a llamarse **estrella gigante roja.**

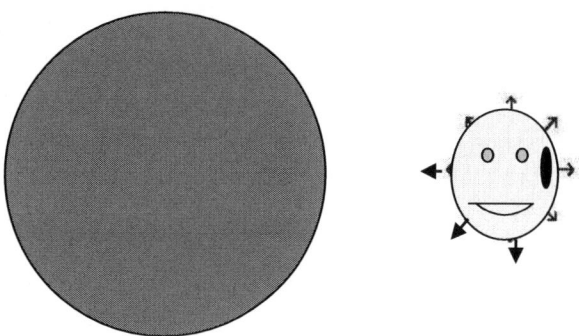

Cuando el helio se agota, muere la estrella. Lo que ocurre es que, con el tiempo, la estrella se vuelve inestable y expulsa hacia el espacio exterior la mayor parte del material estelar. He visto que este proceso puede durar muchos millones de años, hasta que se va agotando el combustible. La estrella entonces se deshace de sus capas exteriores y su centro se convierte en una estrella llamada **enana blanca,** de un tamaño más o menos como el de un planeta. He comprobado que este proceso ocurre en las estrellas que no alcanzan **ocho masas solares.**

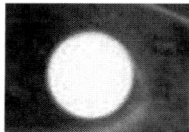

Así, al cabo de millones de años, cuando la estrella ya ha consumido gran parte de su combustible se apaga. He podido ver que comienza un proceso contrario. La estrella se contrae y se acaba convirtiendo en una **estrella enana blanca,** que es un **remanente estelar. Las enanas blancas** son estrellas residuales con una densidad muy alta. Dada esta muy alta densidad que adopta la estrella, los sabios dicen que su materia está en un estado de **degeneración.** Consiste en que **los electrones se han acercado a los núcleos.**

Estrellas blancas

Son estrellas con **masas de 1,4 a 8 MS**, ya subgigantes desde su formación. Tienen

luminosidades que varían de **7 a 100 LS** y temperaturas superficiales de 6.500° **K** a 7.000° **K**. Se trata de las **estrellas blanco amarillentas.** Cuando las temperaturas superficiales son mayores, del orden de los 7.000° **K** a 10.000° **K**, se trata de **estrellas blancas.**

Si la estrella inicial es varias veces más masiva que el Sol, **superior a 8 Msol,** su ciclo puede ser diferente y, en lugar de una gigante, puede convertirse en una **supergigante.** Asimismo, he visto que algunas concluyen su vida con una explosión denominada **explosión de supernova.**

Estas estrellas acaban como **estrellas de neutrones** si su masa es de **8 a 30 masas solares** y en **agujeros negros** si su masa es superior. **En ambos casos, la estrella expulsa hacia el espacio exterior la mayor parte del material estelar, formando una nebulosa.** Yo he tenido ocasión de presenciar estas explosiones, incluso las he fotografiado.

29. Imagen en Pixabay / Álbum

Estrellas azules

Un caso particular de supergigantes es el de las estrellas llamadas **gigantes o supergigantes azules,** que existen en el universo, aunque son menos frecuentes. Es el mismo caso de las estrellas amarillas, pero con temperaturas iniciales muy altas, hasta el punto que emiten en azul.

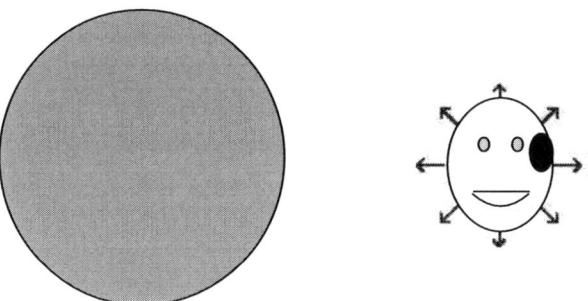

Todas ellas son tan masivas que rápidamente consumen su hidrógeno. Su esperanza de vida es muy corta, del orden de solamente **10 a 100 millones de años.** Cuando el hidrógeno en su núcleo se consume, comienza la fusión del helio. Sus capas exteriores se hinchan tanto que su temperatura superficial desciende hasta convertirse en una **supergigante roja**. En esta etapa la estrella entonces **produce elementos más pesados como hierro, níquel, y otros.**

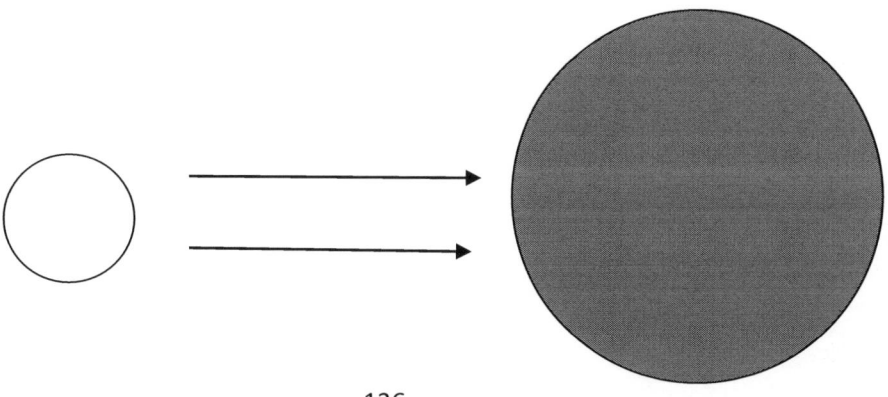

Al final la estrella se torna inestable. Acaba estallando en una explosión de supernova y muere. No obstante, esta deja un extraño corazón de materia que se mantiene intacto. He visto que según sea su masa, este cuerpo se acaba convirtiendo en una **estrella de neutrones** o en un **agujero negro,** objetos que os paso a describir someramente.

Estrellas de neutrones y agujeros negros.

A las **estrellas de neutrones** las he visto siempre muy pequeñas pero muy densas. Por ejemplo, la masa final de una estrella como el Sol, tras seguir este proceso, se concentra en un radio de solamente unos **10 km.** Son los restos de estrellas de masa considerable, generalmente, de más de diez masas solares. Cuando se produce la explosión de **supernova,** esta dispersa gran cantidad de materia en el espacio, pero respeta el corazón de la estrella. Este se contrae y si la masa no es muy elevada se convierte en una **estrella de neutrones.** Me he acercado a estos objetos y he notado que producen campos magnéticos muy fuertes que generan una radiación que contiene partículas materiales.

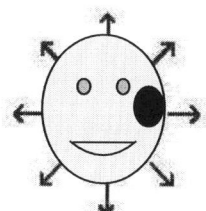 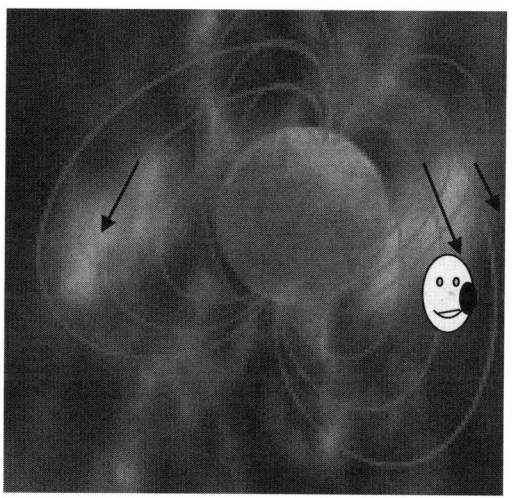

30. Representación artística de un magnetar. (Wiquipedia D.P.)

He contemplado cómo algunas de estas estrellas que giran a gran velocidad, emiten pulsos de luz y gran cantidad de energía en forma de **ondas de radio.** Los sabios las conocen como **púlsares.** He contado que los más rápidos giran a cientos de revoluciones por segundo, liberando haces de ondas de radio procedentes de los polos magnéticos. Debido a su giro, los dos haces forman un cono que barre el cielo en cada rotación como si fuera un faro. Por este motivo, los púlsares cuyos haces se proyectan hacia la Tierra aparecen como impresionantes **faros cósmicos**.

Estos objetos cósmicos no fueron descubiertos por los humanos hasta hace poco tiempo. En julio de 1967, detectaron estas señales de radio de corta duración y extremadamente regulares y pensaron que podrían haber establecido contacto con una civilización extraterrestre de lo que llamaron **«hombrecitos verdes »**. Yo me acerqué al punto de emisión y vi que se trataba simplemente de un púlsar como los que yo ya había observado.

Las estrellas de tamaños mayores y **por encima de las 30 masas solares** pueden consumir todo su combustible muy velozmente, transformándose en los objetos supermasivos que a mi tanto me gustan y que tan buen servicio me ofrecen para viajar; los **agujeros negros**.

Existen centenares de millones de estas estrellas fósiles. Los sabios normales solamente han descubierto una pequeña cantidad. Les resulta muy difícil descubrir nuevos agujeros negros debido a que su enorme masa concentrada en un reducido volumen, crea un campo gravitatorio tan potente que ni siquiera dejan escapar las partículas de luz y, por tanto, pasan a ser invisibles.

..............**31.** Agujero negro (Pixabay D.P.)

Os adjunto los esquemas que me ha proporcionado mi amigo el ingeniero, sobre todo lo que os acabo de contar relativo a la formación de los distintos tipos de estrellas, y a su evolución, que depende principalmente de su masa.

1.- M < 0,1 M$_s$.   Enanas marrones.

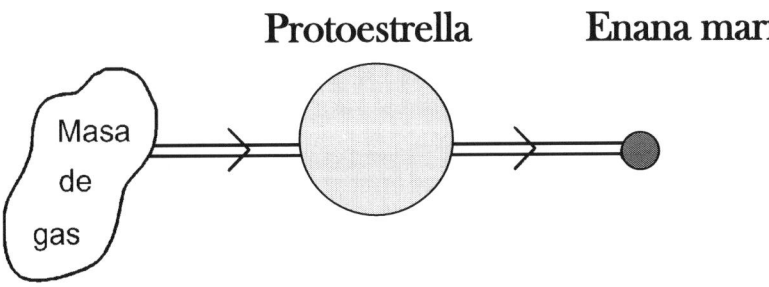

128

2.-   0,1 < M < 0,5 M$_S$

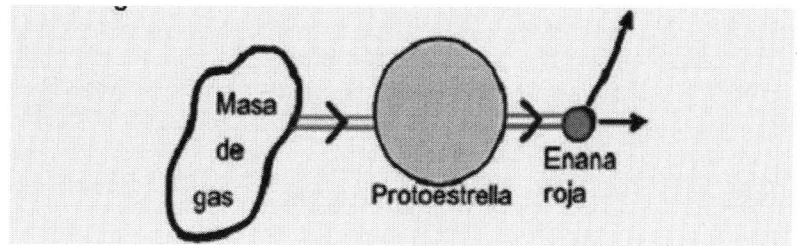

3.-   0,5 M$_S$ < M < 1,3 M$_S$

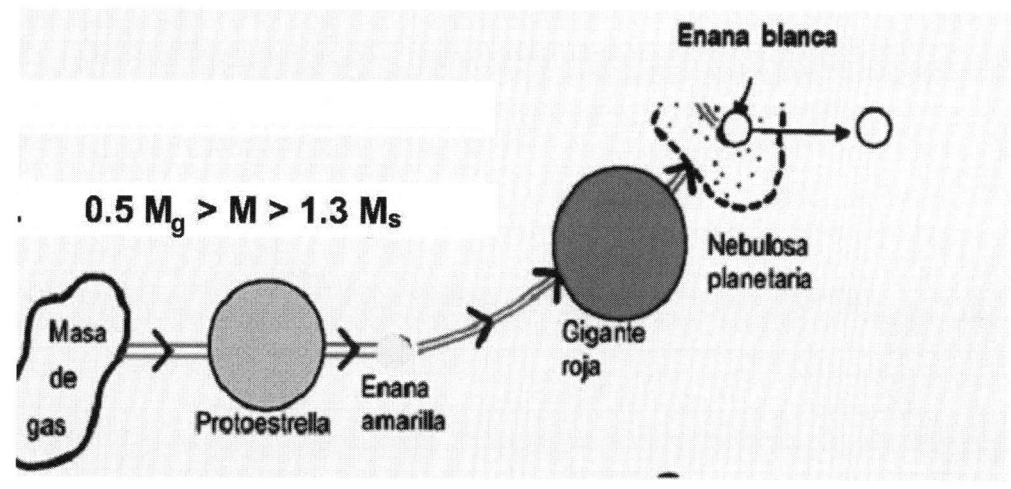

4.- M > 1,3 M$_S$

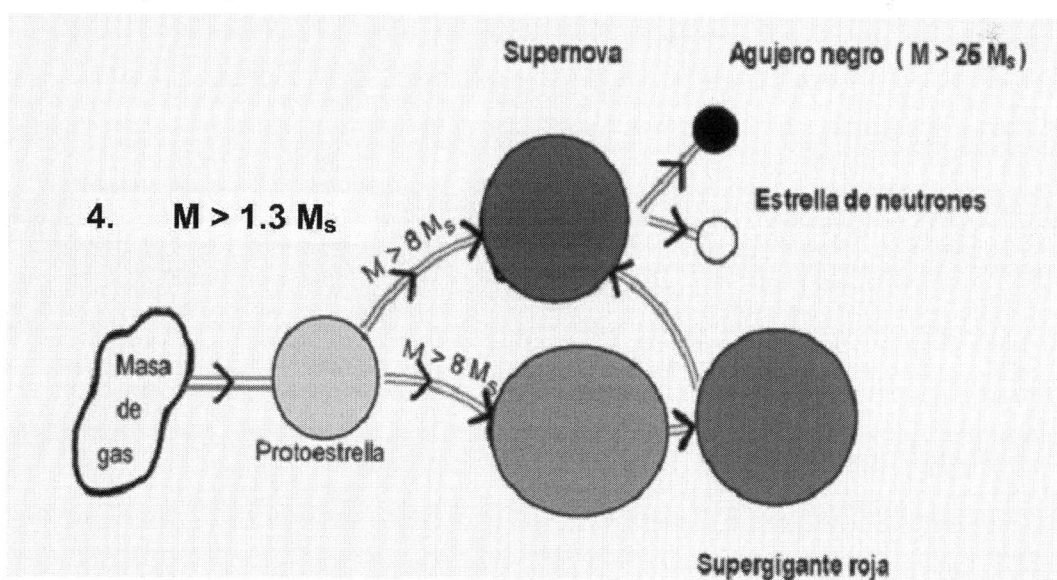

En el siguiente cuadro, mi amigo ha resumido el orden de magnitud del tiempo de vida para cada tipo de estrella. En él figura también la simbología asignada hoy día por los astrónomos a cada tipo.

Tipo	masa aproximada	vida media
Tipos O	40 masas solares	1 millón de años
Tipos B	17 masas solares	10 millones de años
Tipos A	3,5 masas solares	500 millones de años
Tipos F	1,8 masas solares	2.000 millones de años
Tipos G	1,2 masas solares	10.000 millones de años
Tipo	0,9 masas solares	15.000 millones de años
Tipos K	0,8 masas solares	20.000 millones de años
Tipo M	0,5 masas solares	75.000 millones de años

Hace algo más de cien años, me enteré de que el físico **Ejnar Hertzsprung** y el astrónomo **Henry Norris Russell**, se percataron de que existe una relación entre la masa de una estrella, su luminosidad, su temperatura, su tamaño y su tiempo de vida. Fue en el año 1911 cuando pude hablar con ellos y me contaron que habían observado que, si se disponían las estrellas en un diagrama de ejes cartesianos, donde en el eje de abscisas representaban las temperaturas en orden decreciente y en el de ordenadas la luminosidad en orden creciente, la mayoría de estrellas quedaban situadas en una diagonal. Desde la zona superior izquierda, donde quedaban situadas estrellas grandes, azules, calientes y luminosas, hasta la inferior derecha, con estrellas pequeñas, rojas, frías y poco luminosas, vieron que esta diagonal definía una zona que asociaron a la **secuencia principal.**

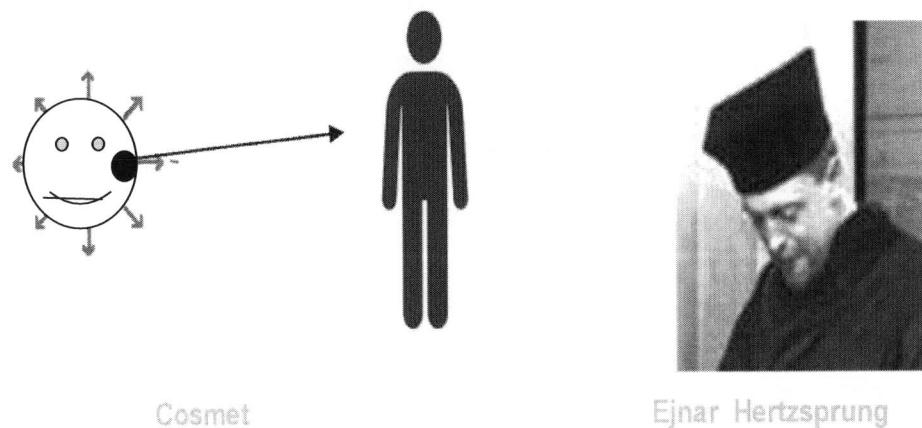

Cosmet   Ejnar Hertzsprung

32. http://www.leosondra.cz/en/first-hr-diagram/   Cortesía de Hartmut Grosser   (Wiquipedia D.P.)

El diagrama que construyeron es una gráfica bidimensional que toma **en abscisas la temperatura superficial de la estrella** en grados Kelvin y **sentido decreciente. En ordenadas, la luminosidad** de la estrella tomando como unidad la luminosidad del Sol. Con esta disposición, las estrellas más calientes ocupan la parte izquierda del diagrama y las más frías la parte derecha. La luminosidad en ordenadas aumenta de abajo hacia arriba, de manera que las estrellas más luminosas ocupan la parte alta del diagrama y las estrellas menos luminosas la parte baja. La masa y la luminosidad del Sol se toman como masa y luminosidad unitarias. El Sol, con temperatura cercana a los **6.000 grados K,** queda en el diagrama en una posición central.

Luminosidad

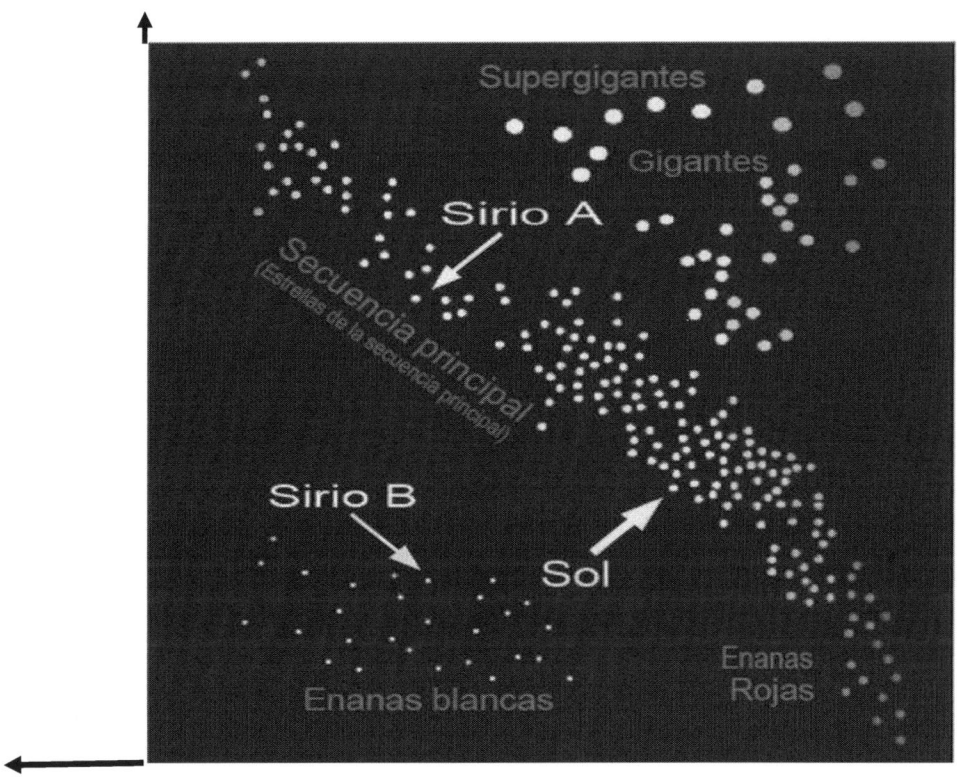

T º K   30.000º K   14.000º   9.000º   7.000º   6.000º   4.000º   3.0000º K

Azules   Blancas   Amarillas y naranja   Rojas

Archivo: Diagrama H-R - Sirio y Sol.png. Ein vereinfachtes Hertzsprung-Russell-Diagramm mit der Sonne, Sirius A und Sirius. Fecha: 18 de febrero de 2011. **Este es un archivo de Wikimedia Commons, un depósito de contenido libre hospedado por la Fundación Wikimedia.** Se autoriza la copia, distribución y modificación de este documento bajo los términos de la **licencia de documentación libre GNU,** versión 1

Construyendo un diagrama de este tipo, se pueden representar todas las estrellas que yo he visitado. Por curiosidad, le he pasado a mi amigo el ingeniero una lista con los datos de temperatura y luminosidad de muchas de ellas y ha construido el siguiente **diagrama:**

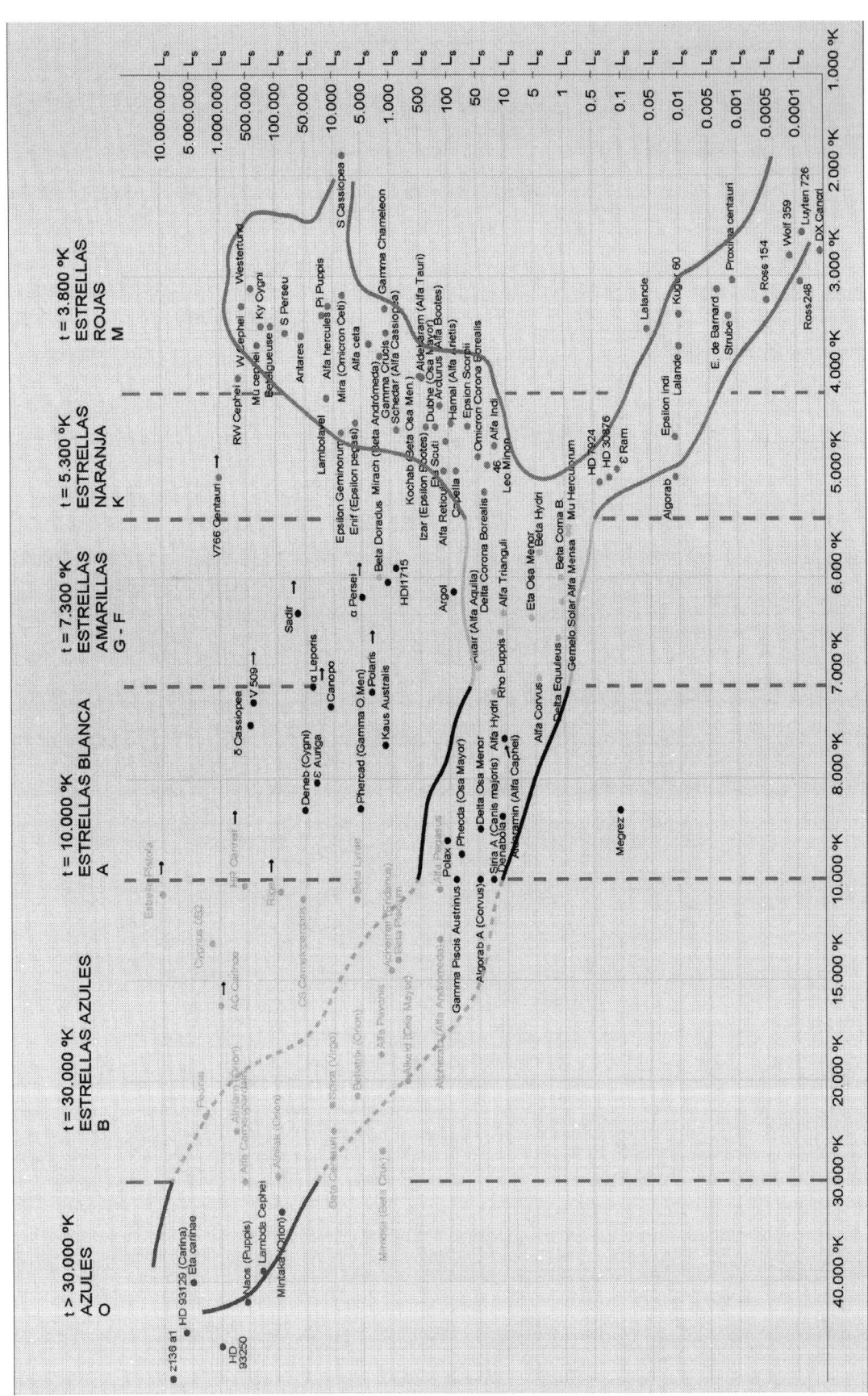

132

El cuento de las masas que desaparecen y lo que me explicaron otros sabios sobre el raro comportamiento de las estrellas

Me he dedicado a visitar todas las estrellas de la Vía Láctea que figuran en la relación que os ha mostrado nuestro amigo, haciendo visitas periódicas más o menos cada millón de años. Así, he comprobado como evolucionaban sin entender nada de por qué se comportaban todas ellas de maneras tan dispares. Comencé a entenderlo a finales del siglo XIX, cuando ya en mi forma humana, oí hablar de las primeras teorías científicas acerca del origen de la masa-energía de las estrellas. Fui a ver a un físico que tenía título nobiliario, **Lord Kelvin**, que se llamaba realmente William Thomson.

Entre sus muchas contribuciones a la ciencia, destaca la creación de la escala de temperaturas de la que os estoy hablando continuamente; los **grados Kelvin (ºK)**.

Como pasa a muchos famosos, algunos le atribuyen cosas que nunca dijo como que ya no quedaba nada por descubrir y que, por tanto, la física se había acabado. Nada más lejos de lo que él pensaba, pues en una conferencia que impartió en la *Royal Institution* el 27 de abril de 1900 a la que yo asistí, le oí decir todo lo contrario.

Quedan dos « nubes » que aún oscurecen el cielo de la física, pendientes de resolver

Se refería a problemas que poco más tarde

se resolverían en sendas teorías revolucionarias:

La relatividad especial y la mecánica cuántica.

34. Caricature of Lord Kelvin. Caption read "Natural Philosophy". Dibujo de Kelvin por el caricaturista Spy en Vanity Fair, 1897. Dominio público. File: Lord Kelvin Vanity Fair 1897-04-29.jpg. Creado el 1 de enero de 1897. Esta es una reproducción fotográfica fiel de una obra de arte bidimensional de dominio público. La obra de arte misma se halla en el dominio público

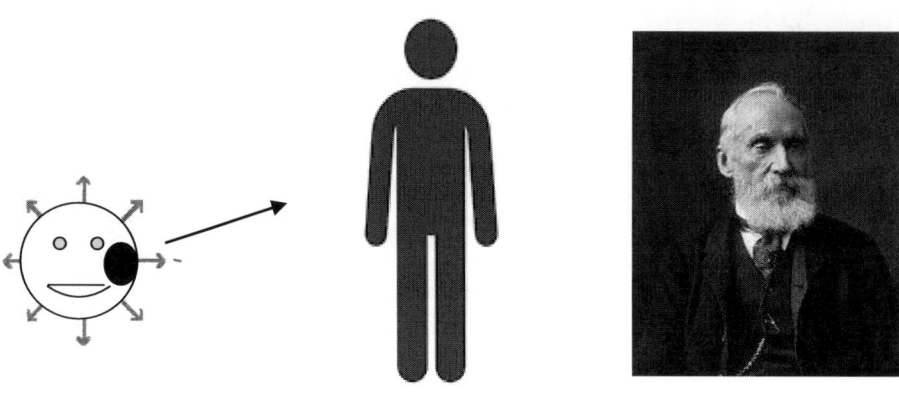

Cosmet   35. Lord Kelvin   (Wiquipedia D.P.).

35. Identity/fullsize/SIL14-T002-07a.jpg). Portrait of William Thomson, Smithsonian Libraries. Dominio público. File: Lord Kelvin photograph.jpg. First published Photographische Gesellschaft, Berlin.

Me dijo que había propuesto la idea de que las estrellas evolucionaban contrayéndose gradualmente debido a las fuerzas gravitatorias. Esta era su primera idea, pero ya pensaba que si la evolución de cualquier estrella fuera debida únicamente a esta causa, sin la intervención de otras fuerzas más que la gravitatoria, la estrella no habría existido como mucho, más que unas decenas de millones de años. Eso propició a muchos científicos la búsqueda de fuentes de energía distintas a la gravedad que intervinieran en el proceso.

Fue pocos años más tarde, al entrevistarme con **Sir Arthur Eddington** en **1920,** cuando este me explicó que pensaba en la intervención de la **energía nuclear.** Por aquellos años diversos sabios ya me habían hablado acerca de qué era la **energía nuclear de fusión,** y me habían explicado el cuento de la masa que a veces desaparece, cuando determinados átomos se unen entre ellos para formar otros.

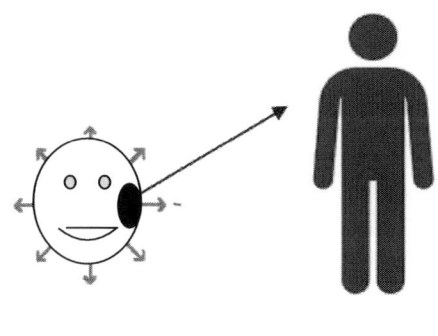

Cosmet   Sir Arthur Eddington

36. Colección George Grantham Bain. División de Impresiones y Fotografías de la Biblioteca del Congreso Washington, DC. Dominio público. Publicado antes del 1 de enero de 1928.

Gran científico y divulgador, me explicó también más cosas. Entre otras, cómo había comprobado empíricamente la teoría de la relatividad en una expedición a la isla africana del Príncipe. Durante un eclipse, se dedicó a medir la curvatura de los rayos solares por efecto de la gravedad.

Cuando poco más tarde un entrevistador le dijo,

« He oído que usted es una de las tres personas en el mundo que entienden y se creen la teoría de la Relatividad General ».

Al oír esto, Eddington puso cara de perplejidad y, cuando el entrevistador le pregunto la razón, respondió:

« Estoy tratando de pensar quién puede ser la tercera persona ».

El cuento de las masas que desaparecen

Me contaron que cuando grupos de cuatro átomos de hidrógeno, que no son más que cuatro protones, se convierten en un átomo de helio formado por dos protones más dos neutrones, existe una pérdida de masa aproximada del **0,7%**.

¿ Cómo puede ser que una parte de la masa desaparezca ?

Por la ecuación de Einstein, ahora sé que la masa no desaparece, sino que se convierte en energía radiante. Resulta que, aunque podría pensarse que para obtener la masa total de un núcleo basta con sumar la masa de todos sus protones y neutrones, esto no es así, dado que la realidad es que es menor. Entonces,

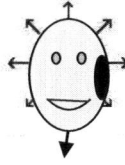

¿ Cómo puede ser que el todo sea menor que la suma

. de las partes ?

Los sabios, como siempre, me aclararon las dudas: los protones y neutrones se mantienen ligados en el núcleo por una fuerza llamada **interacción fuerte** entre ellos. Tal como ya os dije el segundo día de confinamiento, esta consiste en una energía de enlace o energía de ligadura nuclear que, como toda energía, posee un equivalente en masa.

Para que se cumpla el **principio de conservación de la masa-energía**, cuando los nucleones se unen y pasan a encontrarse ligados por la interacción fuerte, reducen inmediatamente su masa-energía, que pasa a ser menor que la que poseen cuando están libres. A este defecto de masa o masa que desaparece, la llaman **energía de enlace** del núcleo y es la energía que se libera cuando los nucleones constituyentes del núcleo se unen para formarlo.

LAS AVENTURAS DE COSMET EXPLICADAS POR ÉL MISMO

TODO LO QUE HE CONTINUADO VIENDO

MIS GRANDES SORPRESAS

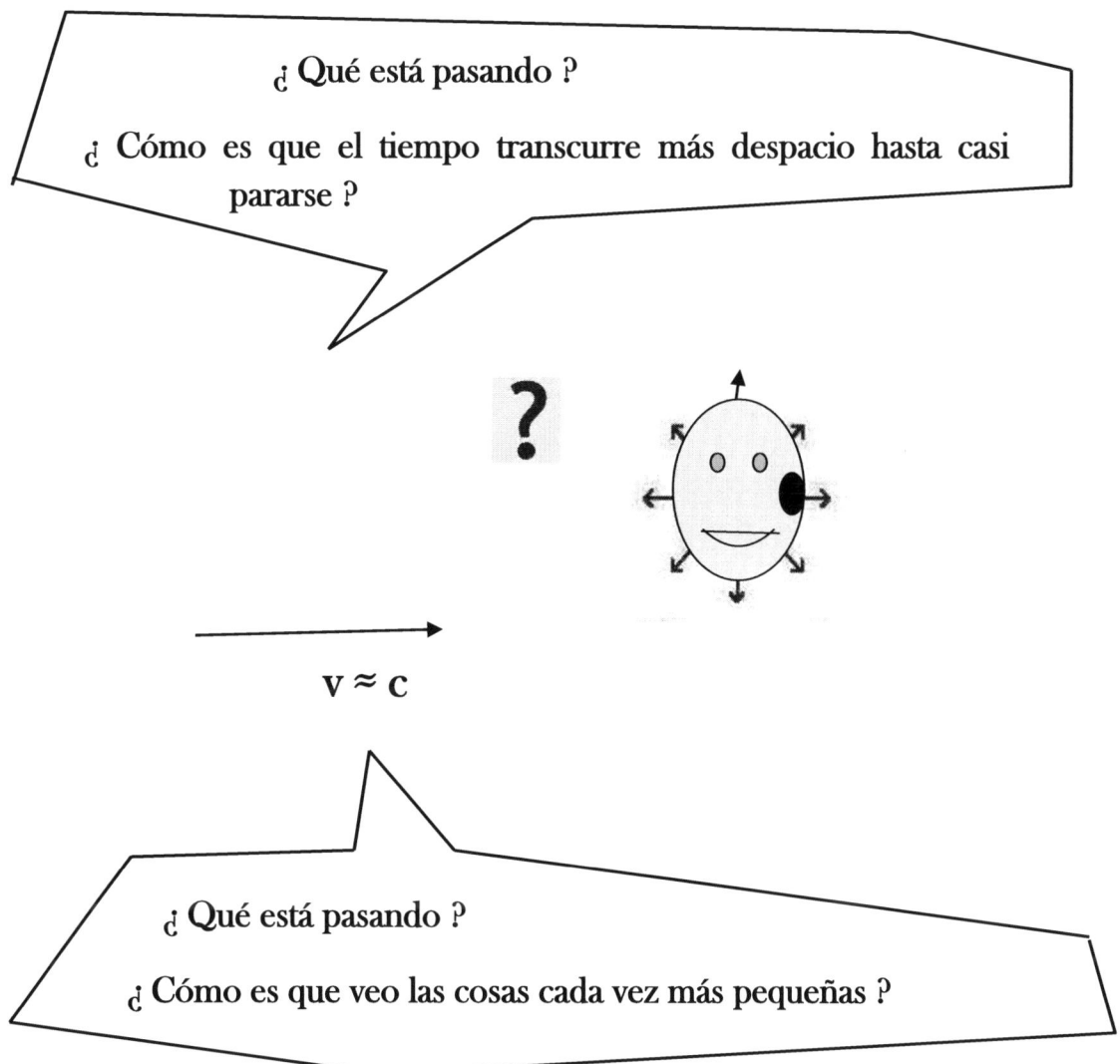

TODO LO QUE HE CONTINUADO VIENDO

Cómo he visto que las estrellas se agrupaban entre ellas formando cúmulos estelares y galaxias

Al poco tiempo de contemplar la aparición de las estrellas, en mis viajes observé que se encuentran agrupadas en **cúmulos estelares.** Pocas de ellas se encuentran solas, ya que muchas forman sistemas binarios o múltiples.

Un **cúmulo estelar** es un grupo de estrellas que se atraen entre sí por efecto de su gravedad mutua y que han evolucionado de forma conjunta desde su nacimiento a partir de nubes de gas y polvo. He podido ver tanto lo que ahora llaman **cúmulos globulares** como **cúmulos abiertos.** Estos **cúmulos globulares** de forma esférica, he visto que son agrupaciones muy densas de **centenares de miles o millones de estrellas viejas,** todas de edad muy superior a mil millones de años y la mayoría de **primera generación.**

Los he localizado sobre todo en la región llamada **halo** de las galaxias. Se formaban en una etapa muy temprana de la vida de cada galaxia. Son menos numerosos que los cúmulos que he divisado **abiertos,** pero más grandes y más ricos en estrellas, teniendo, por tanto, mayor densidad.

En cambio, los **cúmulos abiertos** que he localizado son más pequeños y menos densos que los globulares. Contienen generalmente **centenares o miles de estrellas jóvenes** de menos de cien millones de años o de una edad intermedia entre cien y mil millones de años.

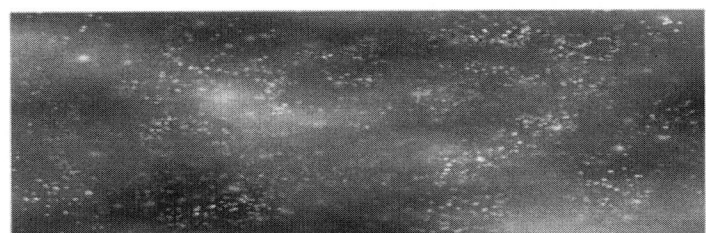

37. Cúmulo. Imagen de Pixabay / Álbum

138

También me he fijado en las estructuras cósmicas que se llaman **galaxias, cúmulos galácticos** y **supercúmulos.**

He comprobado que en el universo los **sistemas estelares** con todos sus **planetas** y demás objetos cósmicos se encuentran agrupados en **galaxias.** Asimismo, estas se encuentran agrupadas también en **cúmulos galácticos** que son grupos de las mismas. A su vez, estos se disponen en grandes superestructuras cósmicas llamadas **supercúmulos** que se disponen en el universo más o menos alineados en **grandes filamentos,** formando una especie de red.

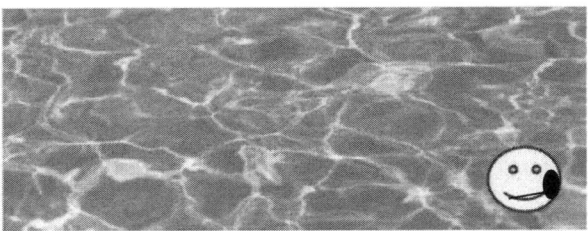

39. Red cósmica de grandes filamentos galácticos.   Pixabay / Álbum.

Entre estos filamentos he visitado grandes espacios vacíos que los astrónomos llaman **vacíos cósmicos.** Cuando ajusto mi vista a la gran escala, aprecio el universo como un conjunto de estos **filamentos,** de longitudes del orden de los **100 megapársecs,** que son **326 millones de años-luz,** que se entroncan unos a otros formando una gran red tridimensional, dejando entre ellos los grandes **vacíos cósmicos.** Cuando los he visitado, me he aburrido mucho porque allí no hay nada que ver. El mayor que he conocido es el **gran vacío de Bootes.**

40. Licencia internacional Creative Commons Attribution 4.0. Credito ESOhttp://www.eso.org/public/images/eso0102a. Autor ESO.

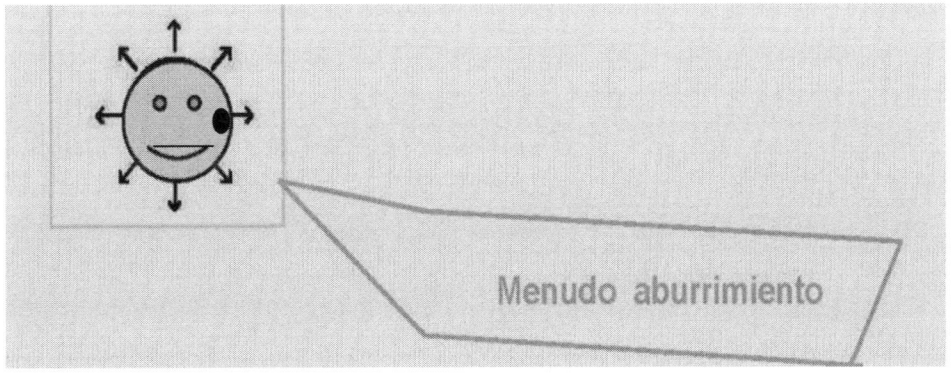

Os voy a contar también cosas de las galaxias. Los diámetros de las más grandes equivalen a tres veces el de la Vía Láctea, galaxia que tiene una dimensión de 100.000 años luz. Las más pequeñas son las que algunos llaman **galaxias enanas**. Sin embargo, he visto que todas ellas albergan centenares de miles de estrellas.

En mis viajes, he distinguido muy diferentes tipos de galaxias, tanto por su comportamiento como por su tamaño. Pese a la interacción gravitatoria siempre presente en el universo, se encuentran separadas a enormes distancias.

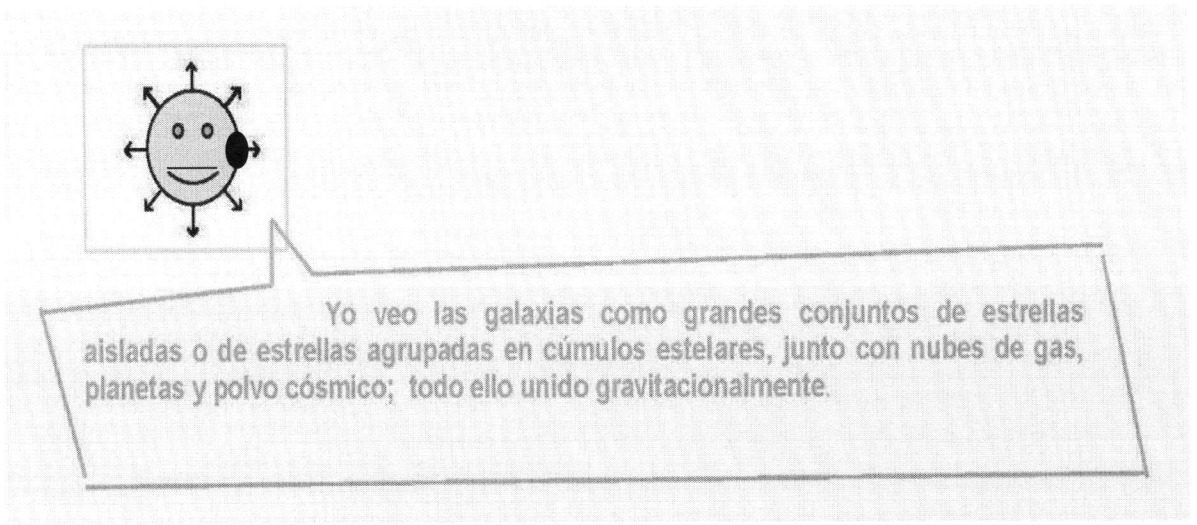

Yo veo las galaxias como grandes conjuntos de estrellas aisladas o de estrellas agrupadas en cúmulos estelares, junto con nubes de gas, planetas y polvo cósmico; todo ello unido gravitacionalmente.

En el universo que he visitado he podido contar más de **100.000 millones de galaxias.**

En mis viajes he estado en más de 100.000 galaxias; algunas de ellas, con más de un millón de estrellas.

He divisado galaxias de muchas formas. Una común es la de galaxia elíptica, que, como indica su nombre, tiene la forma de una elipse. Otra es en **espiral** y algunas se han clasificado como **galaxias irregulares**. Generalmente, las distintas galaxias y cúmulos se encuentran separados por distancias muy grandes, limitando grandes espacios prácticamente vacíos de densidad casi despreciable que solamente contienen lo que denominan **fluido intergaláctico**.

Todas las estrellas de la Vía Láctea y el Sol, como una de ellas, van girando en espiral alrededor del centro o **núcleo de la galaxia**. Es una región central muy brillante por contener muchas estrellas y un **agujero negro** en su centro que, tal como ya os he narrado, es por donde salgo de nuestro universo para visitar otros. También conozco bien algunas galaxias del llamado **Grupo local**; unas **treinta situadas a menos de cinco millones de años luz**, entre las que se encuentra **la Galaxia de Andrómeda a 2 millones de años luz, la Gran Nube de Magallanes** a 170.000 y la **Pequeña Nube de Magallanes**, a 190.000.

Actualmente, los humanos ya conocéis mucho sobre la morfología de todas ellas. La creciente potencia de los telescopios, que os permite observaciones cada vez más detalladas de los distintos elementos del universo, ha hecho posible una clasificación muy detallada de las galaxias por su forma. Esta distinción no es reciente, pues ya Hubble me la explicó en nuestro encuentro el año 1925. Me contó que se había dedicado durante muchos años a clasificar galaxias, definiendo con precisión los diferentes tipos y formas. Ya distinguió en las galaxias los tres tipos o modelos; las galaxias de **apariencia elíptica**, las de **espiral** y las de **aspecto irregular**. La clasificación que me enseñó es la misma que tenéis hoy día.

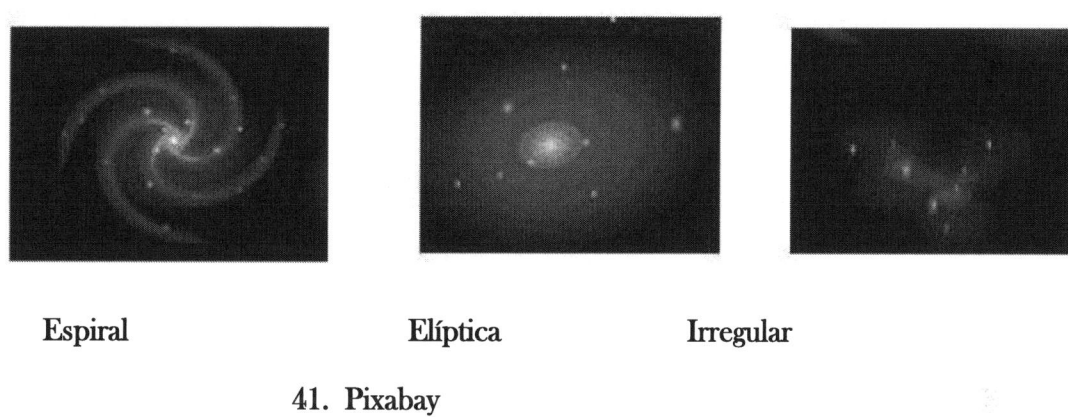

Espiral   Elíptica   Irregular

41. Pixabay

Las galaxias elípticas son de una luminosidad uniforme y las más antiguas del universo, pues son las primeras que aprecié. Sus estrellas son viejas y las que aún no han desaparecido se encuentran en una fase muy avanzada de evolución. En cambio, las **galaxias espirales** que he contemplado, están constituidas por un núcleo central y una disposición en espiral que parte del núcleo de la galaxia. Contienen gran cantidad de estrellas jóvenes muy brillantes. **Gran parte de las galaxias del universo he visto que son de este tipo.**

Todas ellas tienen una estructura bien definida en torno a un plano principal, en cuyas cercanías orbitan la mayoría de las estrellas, formando un disco. Desde el núcleo de la galaxia arrancan diversos brazos muy luminosos que se van expandiendo. A esto precisamente deben su nombre. En ellos, el gas del disco favorece una alta tasa de formación estelar de estrellas jóvenes.

Una **galaxia espiral** consiste, pues, en una masa central, un disco espiral y un halo de cúmulos globulares. He fotografiado algunas situándome en cada caso a la distancia que me ha parecido más apropiada.

42. Pixabay / Álbum

Por fin, un tercer tipo de galaxias son las **irregulares,** cuyo prototipo son las llamadas **Nubes de Magallanes**. Se trata de unas manchas blanquecinas alejadas de la Vía Láctea que se ven cerca del polo sur celeste. Fueron descritas por primera vez por Hernando de Magallanes.

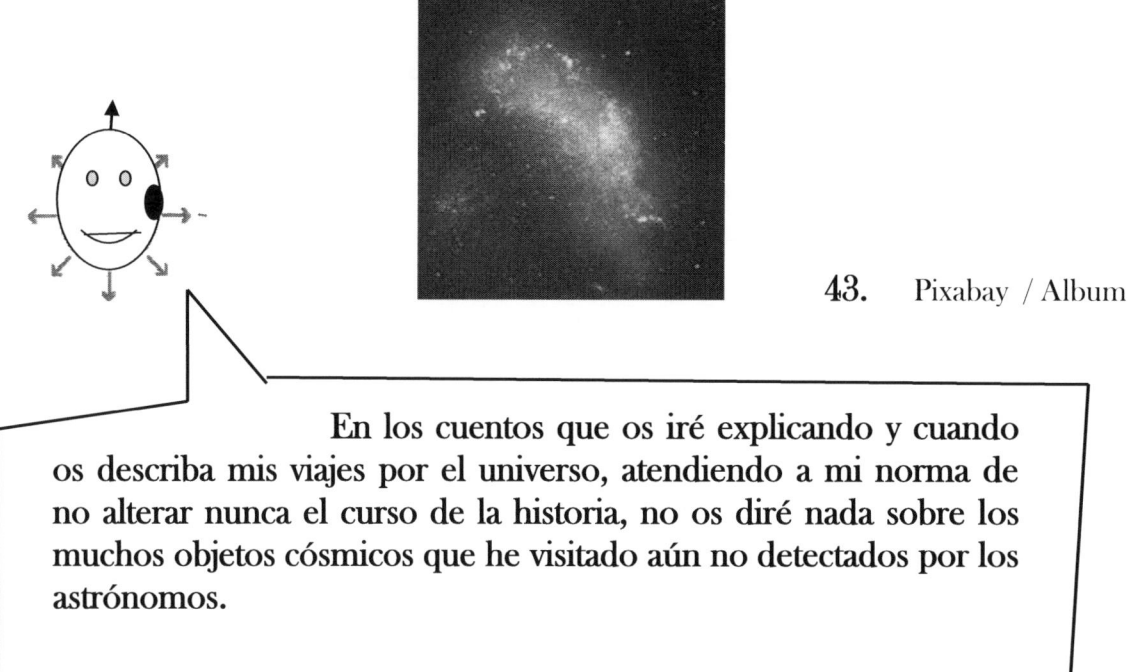

43. Pixabay / Album

En los cuentos que os iré explicando y cuando os describa mis viajes por el universo, atendiendo a mi norma de no alterar nunca el curso de la historia, no os diré nada sobre los muchos objetos cósmicos que he visitado aún no detectados por los astrónomos.

Esta época de las galaxias terminó cuando yo tenía **800 millones de años**, momento en que ya se habían formado muchas de ellas, que se fueron disponiendo en las regiones que ahora se llaman de **cúmulos de galaxias**. Por este motivo, el **intervalo entre los 800 y 1.000**

millones de años se ha llamado **época cumular.** A partir de los **1.000 millones de años,** esta ha pasado a llamarse **época supercumular,** por haber quedado delimitados los **supercúmulos.**

Ahora voy a contaros lo que fui viendo desde que tuve 1.000 millones de años, hasta que cumplí los 9.000 millones de años.

A los 1.000 millones de años, la temperatura ya había bajado hasta los **20º K.** Se inició, tal como os he dicho, la **época de los supercúmulos.** La materia continuó dominando el universo, hasta el tiempo cósmico de **9.000 millones de años,** momento en el que pasó a dominar la energía oscura o energía del vacío y empezó la última era llamada **de la energía oscura.**

Era de la energía oscura t_c.

7.800 M.	9.000 M.	9.300 M.	12.000 M.	13.700 M. de años

Comencé viendo como el universo continuaba organizándose en estructuras más grandes y más amplias, las **grandes paredes, láminas** y **filamentos** formadas por cúmulos de galaxias y supercúmulos. Sin embargo, la formación de superestructuras como la **Gran Muralla Hércules-Corona Boreali** ya había ocurrido mucho antes, poco después del momento en que las galaxias empezaron a aparecer. **Cuando tuve 7.800 millones de años, el radio del universo alcanzaba ya los 21.000 MAL y la temperatura había descendido hasta unos 4,4 º K.** La densidad de energía de la materia se fue igualando a la de energía de radiación más la de la energía oscura. La expansión cósmica fue dejando de desacelerarse.

Así fue hasta que tuve **8.800 millones de años,** momento en que cambió todo, ya que el universo empezó claramente a acelerarse. Con ello se inició la era que ahora consideráis dominada por la energía oscura. Todo esto ocurrió, pues, sobre los **9.000 millones de años, cuando el radio del universo era de unos 23.500 MAL y su temperatura de solamente 4º K.** El dominio de la energía oscura provocó que la expansión del universo se acelerara y que continuara acelerada hasta hoy día.

Cuando cumplí los **9.300 millones de años,** comenzó a aparecer una tercera generación de estrellas, y observé con sorpresa, que, cerca de donde yo me encontraba, nacía el **Sol,** la totalidad del sistema solar y con él la Tierra. El Sol tiene, pues, una **edad de 4.600 MA.** y los sabios me han dicho que, debido a la masa que posee, no es una estrella de muy larga vida y que se encuentra cerca de la mitad de lo que será su existencia. Su ciclo de vida es el siguiente:

Ciclo de vida del Sol

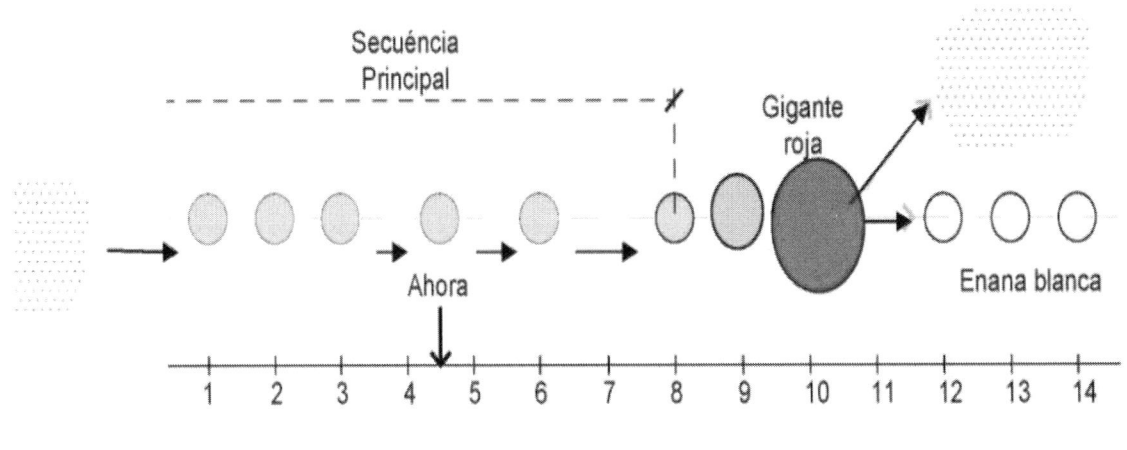

Nebulosa planetaria

Secuéncia Principal

Gigante roja

Ahora

Enana blanca

1 2 3 4 5 6 7 8 9 10 11 12 13 14

Formación

Miles de millones de años

44. Archivo: Ciclo de vida solar.svg. Trabajo derivado: NACLE2. Dominio público.

Cuando vi nacer el Sol, inmediatamente me acerqué, lo pesé y le tomé la temperatura.

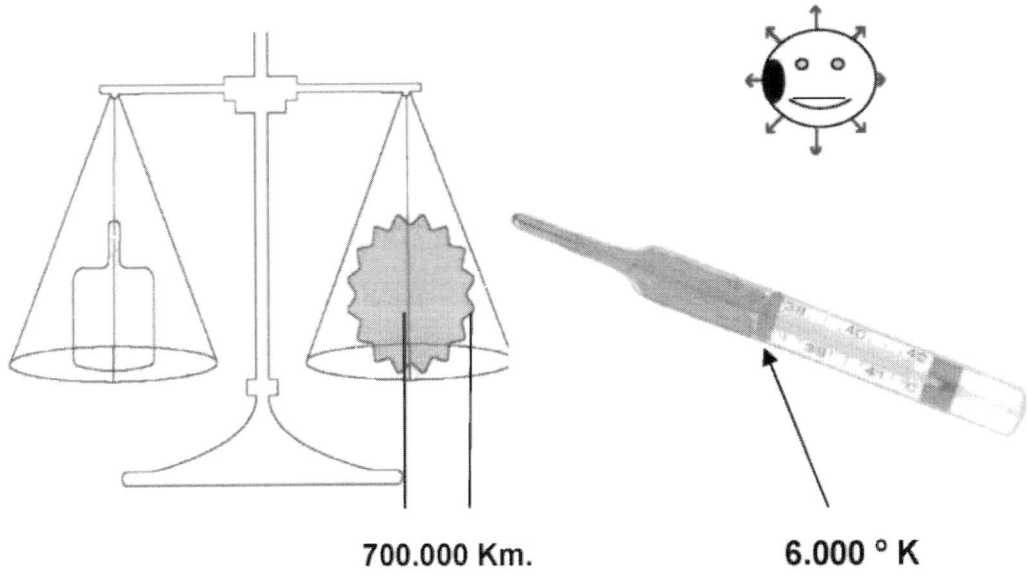

700.000 Km.   6.000 ° K

144

Vi que pesaba cerca de $2 \cdot 10^{30}$ **Kg,** unas 333.000 veces más que la Tierra, y que su temperatura superficial era de **6.000 ºK.** Lo medí y vi que su radio alcanzaba casi **700.000 kilómetros.** Para tener en lo sucesivo una mejor idea de los objetos que fui pesando, me decidí a usar la masa del Sol (**MS**) como unidad de masa.

A continuación, quise saber cómo era el interior del Sol y como ya había hecho muchas veces en otras estrellas, entré en el mismo y, adoptando una velocidad mayor que la de la luz, me desplacé hasta su centro. Emprendí un viaje desde su centro hasta su superficie y fui atravesando zonas distintas que eran como capas esféricas, todas ellas con diferente temperatura; lo que ahora denominan las **capas del Sol.**

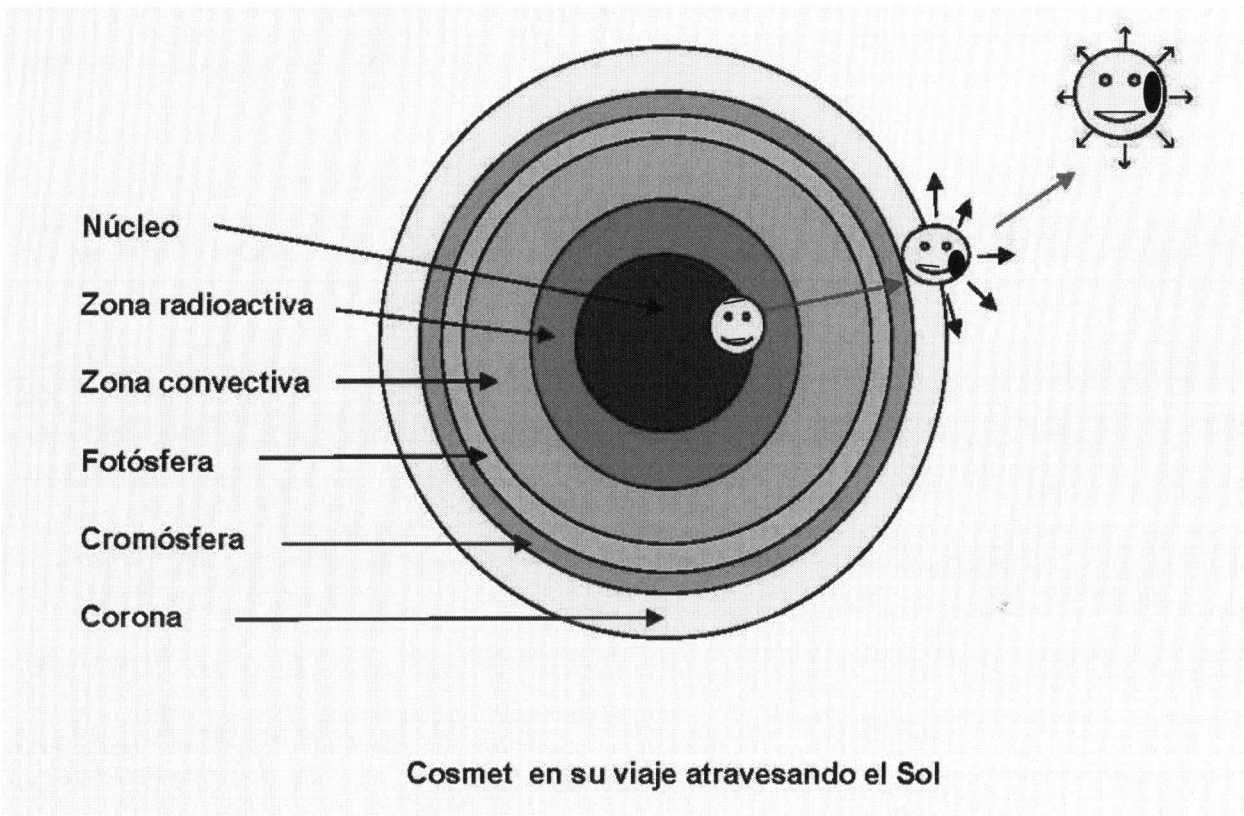

Cosmet en su viaje atravesando el Sol

Desde que cumplí 9.300 MAL. , hasta la actualidad, he ido viendo como se formaban muchas estrellas a las que, por su elevada masa, se les prevé una vida reducida

Ahora, hace **4.600 millones de años,** contemplé como se formaban, además de la Tierra, los demás planetas, todos ellos girando alrededor del Sol. Al principio, mirando los planetas desde donde yo estaba, los veía como unas masas incandescentes a altísimas temperaturas. Conforme se fueron enfriando, pero todavía a muy alta temperatura, aprecié que en su superficie aparecía una especie de escorias como las que se producen hoy día en los altos hornos. En la Tierra, estas escorias se iban uniendo hasta constituir una primera corteza terrestre rodeada de gases. Desde hace unos **3.800 a unos 3.300 millones de años** y a una temperatura más moderada, los gases se condensaban, dando lugar a una primera distribución de la superficie terrestre en tierras y mares. Fui observando como en la superficie de la Tierra comenzaban a aparecer mares y continentes, y lo que más me llamó la atención fue que hace unos 3.200 millones de años, ya vi que comenzaban a aparecer bacterias y otros organismos primitivos.

A lo largo de estos 3.800 millones de años, he visto que, al igual que el resto del universo, en la Tierra todo ha estado cambiando constantemente. A partir de este momento y durante unos 500 millones de años más, toda la superficie de la Tierra se transformó en un inmenso mar. Poco a poco, por causas que yo entonces desconocía, fue emergiendo en este mar un primer continente al que ahora algunos llaman **Vaalbará**.

En los siguientes 300 millones de años, emergieron más tierras, formándose el continente que ahora se conoce como **Ur**, aunque comenzó a desaparecer hundiéndose lentamente en el mar, mientras que en zonas colindantes emergía otro continente mucho más grande que los anteriores. Se trataba de **Kenorland.**

Estos ciclos de grandes cambios en la distribución de tierras y mares es lo que he estado viendo continuamente durante toda mi vida en la Tierra. Es lo que ahora los geólogos llaman **regresiones** y **transgresiones,** según que un continente esté emergiendo o se esté hundiendo en el mar.

Siguiendo este mecanismo de sucesivas regresiones y transgresiones, he podido ver, pues, que la formación y ruptura de continentes ha sido cíclica a lo largo de toda la historia de la Tierra. A partir del estudio de las formaciones rocosas que han ido encontrando, los sabios geólogos han detectado los restos de muchos continentes antiguos que yo pude distinguir en su momento. Incluso les han puesto nombres:

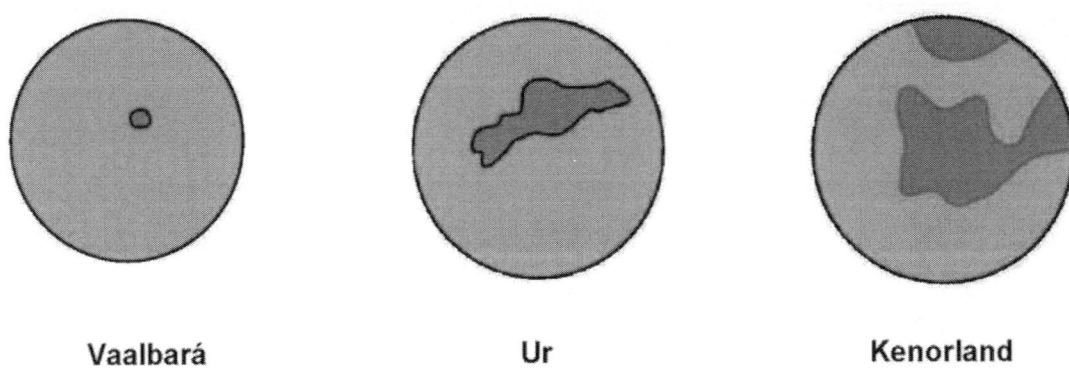

Vaalbará   Ur   Kenorland

Ur fue el segundo continente que se formó en la Tierra, ahora hace unos 3.100 millones **de años,** pero en zonas colindantes emergió un tercero más grande, **Kenorland,** que se mantuvo emergido durante unos **500 millones de años.** A continuación y a lo largo de casi 400 millones de años, tuvo lugar una lenta **ruptura de Kenorland.** Empezaron a emerger otros continentes más pequeños como los que han llamado **Lauréntia** o **Nena** en lo que hoy es América del Norte y Groenlandia, y también los llamados **Báltica** o **Atlántica** en la actual

146

Escandinavia y el Mar Báltico. Más tarde, Báltica y Lauréntia se unieron, formando lo que los sabios geólogos han llamado **Columbia.**

Columbia

Poco más tarde, hace unos **1.600 millones de años,** pude ver como este supercontinente Columbia se fragmentaba muy despacio, quedando dispersas amplias zonas emergidas en lo que ahora es el sudeste de Siberia, el norte de China, el este de India y el noroeste de Sudáfrica. Después tuvo lugar la unión de todas estas tierras emergidas, originando **Rodinia.**

La ruptura de este último comenzó hace unos **540 millones de años** y dio lugar al **supercontinente Pangea,** que fue evolucionando hasta llegar a la situación actual.

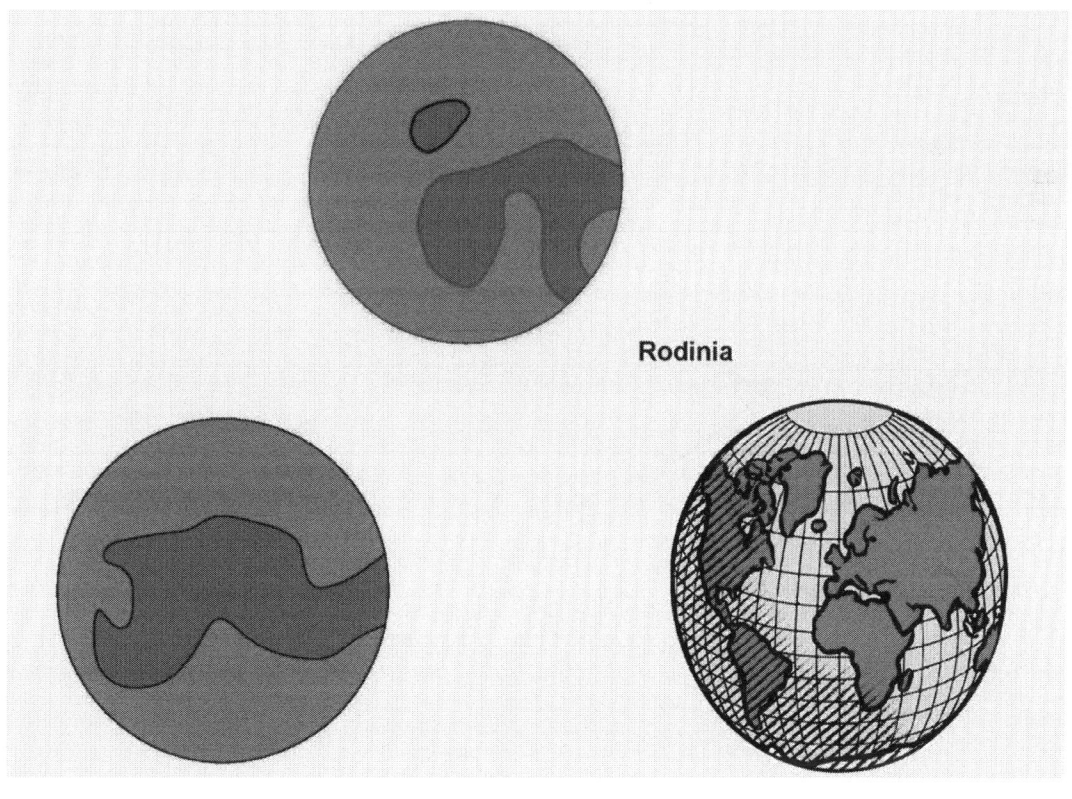

Rodinia

Pangea   **Actual**

Ahora, **hace algo menos de 700 millones de años,** había comenzado lo que ahora los geólogos llaman **Era Primaria,** que **acabó hace unos 250.** Durante esta, los mares se poblaron de una gran cantidad de animales invertebrados, los llamados **trilobites,** por estar su cuerpo dividido en tres regiones; también **gusanos, esponjas** y **muchos otros.** Fueron surgiendo las formas de vida más primitivas que conocéis y al final fueron apareciendo ya animales acuáticos de mayor tamaño.

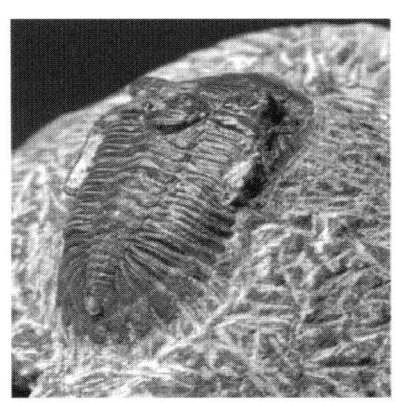 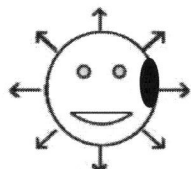 

45. Pixabay / Album.

Al principio dominaron los invertebrados, pero poco más tarde, ahora hace entre 350 y 450 MA, en Pangea comenzaron a aparecer las primeras plantas terrestres y los primeros anfibios y, al final, grandes árboles, abundantes insectos, los primeros reptiles y muchos bosques de helechos.

Este **supercontinente** existió entre el final de esta era y los comienzos de la siguiente. Agrupaba la mayor parte de las tierras emergidas del planeta. **Se formó hace aproximadamente 335 millones de años** y **comenzó a separarse hace unos 175 millones,** disgregándose hasta alcanzar la situación actual de los continentes.

Había comenzado ya la **Era Secundaria,** que se inició hace unos **250 millones de años** y acabó hace apenas **68 millones de años.** Fue cuando aparecieron la mayoría de las formas de vida actuales, pero en animales que ahora no existen. Fue el reinado de los dinosaurios y surgieron también las primeras aves. Yo pude ver bien cómo realmente eran todos estos animales, pues, con la capacidad que tengo para convertirme en cualquier cosa, incluso adopté sus formas y conviví con algunos como los siguientes:

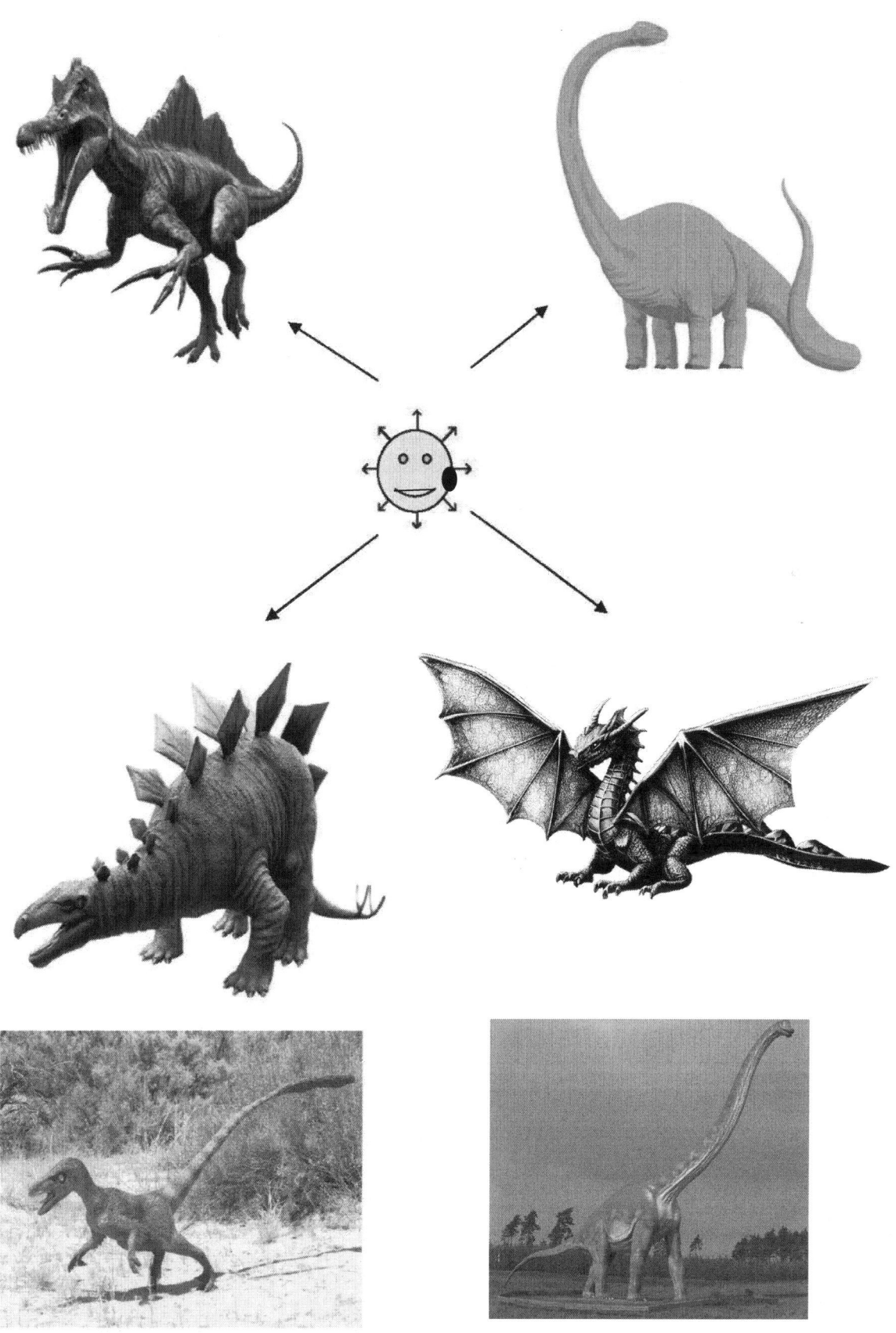

46. Imágenes de Pixabay / Álbum.

Cuando hace unos **68 millones de años**, los continentes adquirieron un aspecto parecido al actual, se inició la **Era Terciaria**. El mundo en este tiempo alcanzó su configuración actual y vi como surgieron las formas de vida moderna; esto es; el reinado de los mamíferos. Los primeros primates superiores aparecieron en sus últimos 30 millones de años y, entre ellos, el ser humano hace poco más de un millón de años.

47. Imágenes de Pixabay / Álbum

Estuve por la Tierra viendo todo lo que iba acaeciendo. Lo más emocionante fue ver cómo nacía la vida y todas las especies animales que os he relacionado. Fui transformándome en las especies animales que aparecían y luego se extinguían y, así, las pude conocer muy bien.

Entre los que figuran en las anteriores imágenes me fijé especialmente en distintos tipos de monos, sobre todo, los chimpancés, que ya entonces parecían ser más inteligentes que los demás. Hace unos siete millones de años me fijé en que a estos animales, además de continuar moviéndose a cuatro patas, les gustaba apoyarse únicamente sobre dos. En aquel momento nació el bipedismo y los chimpancés comenzaron a acostumbrarse a andar únicamente sobre sus patas traseras, adoptando únicamente la postura de cuatro patas cuando se subían por los árboles.

Continuaron evolucionando y, tras diversos ciclos de glaciaciones que comenzaron hace **2,6 millones de años,** se fueron convirtiendo en los humanos normales, dando lugar con el tiempo a la civilización que conocemos.

El ser humano y sus antecedentes homínidos como objetos del universo conocido que parecen tener una mayor concentración de partículas pensantes (*res cógitans*), datan de hace solamente unos **dos millones de años**. Cuando aparecieron, ya os he dicho que fue cuando decidí adoptar su forma y convivir con ellos, pero siempre desdoblándome con la facultad de retomar mi esencia verdadera de partícula cuántica siempre que he deseado pasar desapercibido.

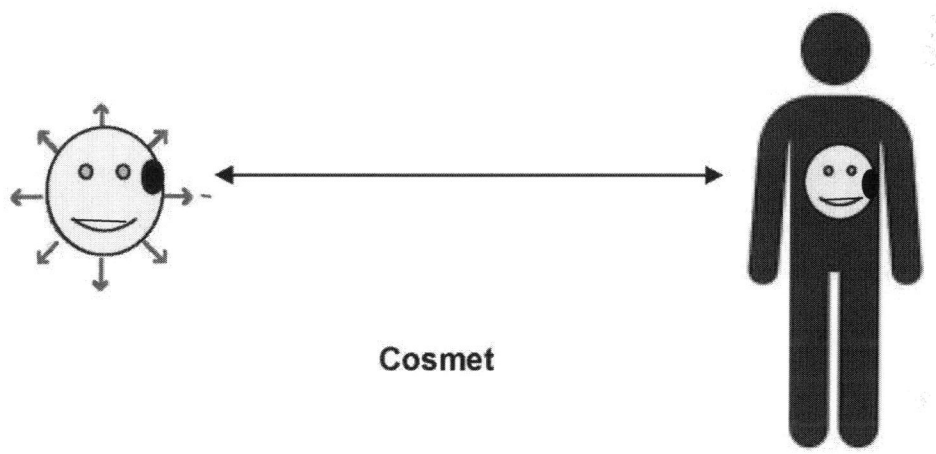

Cosmet

Por fin, hace solamente **2.500 años,** vi que existían humanos normales con una inteligencia muy superior a la mía, que habían descubierto el porqué de muchas cosas inexplicables para mí. Entonces comencé mis visitas a los que me parecieron los más sabios.

7. El contenido del universo

Los sabios de la física de las partículas me han contado que todos los objetos que existen se encuentran formados por sustancias que son los conjuntos de lo que ahora se llaman **moléculas**.

A su vez, estas están constituidas por **átomos** que pueden ser de algo más de cien tipos. Yo ya lo sabía, dado que las había visto toda mi vida. Además, cuando he podido hablar con sabios de la química, me han contado también que lo que une los átomos son lo que ellos llaman **enlaces químicos**.

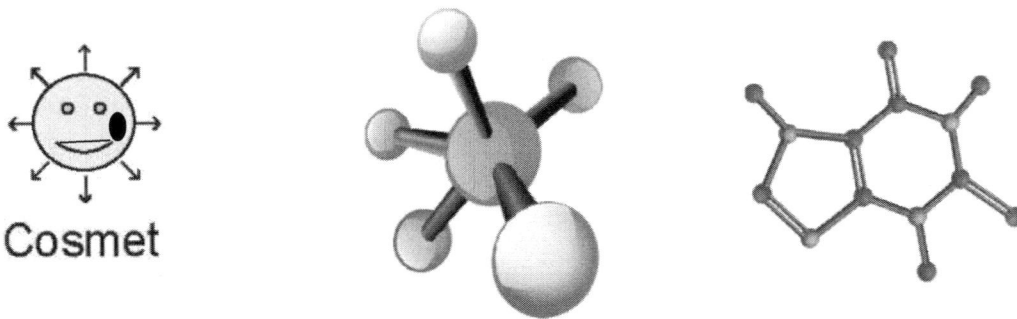

Cosmet

De este modo, moléculas y átomos constituyen la **materia ordinaria del universo**, que algunos llaman también **materia bariónica**.

Yo, con mi vista excepcional, he podido ver incluso los quarks, que de tres en tres en tres, constituyen los protones y los neutrones que se encuentran unidos formando los núcleos atómicos.

Alrededor de los núcleos y a gran distancia de los mismos, los electrones van girando constituyendo los átomos que, a su vez, se asocian formando las moléculas.

Por otra parte, yo también he visto que en el universo existe una gran cantidad de **materia oscura**, que vosotros no podéis apreciar y, además, desconocéis el tipo de partículas que la constituyen. Yo sé que existe porque sí que la puedo ver, pero vosotros los normales solamente conocéis su existencia por haber descubierto sus efectos gravitatorios.

También existen cosas formadas por partículas sin masa física, pero que se comportan como ondas.

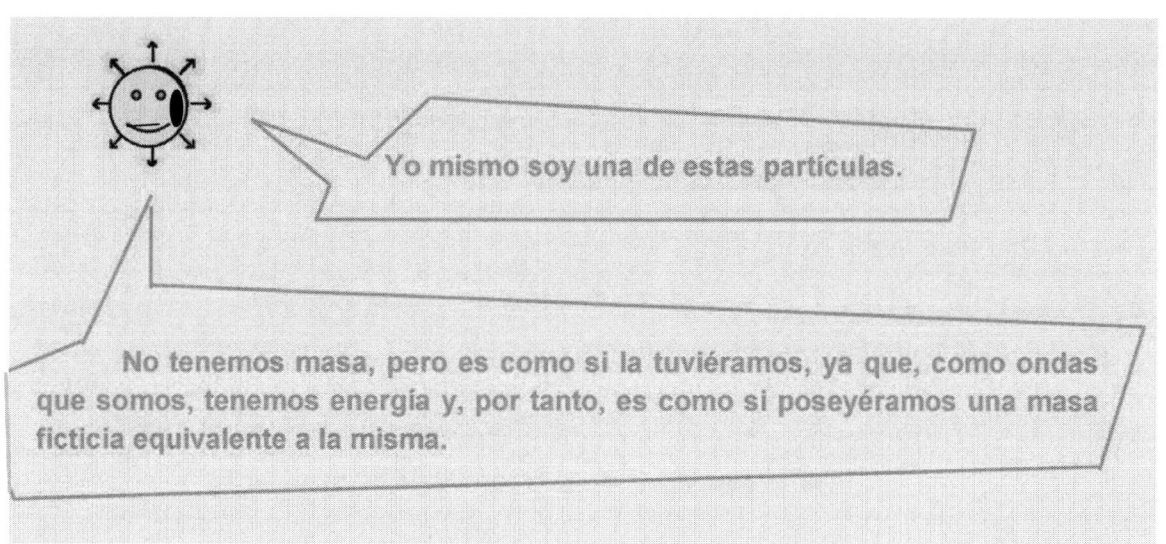

Yo mismo soy una de estas partículas.

No tenemos masa, pero es como si la tuviéramos, ya que, como ondas que somos, tenemos energía y, por tanto, es como si poseyéramos una masa ficticia equivalente a la misma.

Este es el caso, por ejemplo, de la luz y de todas las radiaciones electromagnéticas que, a pesar de su carácter fundamentalmente ondulatorio, están formadas por partículas sin masa **(fotones),** que veo por todas partes moviéndose a la velocidad de la luz. Todas ellas no son más que partículas de energía.

Lo que no puedo divisar son otras cosas inmateriales que deben tener únicamente carácter ondulatorio, como son las sensaciones que experimentan los seres vivos, ya sean animales o humanos, los sentimientos de todo tipo y todas las ideas y pensamientos. Un sabio que conocí en la Tierra, **Descartes**, a todo esto lo llamaba « *res cogitans* » o **materia pensante**.

Por fin, he visto que la mayor parte del universo son espacios vacíos sin partículas materiales. No obstante, los sabios creen que no son realmente vacíos, sino que contienen lo que llaman **energía del vacío** y también **energía oscura.**

Einstein me contó que todo lo que contiene el universo es simplemente energía. Es la energía total que contiene desde siempre y que siempre contendrá; ya sabéis que esta no se crea ni se destruye, sino que siempre se conserva.

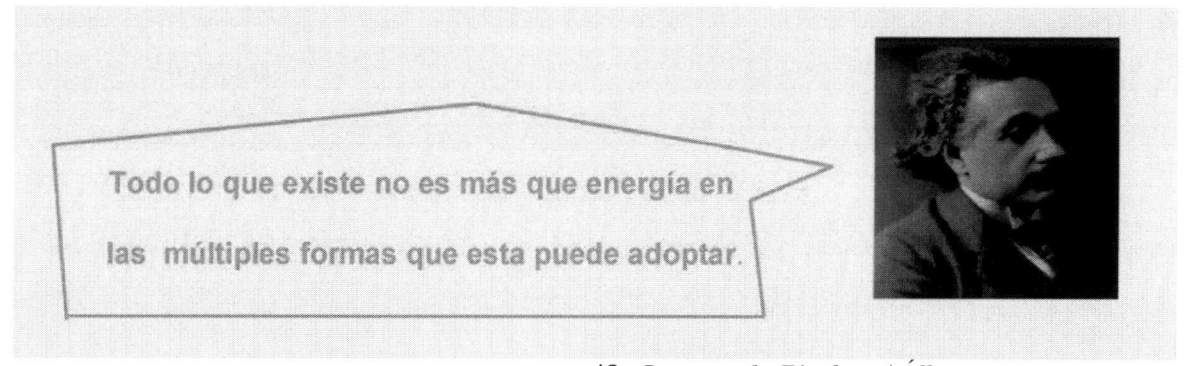

Todo lo que existe no es más que energía en las múltiples formas que esta puede adoptar.

48. Imagen de Pixabay / Álbum

Por tanto, todo lo que existe son los diferentes tipos de partículas elementales que os he relacionado y la energía del vacío cuántico, que son partículas de energía del vacío.

153

Veo este universo en el que vivimos como una región del espacio-tiempo global, que desde nuestro sistema de referencia propio se parece a una esfera de aproximadamente 46.000 millones de años-luz de radio, totalmente llena de los diferentes tipos de las partículas elementales que os he ido relacionando. Sin embargo, durante mi muy larga vida he visto en todo momento que, curiosamente, estas partículas se reducen únicamente a los **dos tipos de quark que constituyen la materia y a los electrones.**

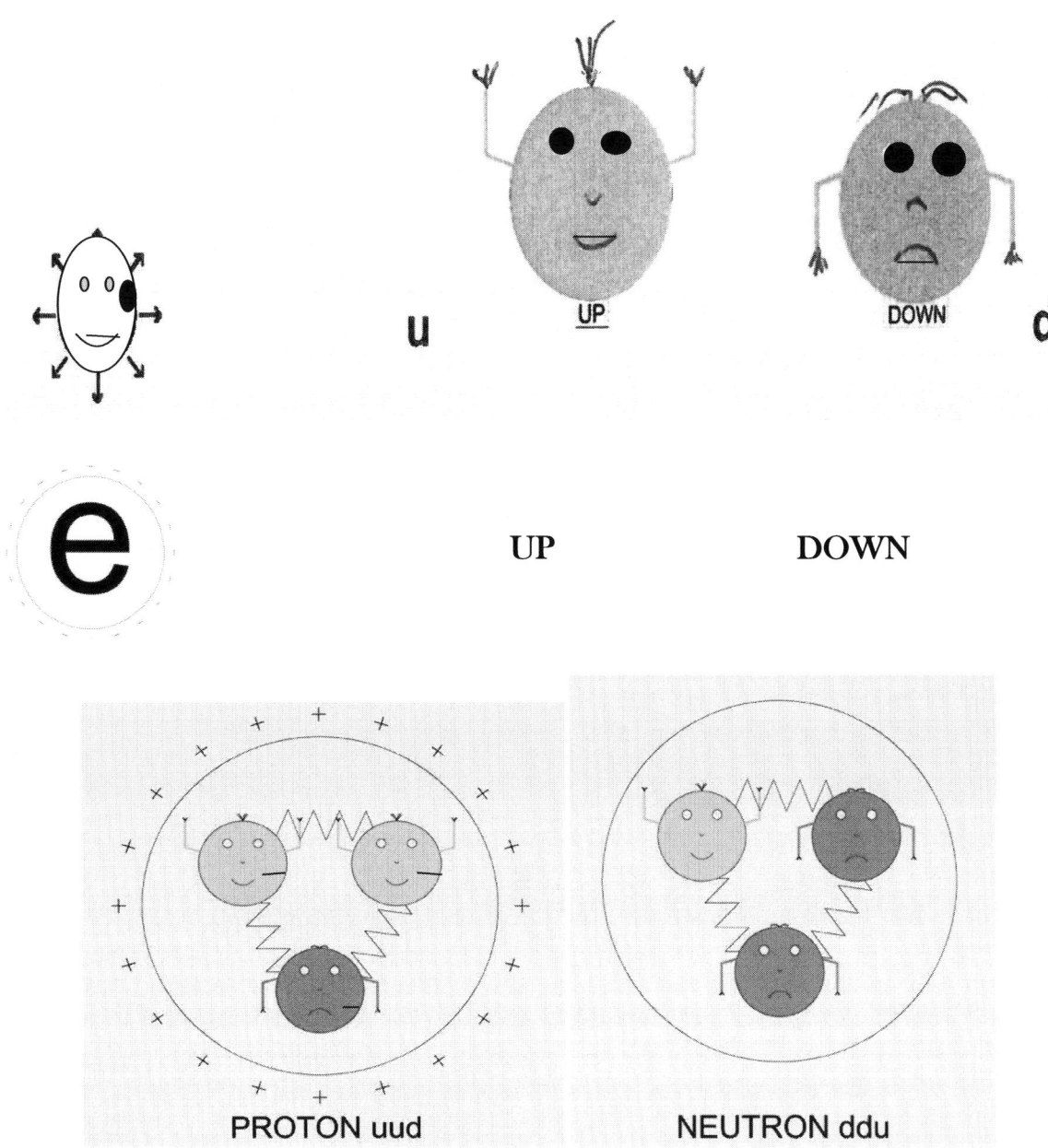

Otras partículas que también existen, aunque no forman parte de la materia, son las partículas mediadoras de las interacciones o partículas de fuerza que conocemos como **bosones.** Estos son **los fotones** mediadores de las **interacciones electromagnéticas,** los **gluones** mediadores de la **interacción fuerte** y **los bosones W** y **Z** mediadores de la **interacción débil.**

Aparte, está también el bosón llamado de **Higgs,** que interacciona con las partículas dotándolas de su masa, tal como ya os he explicado.

En 1924 pude hablar con un físico, **Louis Victor de Broglie,** personaje muy singular para ser científico, pues pertenecía a la nobleza. Tenía los títulos de séptimo duque de Broglie y de par de Francia. De hecho, no es el único, pues ya os he hablado de **Lord Kelvin.**

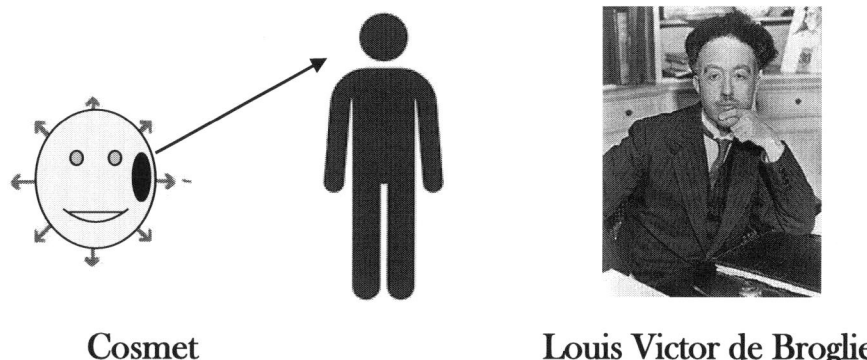

Cosmet   **Louis Victor de Broglie**

49.   Imagen de Wikipedia. Dominio público. Autor desconocido.
http://www.physics.umd.edu/courses/Phys420/Spring2002/Parra_Spring2002/HTMPages/whoswho.htm.

Yo ya conocía mi doble naturaleza como partícula y como onda y, en el año 1905, Albert Einstein me había explicado que a los fotones ordinarios les ocurre lo mismo. Lo que me contó De Broglie es que pensaba que, además, absolutamente todas las partículas gozaban de esta **dualidad onda - corpúsculo.**

> **Toda la materia presenta características tanto ondulatorias como corpusculares, comportándose de uno u otro modo dependiendo del experimento específico.**

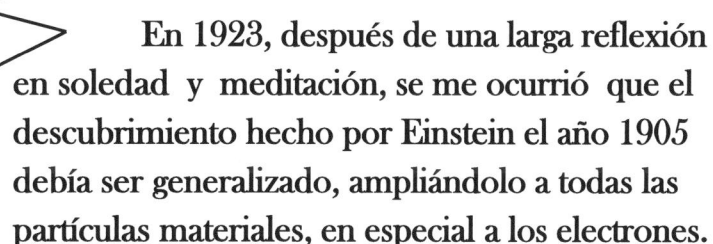

> **En 1923, después de una larga reflexión en soledad y meditación, se me ocurrió que el descubrimiento hecho por Einstein el año 1905 debía ser generalizado, ampliándolo a todas las partículas materiales, en especial a los electrones.**

Yo sabía que tenía esta doble naturaleza por carecer de masa, pero me enteré de que absolutamente todo lo que existe en el submundo de las partículas elementales tiene las características propias tanto de los corpúsculos como de las ondas.

Todas las partículas con masa que configuran la materia cuentan también con naturaleza ondulatoria; no obstante, las partículas inmateriales normales, a pesar de que tienen también su carácter corpuscular, solamente se manifiestan como ondas. Los **fotones** y los **gluones** definidos en el modelo estándar son partículas de este tipo.

Aparte de estas partículas materiales e inmateriales definidas en el modelo estándar, os recuerdo que existen más tipos de partículas - onda inmateriales, que deben ser las causantes de lo que llamamos **vida**. Esta se caracteriza por la existencia de determinadas cosas inmateriales, como son, todas las sensaciones e instintos que tienen todos los seres vivos, y otras como los sentimientos y los pensamientos de los seres humanos. Todas estas cosas existen y, dado que todo lo que existe en el universo es simplemente energía, no deben ser más que partículas de otras formas de la misma que, con su carácter ondulatorio, recorren los sistemas nerviosos de los seres vivos.

Todas las partículas elementales que os he citado constituyen el universo, siendo, por tanto, su contenido, la masa-energía de las mismas en sus distintas formas. Ya de muy joven sentí curiosidad por conocer cuanta masa había en el universo. Me dediqué a pesarla.

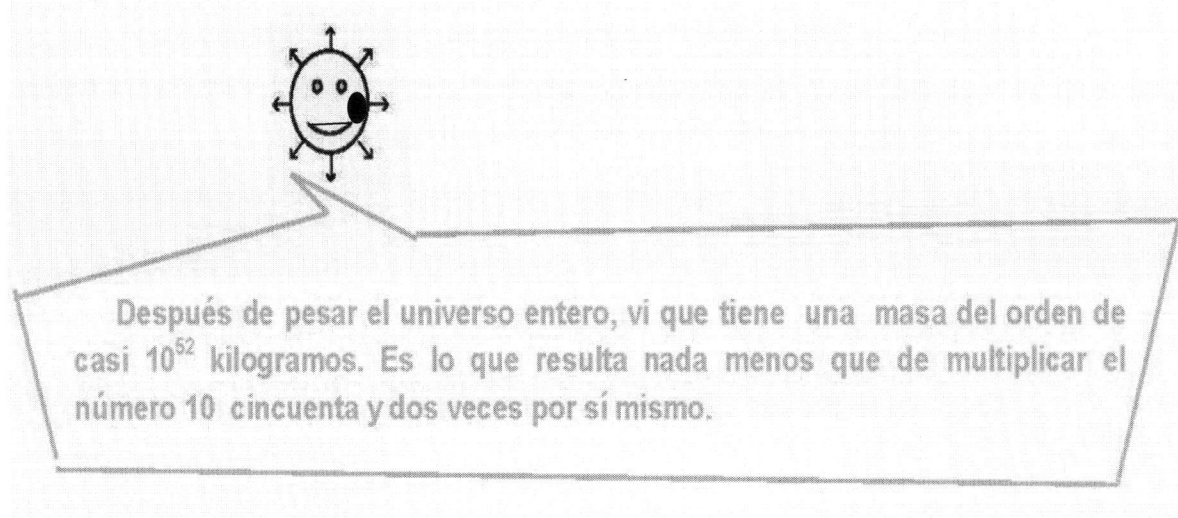

Después de pesar el universo entero, vi que tiene una masa del orden de casi 10^{52} kilogramos. Es lo que resulta nada menos que de multiplicar el número 10 cincuenta y dos veces por sí mismo.

Los sabios me han contado y yo he podido comprobar que del contenido total de masa-energía del universo, solamente un **5%** corresponde a la **materia ordinaria**. Me dijeron que otro **27 %** corresponde a la **materia oscura** y que el **68 %** restante, a la **energía oscura o energía del vacío cuántico**. Por otra parte, yo he podido medir también que el universo tiene actualmente un volumen aproximado de 10^{79} metros cúbicos; nada menos que lo que resulta de multiplicar 79 veces el número 10 por sí mismo. La **densidad** resulta de dividir estas dos cantidades, obteniéndose una densidad del orden de 10^{-26} Kg / m^3, equivalente a 10^{-29} g / cm^3.

Vosotros no lo veis, pero yo soy capaz de apreciar la relación vacío - partículas simplemente mirando los átomos. He podido observar que los átomos y las partículas que los constituyen pueden considerarse como pequeñas esferas cuyos diámetros son aproximadamente los del siguiente esquema.

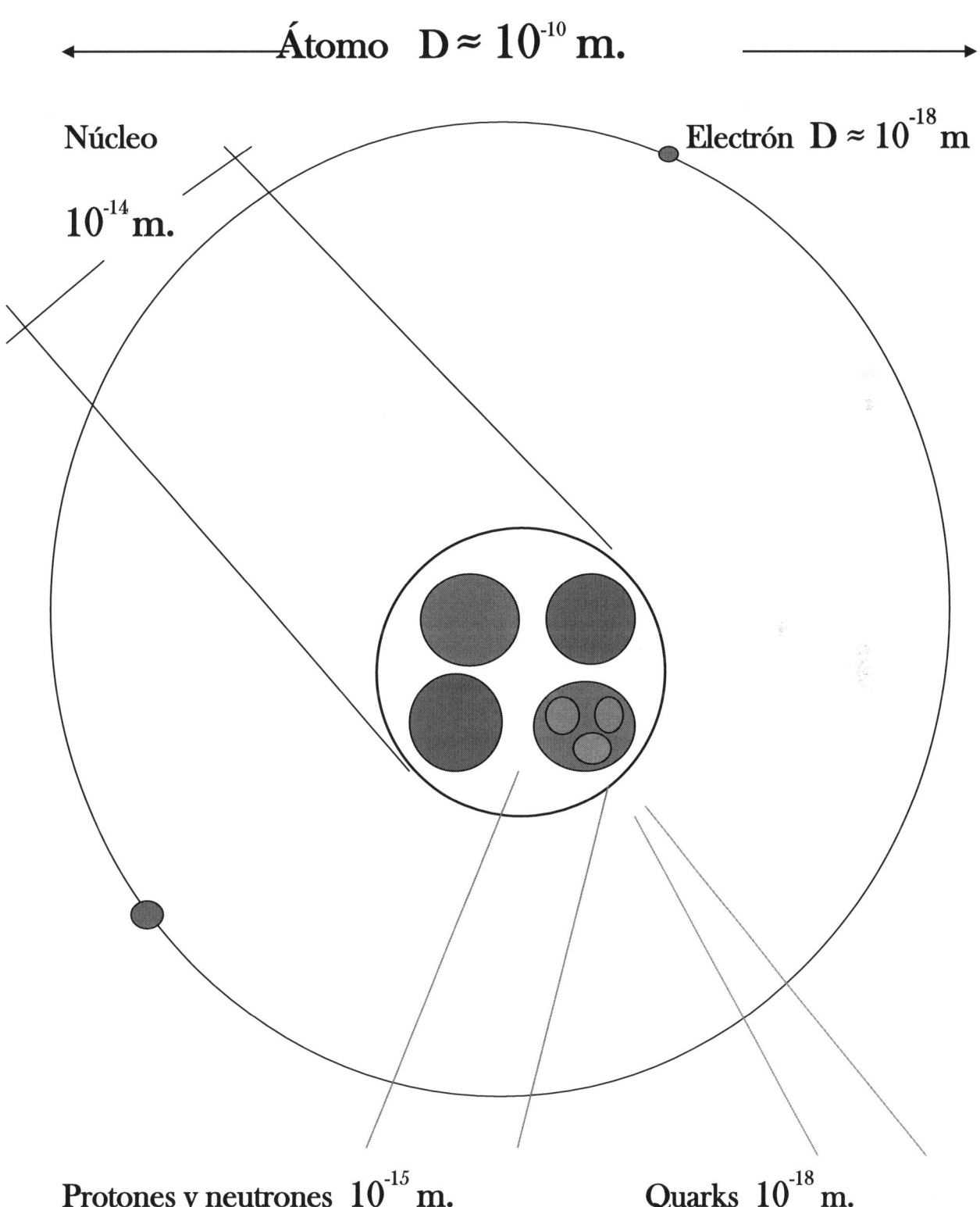

Átomo $D \approx 10^{-10}$ m.

Núcleo

10^{-14} m.

Electrón $D \approx 10^{-18}$ m

Protones y neutrones 10^{-15} m.

Quarks 10^{-18} m.

En este, se ve que la masa del átomo está concentrada casi en su totalidad en el **núcleo central**, correspondiendo el resto de su volumen a **vacío cuántico**. Así pues, casi la totalidad de cualquier objeto cósmico, que está formado lógicamente por átomos, corresponde a vacío cuántico. Estoy seguro de que a muchos de vosotros os sorprende saber que casi la totalidad de vuestro cuerpo está vacío.

Por otra parte, una gran parte del universo corresponde a espacios intergalácticos sin apenas materia. Esto hace que la anterior relación resulte incluso de órdenes muy superiores. Efectivamente; yo he visto que los **espacios intergalácticos** o espacios físicos situados entre las galaxias se encuentran llenos de fotones y solamente unos pocos electrones y protones, muy diluidos en el propio espacio.

En el universo existen, pues, tres tipos de masa-energía que, según los sabios, se encuentran en las siguientes proporciones:

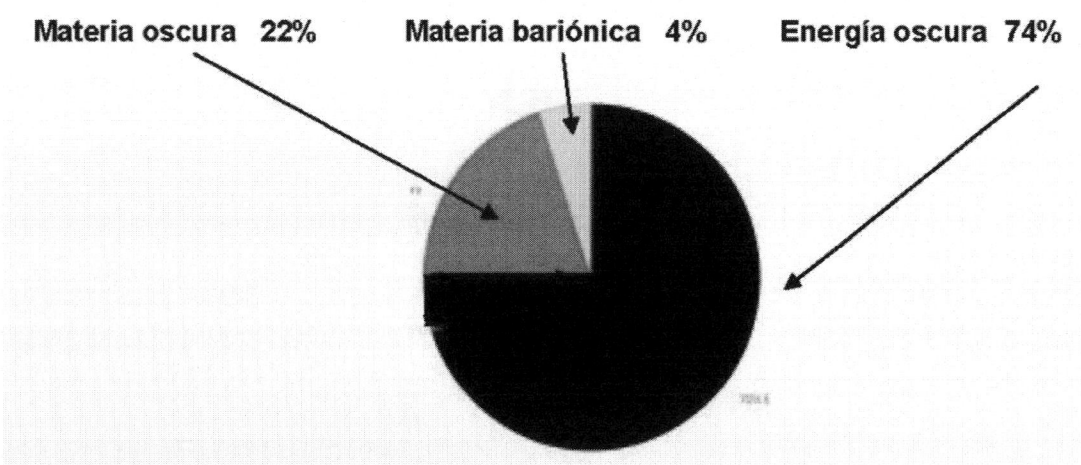

De la materia y la energía llamadas oscuras, aunque su naturaleza íntima no la conocéis debido a que son invisibles, sí sabéis de su necesaria existencia, ya que habéis podido detectar sus efectos.

La **energía oscura**, como consecuencia de que ocupa el vacío cuántico, he visto que se encuentra en todas partes distribuida uniformemente; pero en cuanto a la **materia oscura**, he apreciado que su distribución en el universo es muy variable. La he podido observar principalmente formando enormes acumulaciones alrededor de las distintas galaxias, en la región que los sabios astrónomos llaman su **halo**. Las partículas masivas que la componen, vosotros los normales, las desconocéis. Sabéis que existen únicamente por los efectos gravitatorios que producen, sobre todo en las citadas aglomeraciones.

En cuanto a la **energía oscura**, los sabios piensan que es la masa-energía responsable de que la expansión del universo se esté acelerando. Es por esto que se encuentra en todo el espacio y distribuida de manera uniforme. La importante proporción de la energía oscura en el contenido total de masa-energía del universo, se debe a que se encuentra ocupando inmensas regiones del cosmos, en las que prácticamente no existe otro tipo de materia.

Aparte de la materia, existe la **radiación,** que está constituida por los fotones que en todo momento han ocupado y ocupan la totalidad del universo. La energía de los fotones dominantes, que pueden ser más o menos energéticos, determina en todo momento la temperatura del universo a gran escala.

Para acabar, pensemos un momento en la existencia de unos objetos, quizás los más singulares, que son los seres vivos. No hay que mirar muy lejos para darnos cuenta de esto, pues nosotros mismos somos un ser vivo, tal vez el más complejo de todos.

Me ha sorprendido siempre que a todo lo que existe en el universo y a su comportamiento, se le pueda dar explicación simplemente a partir de las dieciocho partículas de un **modelo estándar** que los sabios han elaborado, y que las partículas que conforman la materia que nos rodea sean únicamente los *quarks up* y *quarks down*, además de los **electrones.**

Cada partícula posee, entre otras características fundamentales, su **masa** y, según sea esta, la partícula es más o menos estable. Solamente son estables las partículas de masa muy reducida y aún más las que tienen masa nula o casi nula, que son los fotones y los neutrinos. La masa en reposo de las partículas que yo he obtenido cuando las he pesado es la de la siguiente tabla:

PARTÍCULA	MASA EN REPOSO (en MeV / c^2)
Gluones	0
Fotones	0
Neutrino	≈ 0
Electrón	0, 511
Quark up	2,4
Quark down	4,8

Como podéis ver, aunque la masa de las partículas puede expresarse en términos convencionales como minúsculas fracciones de un gramo, los físicos usan las unidades de energía; básicamente, el electronvoltio (**eV**). Se basan en que el concepto de la masa de las partículas, considerada como diminutas cantidades de energía, deriva de la fórmula de Einstein, que indica la equivalencia entre masa y energía, $E = mc^2$. Un protón, por ejemplo, posee una masa de aproximadamente 10^{-14} gramos, o $938.300.000 \, eV = 938,3 \, MeV$

Observando la tabla, podéis comprobar que todas las partículas relacionadas que son las que constituyen la materia ordinaria del universo son las de menores masas y, por tanto, las más estables. Por el contrario, las partículas de mayor masa en reposo conocidas, son todas ellas inestables. Las pude ver en mi más tierna infancia en el momento en que se formaron, pero inmediatamente desaparecieron. Cuando en condiciones especiales llegan a formarse, por ejemplo, en los rayos cósmicos de forma natural o artificialmente en los aceleradores de partículas, su tiempo de existencia es también brevísimo. Se trata de las partículas de mayor masa en reposo, que yo mismo también he pesado, obteniendo los siguientes valores:

PARTICULA	MASA EN REPOSO (en MeV / c^2)
Quark s	104
Muón	105,7
Quark c	1.270
Quark b	4.200
Bosones W (+ -)	80.400
Z^0	91.200
Quark t	171.200
Tauón	1.777 GeV / c^2
Higgs	125 GeV / c^2

De todas estas partículas solo he podido observar algunas de ellas, más tarde de forma eventual, en los rayos cósmicos. También otras hace muy pocos años, cuando los sabios las han creado artificialmente en los aceleradores de partículas. **Os explico ahora, cómo he podido eventualmente verlas.**

8. Descubriendo partículas en los rayos cósmicos y en los aceleradores. El modelo estándar de la física de las partículas y sus interacciones

He comprobado que los **rayos cósmicos** no son más que partículas con alta energía que llegan a la Tierra constantemente procedentes del espacio exterior. Yo las he podido ver durante toda mi vida, pero los sabios humanos normales solamente a partir del año **1930**, cuando comenzaron la experimentación consistente en detectar nuevas partículas atómicas desconocidas hasta el momento, que llegaban del espacio exterior, en lo que llaman una **cámara de nieblas**.

Ininterrumpidamente, llegan a la atmósfera **partículas de rayos cósmicos** en una cantidad superior a las mil por metro cuadrado y segundo. Las que tienen energías inferiores a **1.000 MeV** son en su mayoría de origen solar. No obstante, las que he visto con energía superior a los **1.000 MeV** tienen orígenes mucho más lejanos. Hasta energías del orden de los **10.000.000.000 MeV**, su principal fuente de procedencia son remanentes de las explosiones de estrellas que los astrónomos llaman **supernovas,** que ya os he explicado cómo se producen. Yo he podido ver los rayos cósmicos durante toda mi vida, pero los sabios humanos los han descubierto hace poco tiempo.

Fue **Victor Hess,** un físico a quien conocí el año **1912,** el primer humano que pudo detectar rayos de este tipo. Por curiosidad, en la montaña Hafelekar, cerca de Innsbruck, le acompañé en muchos experimentos que realizó en globos a gran altura.

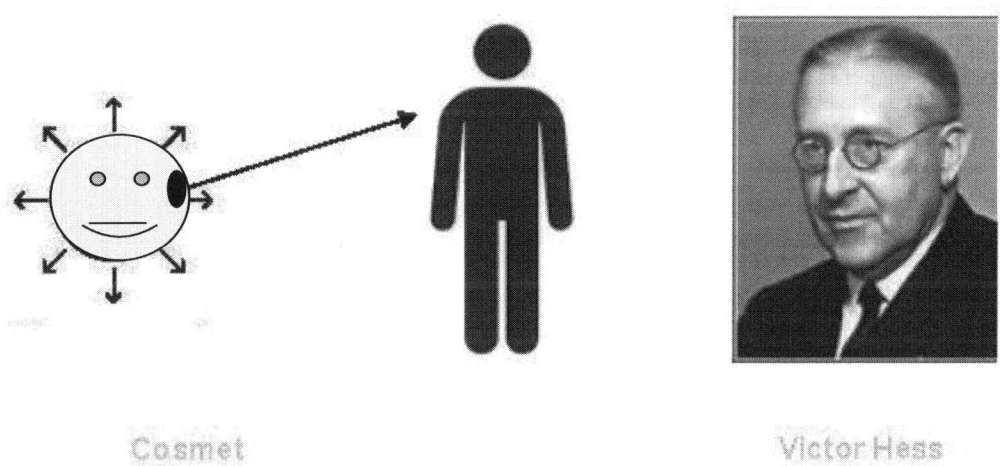

Cosmet   Victor Hess

50. Imagen de wiquipedia D.P. Fuente: http://nobelprize.org/nobel_prizes/physics/laureates/1936/hess-bio.html. Dominio público. File: Hess.jp

En atrevidos vuelos realizados tanto de día como de noche, midió sistemáticamente la radiación a alturas de hasta 5,3 kilómetros.

51. Llegada de rayos cósmicos a la Tierra. Victor Hess y Cosmet aterrizan tras su viaje en globo el año 1.912

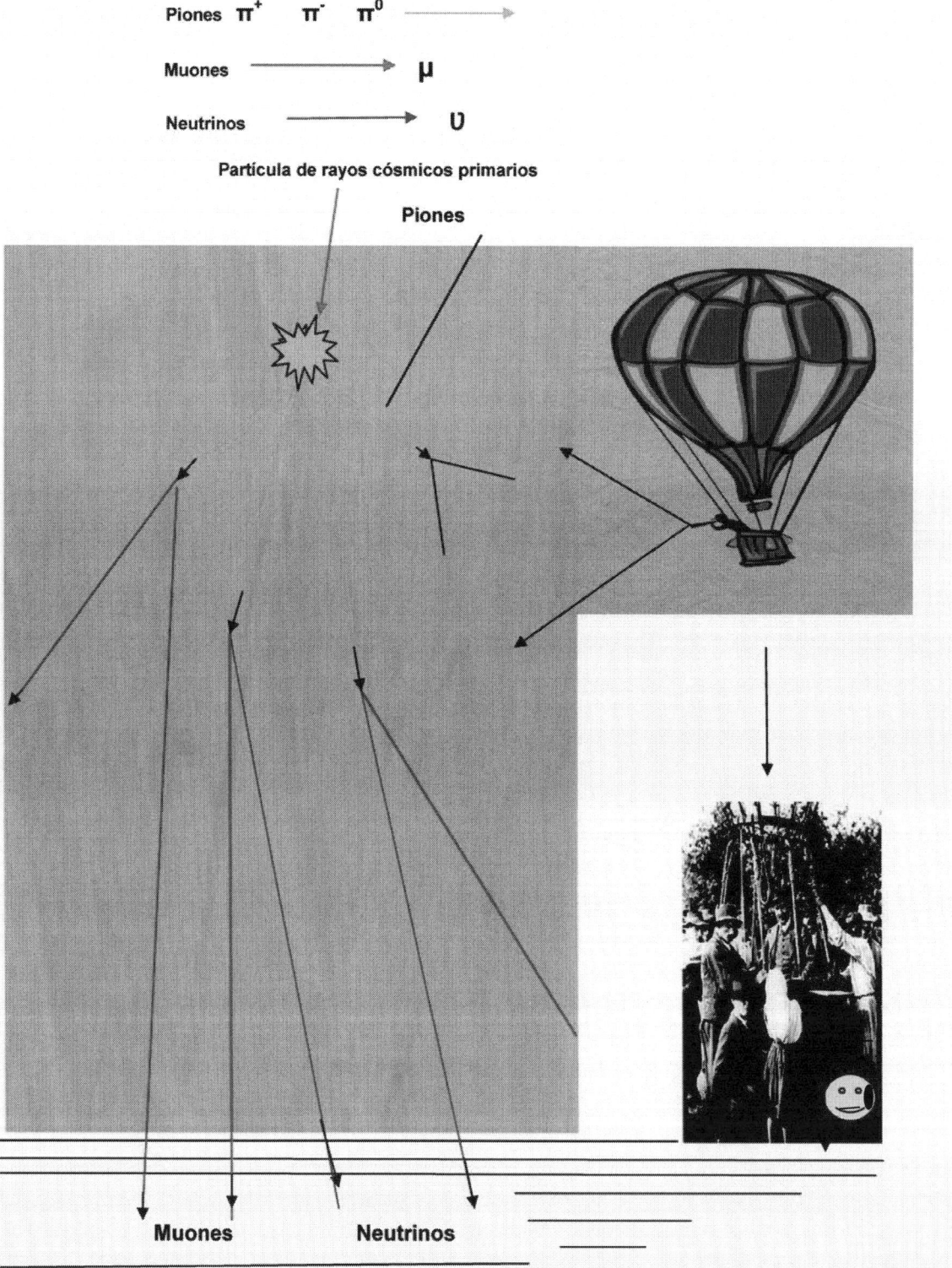

Pude observar los impactos de los rayos cósmicos con partículas existentes en las capas altas de la atmósfera y como se producía una gran cascada de todo tipo de partículas. De los primeros impactos surgían gran cantidad de piones π^+ y π^-, que inmediatamente decaían en **cascadas de muones y neutrinos.** Víctor, aunque solo pudo vislumbrar algunos impactos, fue el primer humano que consiguió divisar directamente estos fenómenos. Los apreciamos tanto de día como de noche, de lo cual dedujo que las radiaciones no procedían del Sol.

A partir de este año, también comenzó, por parte de algunos físicos, la detección experimental de partículas procedentes de los rayos cósmicos. Me enteré de que un físico escocés llamado **Charles Wilson** había inventado lo que llamó una **cámara de niebla** o **cámara de nubes** y fui por curiosidad a hablar con él y a presenciar sus experimentos.

Cosmet   Charles Wilson

52. Fotografía de Benjamín Couprie, Instituto Internacional de Física Solvay. Bruselas. Dominio public.File: Charles Thomson Rees Wilson at 1927 Solvay conference.jpg. Københavnerfortolkningen. Creado el 1 de enero de 1927.

La cámara de nubes permitió avanzar experimentalmente en el estudio de las partículas subatómicas y en el campo de la física de partículas. Por su invención, a Wilson le otorgaron también el Premio Nobel de Física de 1927. El artilugio que inventó no era más que una cámara con un gas saturado que le permitía identificar partículas cargadas en movimiento y seguir sus trazas. Lo hacía tanto con vapor de agua como con alcohol. Yo veía las partículas cósmicas, pero lo que observaban los sabios era la estela de niebla que dejaban formada las gotitas que se producían por condensación del gas saturado.

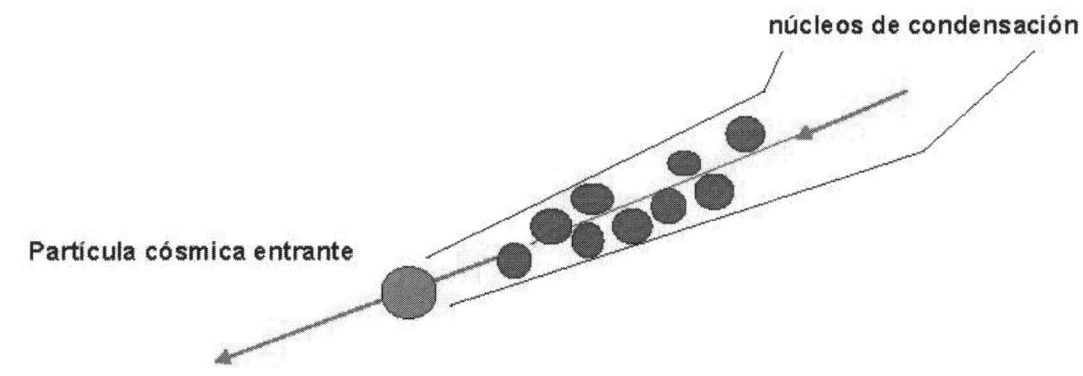

núcleos de condensación

Partícula cósmica entrante

Este procedimiento permitió a los sabios detectar protones, neutrones, muones, e incluso en 1936, antipartículas como el positrón.

La mayor parte de partículas que llegan a la atmósfera terrestre en los rayos cósmicos, he visto que son principalmente protones muy energéticos debido a la gran velocidad a la que llegan. **En menor cuantía, también núcleos atómicos estables** de diferentes clases. La mayoría de las colisiones con átomos he observado que se producen generalmente a una altura aproximada de unos 20 kilómetros. Los impactos de estas partículas altamente energéticas con los átomos de la atmósfera producen nuevas partículas, ahora sé que por transformación de energía cinética en masa.

Descubrimiento de nuevas partículas elementales mediante la experimentación en aceleradores

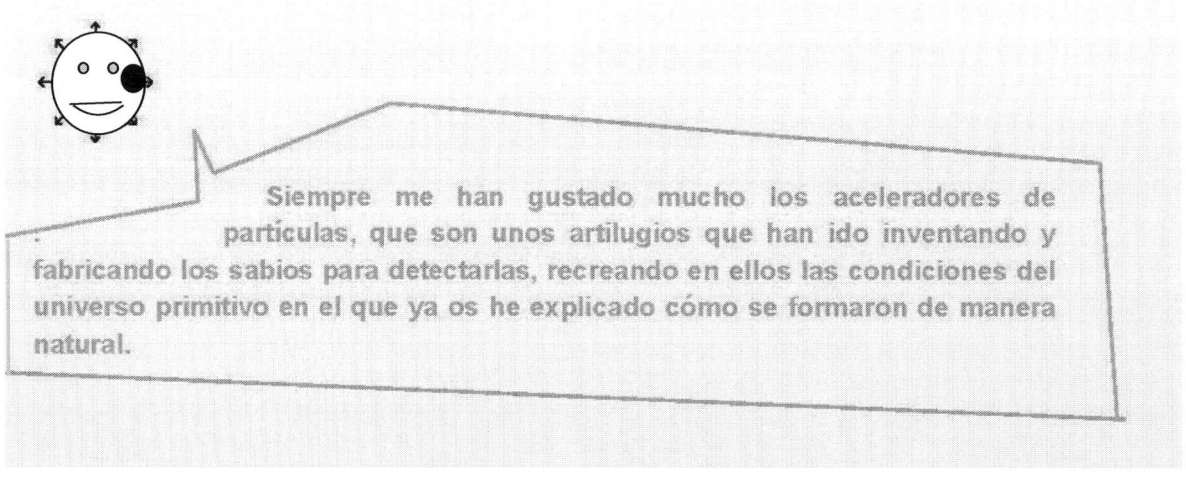

En los aceleradores, los sabios crean las partículas buscadas, de las que generalmente han predicho antes su existencia, a partir de provocar colisiones entre otras partículas fáciles de obtener, como pueden ser los **electrones**, y los **protones**. Habitualmente, estas son las partículas de partida en los aceleradores, cuya función es acelerarlas hasta dotarlas de una altísima velocidad y, por tanto, de una muy gran energía. Al chocar entre ellas se desintegran y esta energía se convierte en partículas de gran masa. Yo lo he podido ver muchas veces. **Lo que hago es meterme dentro del acelerador y a una velocidad ligeramente inferior a la de la luz, seguir de cerca las partículas que circulan.**

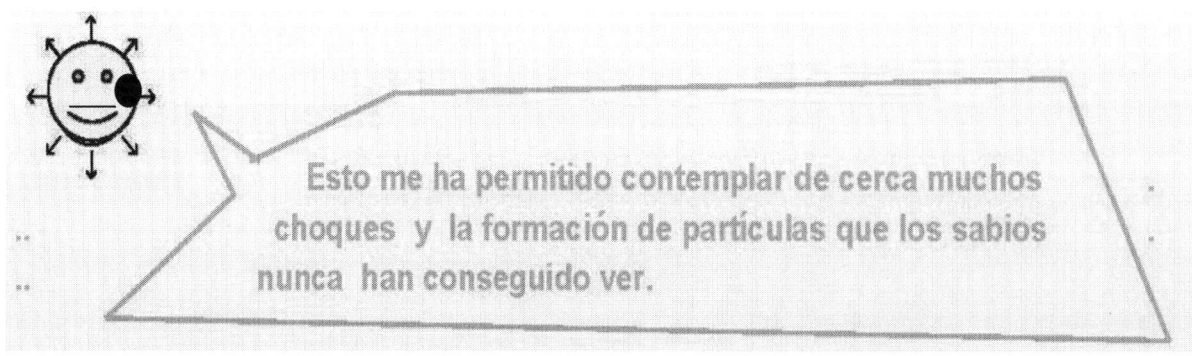

Ellos me han explicado que para que en un acelerador aparezca una partícula de una determinada masa, el paquete de energía a convertir debe encontrarse concentrado en un volumen similar al de la misma. Es decir, que se precisa una determinada densidad de energía, y, dado que de la colisión resulta una distribución aleatoria de densidades, para tener probabilidad de obtener conversiones las energías deben ser muy superiores. Por este motivo, aunque los aceleradores de partículas existieron desde el año 1929, hasta el año 1950 los sabios no llegaron a obtener energías suficientemente altas como para crearlas. Lo lograron a partir de este año, cuando empezaron a construir aceleradores capaces de situar partículas a energías cinéticas de órdenes superiores al del gigaelectronvoltio (**1 GeV = 1.000 MeV**). Consiguieron, pues, acelerar partículas a energías que superaban la correspondiente a la masa del protón, **Mp** **= 938,3 MeV / c²**, y fue a partir de choques a estas energías, cuando consiguieron la creación artificial y posterior desintegración de partículas másicas, antes solamente observadas en los rayos cósmicos y otras nunca divisadas.

A lo largo de muchos años, los sabios han trabajado también con colisiones entre electrones y positrones. En el impacto entre un electrón y un positrón, acelerados de manera que contengan energía cinética suficiente, las dos partículas se pueden desintegrar. Según los paquetes de energía resultantes de la colisión y de la densidad de la energía contenida en estos paquetes, pueden surgir otras partículas de los diferentes tipos que se relacionan con los electrones. El hecho de que aparezcan depende, lógicamente, de su masa en reposo y de las densidades de energía que resultan de la colisión.

La probabilidad de transmisión de la energía a los campos **W** y **Z,** mediadores de la interacción débil, es de un orden de magnitud muy pequeño, como consecuencia de las grandes masas en reposo de los bosones **W** y **Z**. Debido a esto, para que se materialice un **bosón Z** o un **bosón W,** se precisan energías muy superiores a los **91.000 MeV.** Me han explicado que, para tener posibilidad de generar bosones **W** y **Z,** necesitan obtener energías muy superiores y posibilitar que se produzca un número muy grande de choques.

Siguiendo estos mismos razonamientos y considerando la gran masa de la partícula Higgs, la probabilidad de que una colisión positrón - electrón produzca esta partícula es casi nula. Este es el motivo por el cual, después de continuados intentos durante muchos años y del análisis continuado de millones de colisiones, el **bosón Higgs** no ha sido detectado hasta el año **2012.** Esto ha sido posible en el gran artilugio llamado **LHC,** que es un **gran colisionador de hadrones,** en el que se hacen colisionar protones acelerados a velocidades muy cercanas a la velocidad de la luz. Yo pude observar muy bien este famoso bosón, pues me encontraba a su lado cuando apareció.

Voy a explicaros como he visto que son estos artilugios aceleradores de partículas

Las nuevas partículas que se generan en ellos, toman su masa de la energía que se libera cuando dos haces de partículas aceleradas de masas más pequeñas chocan de frente.

Lógicamente, la masa de las partículas creadas nunca podrá exceder de la energía liberada en las colisiones. Esta ha llegado a ser de miles de millones de electronvoltios.

La energía que supone la mayor velocidad se suministra a las partículas cargadas a través de campos electromagnéticos. Si la energía se suministra mediante un campo eléctrico, la trayectoria que siguen las partículas es rectilínea y se trata de un **acelerador lineal.** Si la energía se suministra mediante un campo magnético, el acelerador deberá ser circular. Han ido inventando estos dos tipos básicos de aceleradores: los **lineales** y los **circulares.** Yo me he metido en todos ellos y por esto los conozco bien.

Aceleradores lineales

Estos consisten en un conjunto de tubos, situados en línea, a los que se les aplica un campo eléctrico alterno.

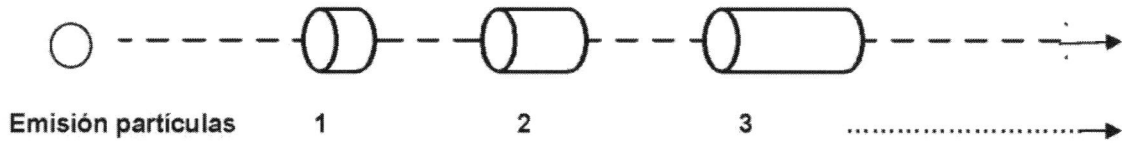

El acelerador lo dimensionan de manera que este proceso de aceleración de la partícula se vaya repitiendo hasta el último tubo.

Aceleradores circulares

Los inventaron más tarde. Poseen una ventaja añadida a los aceleradores lineales, al usar campos magnéticos en combinación con los eléctricos, logrando conseguir aceleraciones mayores en espacios más reducidos. Sin embargo, existe un límite de la energía que puede alcanzarse debido a la radiación que emiten las partículas cargadas al ser aceleradas. La emisión de esta radiación supone una pérdida de energía, que es mayor cuanto más grande es la aceleración dada a la partícula. Con el aumento continuo de la aceleración, llega un momento en que la energía que se emite iguala la que se le suministra, alcanzándose una velocidad máxima.

El primer acelerador de partículas inventado y construido de este tipo se llamó **ciclotrón** y fue desarrollado por un físico llamado **Lawrence** en 1929 en la Universidad de California. Cuando oí hablar del tema, fui inmediatamente a verle con gran curiosidad.

Como me han dicho que funciona un acelerador circular

Eso obedece al siguiente esquema, en el que **se combina la acción de un campo magnético E** y **un campo eléctrico B.**

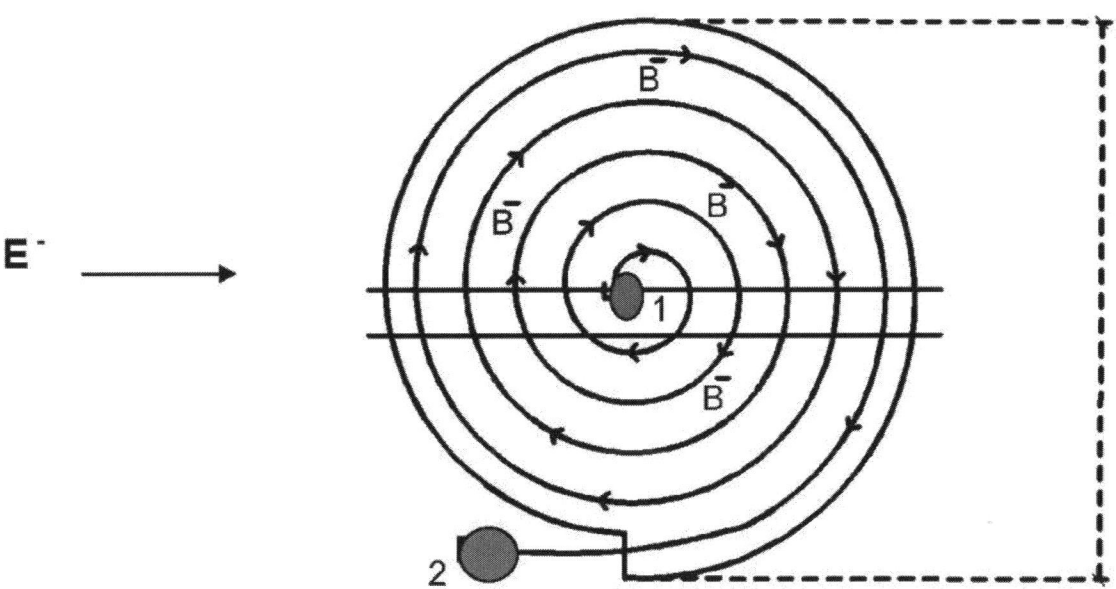

La máxima energía disponible para producir nuevas partículas se consigue en el punto **2**. En este, se provoca el choque frontal de partículas aceleradas hasta una misma energía circulando en sentidos contrarios.

Con el primer ciclotrón construido en el año 1932, el señor Lawrence me explicó que había conseguido una energía de **1 MeV.** En el año 1952, llegó a **3.000 MeV** y con el acelerador **LHC del CERN,** que he ido visitando muy a menudo, se está alcanzando actualmente una energía de **1 millón de MeV.**

Se trata del **Gran Colisionador de Hadrones LHC,** que es un acelerador y colisionador de partículas ubicado en la **Organización europea para la Investigación nuclear (CERN) .**

Es el acelerador de partículas más grande y energético del mundo, que se encuentra cerca de Ginebra, en la frontera franco-suiza, instalado, a cien metros bajo tierra, dentro de un túnel circular de algo más de 8 km de diámetro y de una longitud de circunferencia de 27 km.

Consiste en varios sistemas de conducciones metálicas. Dentro del colisionador, dos haces de protones son acelerados en sentidos opuestos mediante un sistema de miles de electroimanes distribuidos en el circuito, hasta alcanzar prácticamente la velocidad de la luz.

Alcanzada esta, se los hace chocar entre sí y la inmensa energía que se libera se convierte en partículas másicas.

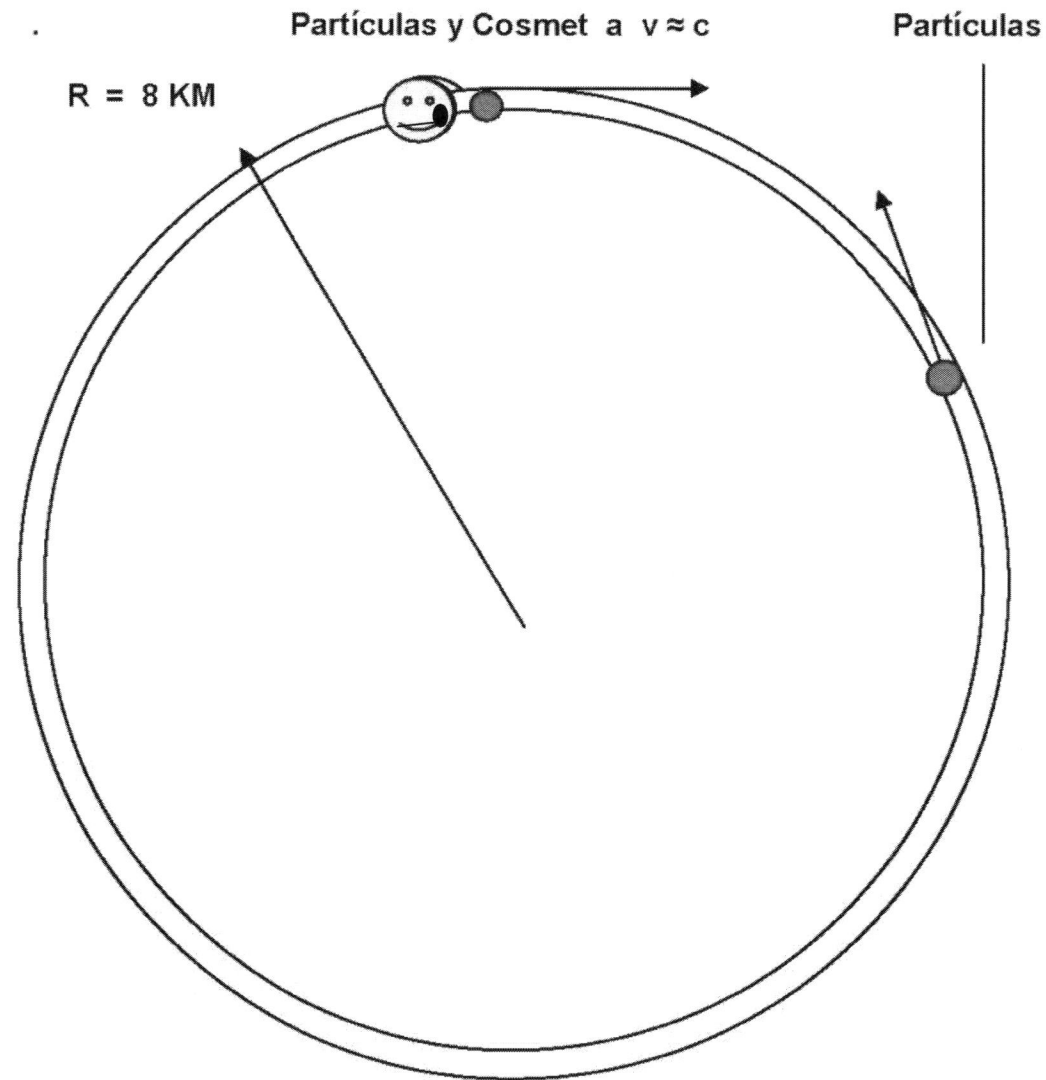

Partículas y Cosmet a v ≈ c　　**Partículas**

R = 8 KM

Dadas las reducidas probabilidades de creación de partículas másicas grandes, se trabaja siempre con un elevadísimo número de protones. Durante mis estancias dentro del **LHC,** he visto que, generalmente, solamente llega a colisionar uno de cada diez mil protones. En los puntos de cruce de los dos haces, se congregan a mi lado más de 200.000 millones de partículas, de las que solamente unas veinte llegan a chocar.

El acelerador comenzó a funcionar el año 2008 y yo ya me metí dentro. Pronto se fueron consiguiendo altas energías cinéticas en los haces de partículas, convirtiéndose en el acelerador más potente del mundo.

En noviembre de 2009 se consiguieron haces de protones con energías de más de 1 millón de Mev y, muy pronto, en diciembre de 2009, pude ver choques de protones a esta elevada energía. El mayor logro del acelerador fue cuando el 4 de julio de 2012 presencié desde muy cerca la confirmación de la existencia de mi muy vieja amiga, la partícula conocida como bosón de Higgs.

Cosmet dentro del LHC, moviéndose casi a la velocidad de la luz, acompañando a los protones

53. Acelerador de partículas LHC. Imagen tomada de Wiquipedia D.P. Fotografía del CERN. Creative Commons. Maximiliano Brice (CERN). Licencia Creative Commons Attribution-Share Alike 3.0 Unported.

En los aceleradores, los sabios tratan básicamente de reproducir artificialmente las condiciones de energía-temperatura de los primeros instantes del universo y llegar a descubrir las partículas más primitivas que solo yo mismo he llegado a ver. Consta de dos tubos huecos que transcurren paralelos, y, por el interior de cada uno de ellos, circulan los protones en sentidos opuestos, agrupados en paquetes compactos. Yo me sitúo siempre solidario a uno de ellos.

Tal como ya os he dicho, mediante la aplicación de campos eléctricos intensos, los protones son acelerados hasta alcanzar una velocidad de 0.999999 veces la velocidad de la luz, la misma que yo adopto. Más que la energía alcanzada, lo más singular del LHC es que concentra esa energía en un espacio excepcionalmente reducido, que es el que ocupan los paquetes de protones acelerados. En cuatro puntos de su recorrido, el doble tubo se reduce a uno solo y allí se fuerza a los protones a chocar frontalmente. Tras la colisión, la energía liberada se transforma en nuevas partículas, que pueden ser miles de veces más pesadas que los protones iniciales, de acuerdo con la ecuación de Einstein $E = m\,c^2$. En la colisión, la energía inicial de los protones se transforma en masa de nuevas partículas más pesadas, que se « crean » en ese momento. Así, las colisiones recrean los procesos que yo vi en los inicios del universo, produciendo las partículas que eran abundantes inmediatamente después del Big Bang.

Voy a contaros que es el **modelo estándar de la física de las partículas y sus interacciones** Todo lo que contiene o ha contenido el universo son la totalidad de las partículas elementales que los sabios han conocido y han clasificado atendiendo a sus características en lo que llaman el modelo estándar.

Se trata de únicamente doce tipos de partículas elementales de materia, algunas de las cuales forman todas las partículas compuestas del universo que configuran la materia ordinaria o materia bariónica. Seis de las partículas las clasifican como quarks y las denominan **quark arriba**, *u*, **quark abajo**, *d*, **quark extraño**, *s*, **quark encanto**, *c*, **quark fondo**, *b* y **quark cima**, *t*. A las otras seis partículas las conocen como leptones y son el electrón, el muon, la partícula tau, y sus neutrinos correspondientes. Todas ellas tienen **espín 1 / 2.**

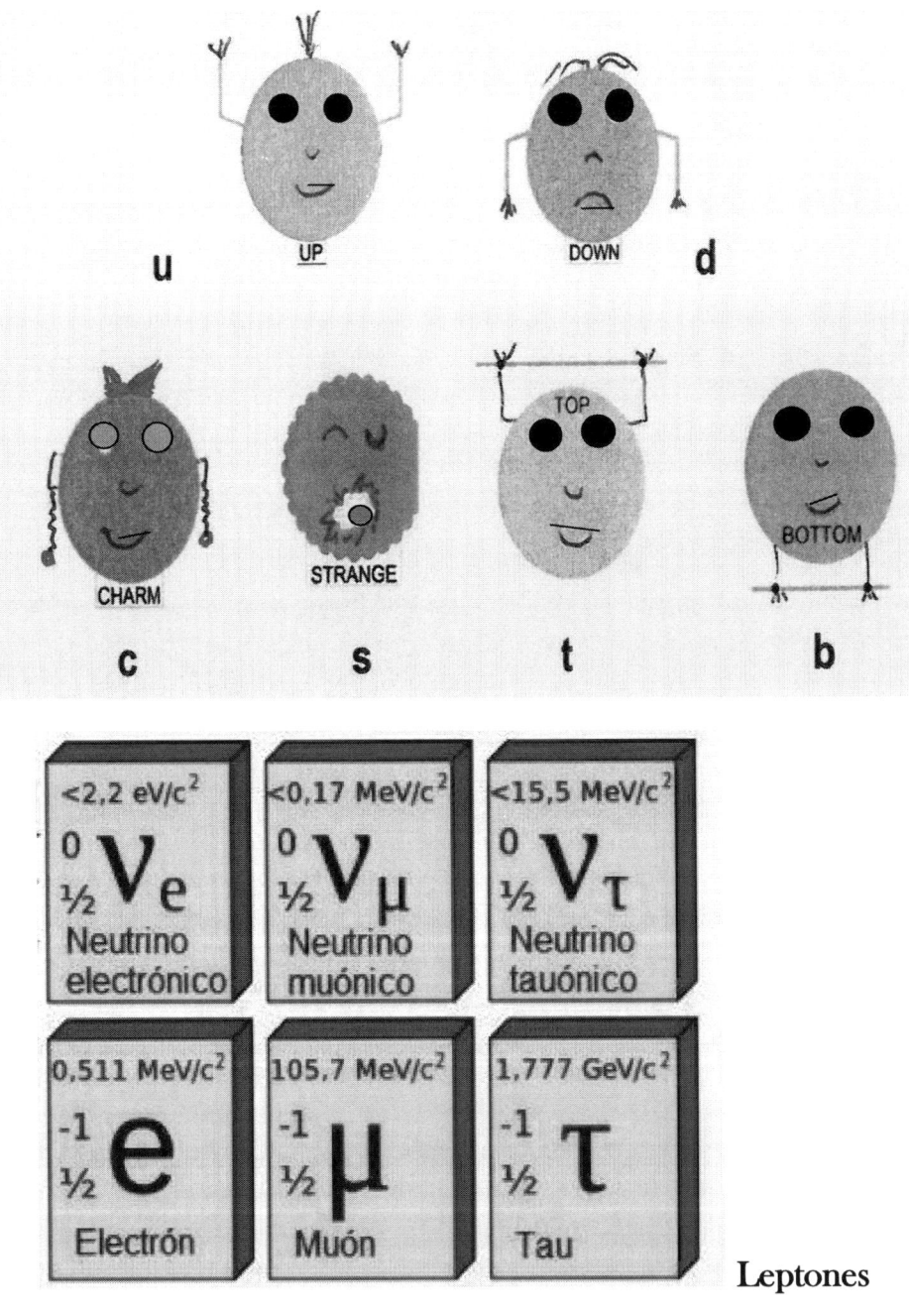

Leptones

Bien, ya está finalizando nuestro tercer día en las montañas.

Muchas gracias a todos por vuestra atención.

Aplausos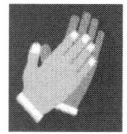

LAS AVENTURAS DE COSMET EXPLICADAS POR ÉL MISMO

MIS GRANDES SORPRESAS

Día 4 de confinamiento

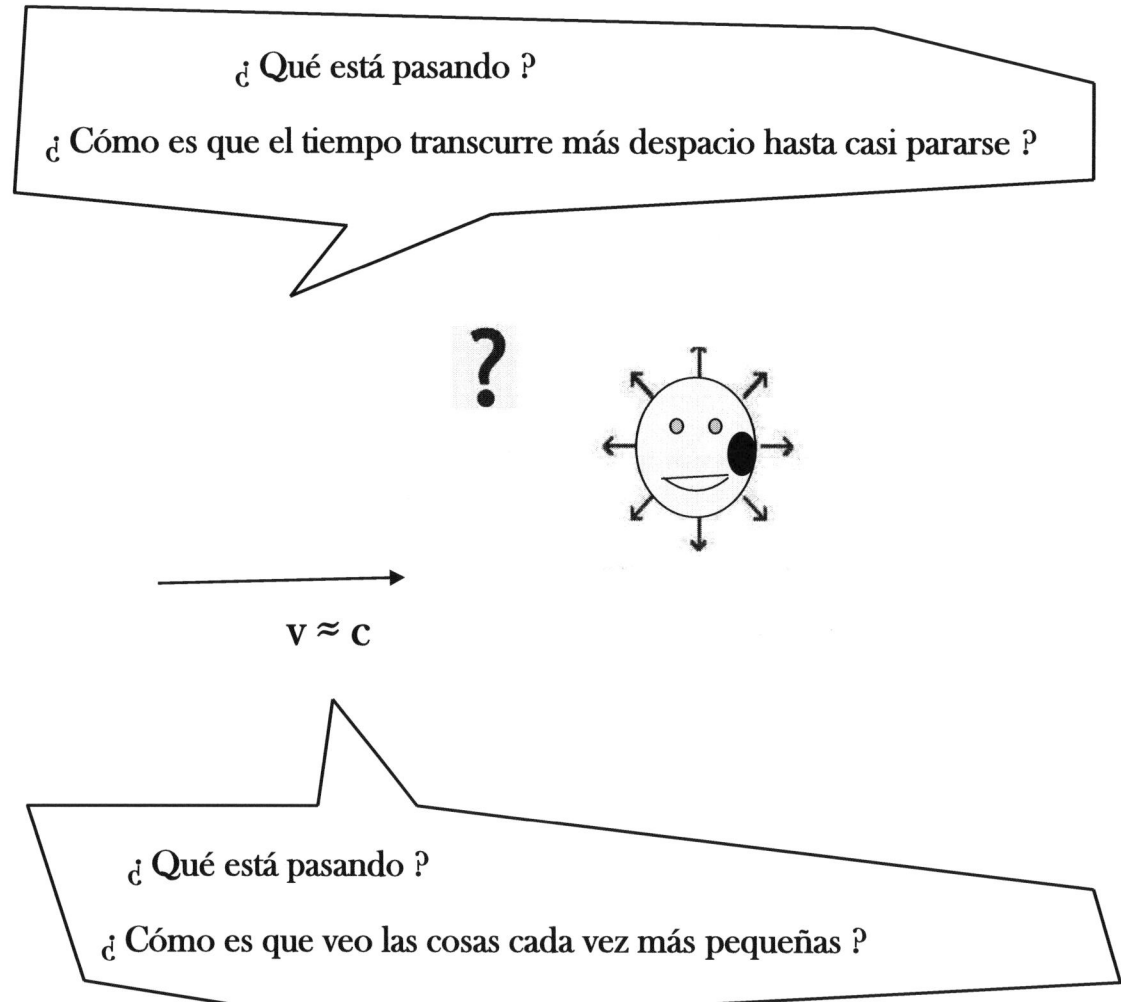

¿ Qué está pasando ?

¿ Cómo es que el tiempo transcurre más despacio hasta casi pararse ?

$v \approx c$

¿ Qué está pasando ?

¿ Cómo es que veo las cosas cada vez más pequeñas ?

IV. Toda mi vida de sorpresa en sorpresa

9. Mis grandes sorpresas. El cuento del espacio y el tiempo que nunca entendí, hasta que conocí al señor Hendrik Lorentz, y poco más tarde, en el año 1905, al señor Albert Einstein

Desde que comencé a viajar por el universo, **fui de sorpresa en sorpresa**. Os voy a contar algunas de ellas. Lo primero que vi cuando inicié mis viajes fue que, tanto las dimensiones de los objetos que yo medía, como la velocidad en que transcurría el tiempo, eran muy variables y distintas mientras viajaba. Variaban mucho dependiendo de la velocidad a la que yo me desplazaba. Ya os he contado antes que tengo la facultad de moverme a cualquier velocidad, incluso a mayores que la de la luz.

En la primera ocasión que realicé esto, comprobé enseguida que el tiempo se ralentizaba y transcurría más despacio.

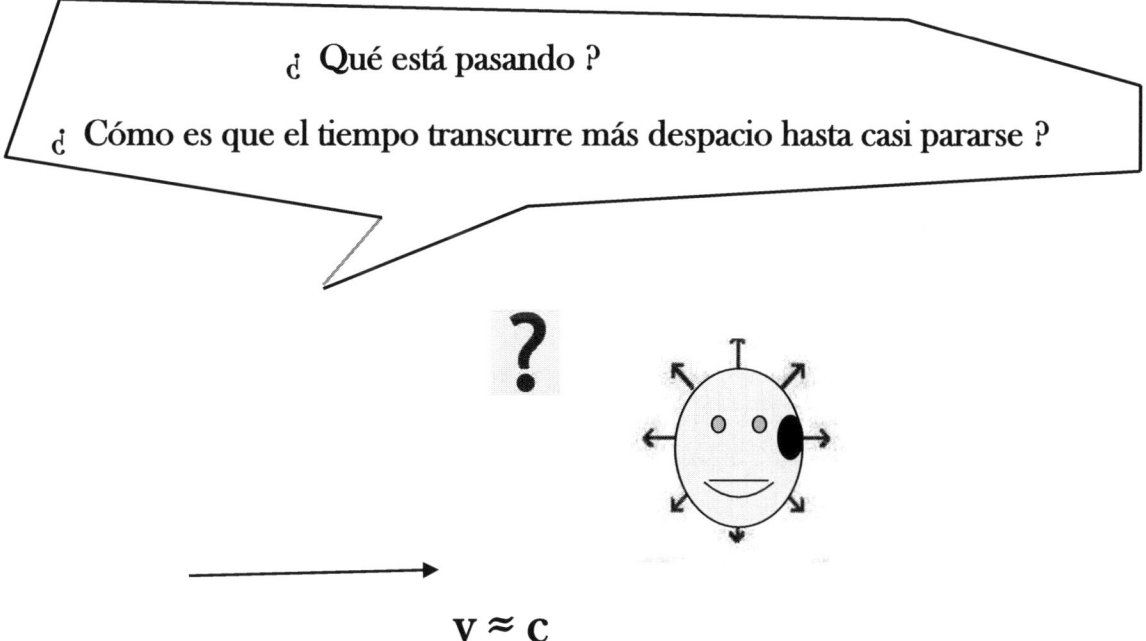

¿ Qué está pasando ?

¿ Cómo es que el tiempo transcurre más despacio hasta casi pararse ?

$$v \approx c$$

El intervalo de tiempo que yo experimentaba entre dos hechos cualesquiera se hacía mayor; era como si el tiempo se dilatara. Incluso a velocidades prácticamente como la de la luz, llegaba a pararse. También vi que aumentaba mi escala de medir distancias en el sentido de mi recorrido, por lo que la medida de los objetos era más corta. Tenía lugar una contracción de su longitud. Incluso a velocidades prácticamente como la de la luz, el objeto se contraía hasta desaparecer. Por otra parte, si aceleraba por encima de la velocidad de la luz, no podía ver absolutamente nada.

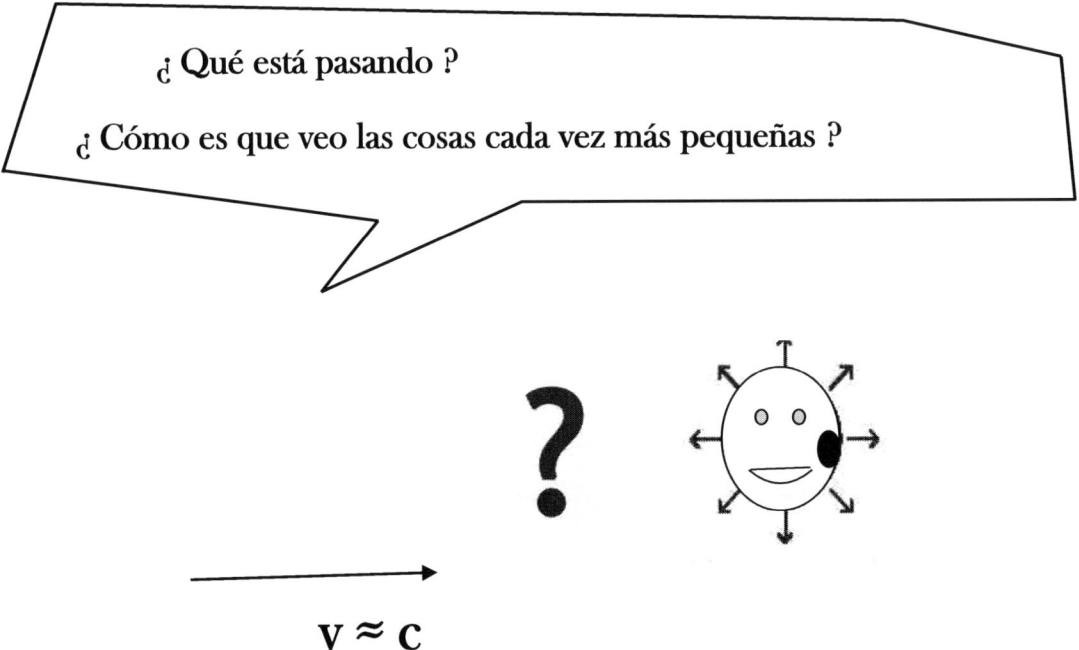

Efectivamente, noté que cuando viajaba a la mitad de la velocidad de la luz, el tiempo transcurría un 15% más despacio y veía los objetos un 15% más pequeños.

Si me aceleraba hasta un 98% de la velocidad de la luz, apreciaba los objetos diminutos, cinco veces más pequeños. Por eso me gusta viajar por el universo a velocidades inferiores a la de la luz, porque de este modo puedo observar bien todo lo que me voy encontrando. Es por esto que en los viajes muy largos, casi siempre, he circulado utilizando los agujeros negros y los agujeros de gusano, tal como ya os he explicado. Cuando he optado por viajar a velocidades superiores a la de la luz, ha sido como si me saliera del universo, pues ya sabéis que en el universo, nada ni nadie, excepto yo mismo, puede hacerlo.

Todo esto no lo habéis podido experimentar nunca, pues a las velocidades normales de la Tierra que se dan en la vida diaria, este efecto es insignificante. Nunca entendí por qué pasaban estas cosas tan raras hasta hace muy poco, concretamente en los años 1892 y 1905 en que los señores **Hendrik Lorentz** y **Albert Einstein** me lo razonaron. Todo empezó unos cuantos años antes, cuando los físicos llamados **Michelson** y **Morley,** a los que pude conocer, comprobaron experimentalmente que la velocidad de la luz era constante y no dependía del movimiento del sistema de referencia desde donde la medían.

54. Imágenes de Wiquipedia. Dominio público. File: Edward Williams Morley2.jpg. Creado hacia 1880. QS:P,+1880-00-00T00:00:00Z/9,P1480,Q5727902. File: Albert Abraham Michelson2.jpg. Created: 26 September 2006.

Me enseñaron un artilugio bastante sofisticado que habían construido, que les permitía medir la velocidad de la luz. Lo hicieron en distintas ocasiones, situándose en diferentes puntos de la Tierra. Ellos sabían que, en cualquiera de los puntos, estaban viajando circularmente respecto al centro de la Tierra a una velocidad de 1.648 km / hora. Fácil de calcular, dado que la Tierra da un giro completo en 24 horas y, sabiendo que su diámetro son 12.600 km, resulta que situados en el ecuador, en 24 horas recorremos 39.500 km.

Lo que hicieron fue colocarse en puntos que se movían en el mismo sentido que la luz que se recibe del Sol y en otros lugares que se movían en sentido contrario. Entonces vieron que la velocidad de la luz que recibían desde diferentes sistemas de referencia era siempre de exactamente 300.000 km. / hora, y esto era contrario a lo que estipulaba la física clásica respecto a la composición de velocidades.

Para dar explicación a este fenómeno, **Lorentz** me dijo que el tiempo tenía que ser necesariamente distinto en cada sistema de referencia.

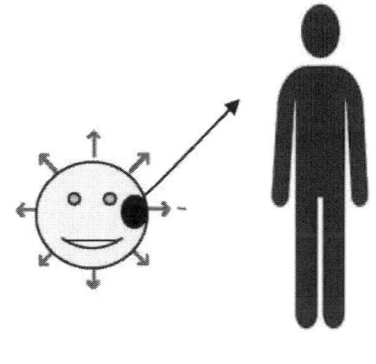

Cosmet

Hendrik Lorentz

El tiempo debe ser distinto en cada sistema de referencia.

A partir de aquí, Lorentz me explicó como dedujo matemáticamente la relación que existía entre los distintos tiempos y llegó a definir lo que se ha llamado **factor de Lorentz**.

Para los que os gustan las fórmulas y las ecuaciones, nuestro ya común amigo, el ingeniero, os reparte una copia en rojo de lo que yo de puño y letra en su día fui tomando y de su explicación, en azul. Guardadla para leerla por la noche, pues ahora debo continuar con el cuento.

El factor de Lorentz resulta ser el número inverso a la raíz cuadrada de la expresión $1 - v^2/c^2$ siendo **v** la velocidad del observador respecto a otro en reposo y **c** la velocidad de la luz; $\gamma = 1 / (1 - v^2/c^2)^{1/2} > 1$

Así pues, si $(t)_{reposo}$ es el intervalo de tiempo o duración que mide el observador en reposo para un determinado fenómeno, el observador que viaja a velocidad **V** respecto al primero mide una duración mayor, lo que significa una dilatación del tiempo o que la escala de medición del tiempo es menor; $(t)_v = \gamma \cdot (t)_{reposo}$

Esto significa que para el observador en movimiento el transcurso del tiempo va más despacio; se ralentiza.

Por otra parte, un observador atribuye a un cuerpo en movimiento que se está alejando de él una longitud más corta que la que tiene el cuerpo en reposo; una **contracción del espacio** que es justamente lo que Cosmet ya había visto sin entenderlo. Esta contracción supone que la escala de medición del espacio es mayor. Se concreta en la siguiente fórmula:

$L_v = L_o / \gamma = L_o (1 - v^2/c^2)^{1/2}$, donde γ es el factor de Lorentz y C la velocidad de la luz; L_o es la longitud medida por el observador solidario al objeto cuya longitud medimos y L_v es la longitud medida por un observador cuando este se desplaza a una velocidad **v** respecto del objeto medido. Dado que el factor de Lorentz es siempre mayor que uno, la longitud que verá el observador en movimiento **L**ᵥ será siempre menor.

Con toda la explicación que me dio Lorentz, la verdad es no aprendí nada nuevo, pues todo esto yo ya lo había experimentado. Pero sí que conseguí entender el porqué de todo ello. Lo nuevo para mí fue, sobre todo, conocer la formula del **factor de Lorentz.** Poco más tarde, comprobé su veracidad, midiendo el transcurso del tiempo viajando a diferentes velocidades y dando valores a la fórmula.

Pocos años después, en el año **1905,** conocí al señor **Albert Einstein,** quien me explicó su primera teoría de la **relatividad especial.**

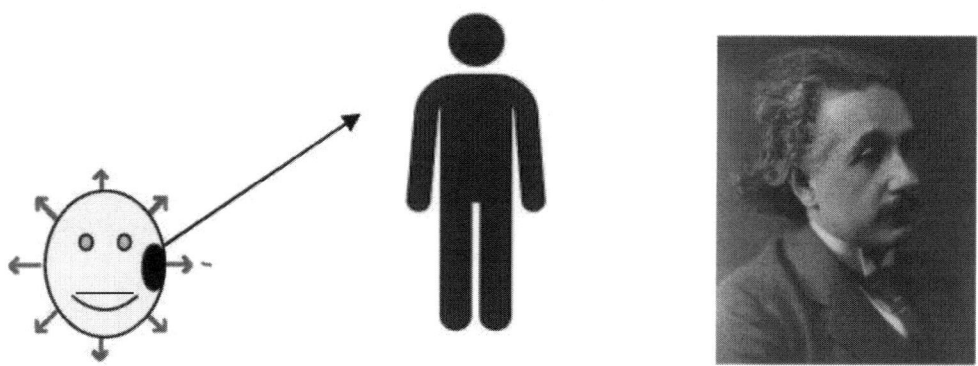

Para elaborarla, **Einstein** me dijo que había partido de los principios que ya había enunciado **Lorentz** muy poco antes: « **el espacio y el tiempo no son entes fijos e invariables** ». Así pues:

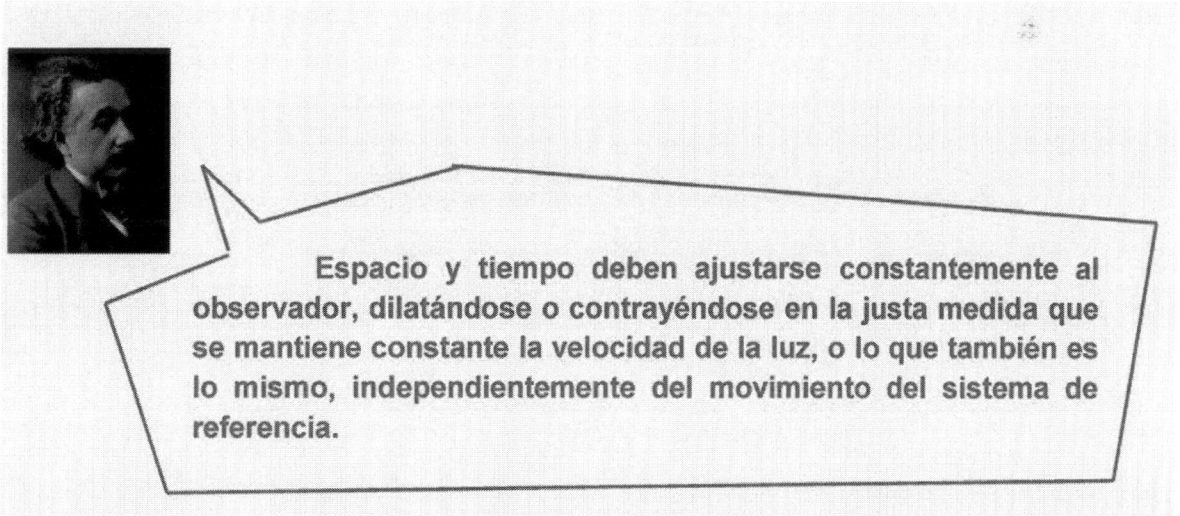

Espacio y tiempo deben ajustarse constantemente al observador, dilatándose o contrayéndose en la justa medida que se mantiene constante la velocidad de la luz, o lo que también es lo mismo, independientemente del movimiento del sistema de referencia.

Cuando estos nuevos principios fueron expuestos, a muchos físicos les resultaba difícil asumir estas nuevas ideas, ya que trastocaban su concepto clásico del funcionamiento del universo. Sin embargo, Einstein partió de ellos para elaborar una nueva física; la **física relativista.** Consideró la idea de que **las leyes de la física deben ser universales y, por tanto,**

cumplirse para todos los observadores, sea cual sea la velocidad a que se muevan; dicho de otro modo, para todos los sistemas de referencia.

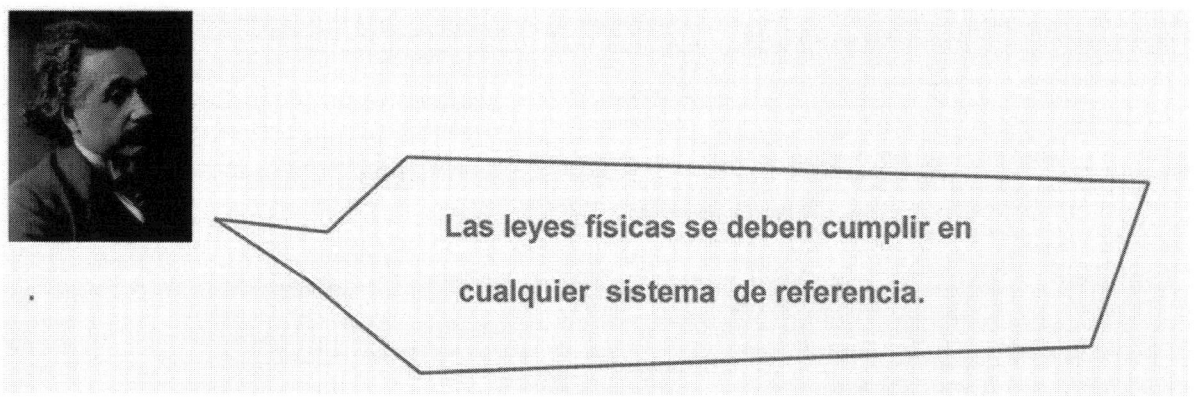

Las leyes físicas se deben cumplir en cualquier sistema de referencia.

Estaba convencido de que, si bien las magnitudes medidas desde uno u otro sistema de referencia pueden resultar distintas, las leyes físicas se deben seguir cumpliendo. Son leyes universales que no pueden depender del observador. Para ello, Einstein propuso una expresión más general de las mismas y lo hizo introduciendo en ellas el **factor de Lorentz,**

En **1905,** a partir de todos estos nuevos conceptos introducidos por Lorentz, Albert Einstein revolucionó al mundo al postular la **Teoría de la Relatividad Especial.**

En esta teoría, Einstein establecía una generalización de los conceptos de espacio y tiempo, en la que ambos pierden su carácter de conceptos absolutos.

Efectivamente, una de las principales consecuencias de la teoría fue que la localización de los sucesos físicos y cualquier medición que se haga en ellos son conceptos relativos, es decir, dependen del estado de movimiento del observador. Así pues, tanto la longitud de un objeto en movimiento como el instante en que algo sucede, no son invariantes absolutos, y distintos observadores en movimiento relativo entre ellos diferirán en su medición.

Con todo lo que os he dicho y utilizando el factor de Lorentz, Einstein desarrolló una nueva física que es la que se conoce como física relativista.

En esencia, los diferentes conceptos de la física relativista son los mismos que en la física clásica, pero válidos para cualquier sistema de referencia, con la simple consideración de multiplicar por el **factor de Lorentz γ** las diferentes magnitudes, siendo $\gamma = 1$ el valor correspondiente al observador en reposo. Me estoy refiriendo, por ejemplo, a conceptos como los de **masa,** de **momento lineal** y de **energía.**

Utilizando las magnitudes relativistas y aplicando simplemente el principio de conservación de la energía, Einstein llegó matemáticamente a obtener la ecuación de equivalencia masa - energía. Demostró que la energía que posee todo cuerpo cuando no está en movimiento es $E = m\,c^2$.

Para los interesados en la física y que ya conocéis los principales conceptos de la física clásica, mi amigo, el ingeniero, os entregará documentación acerca de lo que me contó Einstein de su nueva física y la deducción de su famosa fórmula.

Os tengo que decir que, ya de entrada, el gran personaje me cayó muy bien. Ya entonces me dijo que estaba preparando una nueva teoría sobre la **gravitación,** y que para entenderla bien tendría que estudiar antes muchas matemáticas. Se trata de la **teoría de la relatividad general**, de la que en una segunda visita que le hice ya me anticipó algo.

Me contó cómo iba llegando a entender la gravitación a partir de un principio fundamental que llamó **principio de equivalencia**. Consistía en el hecho de que un sistema que se encuentra en un campo gravitatorio **g,** y otro que se mueve en una región del espacio-tiempo sin gravedad con una aceleración **g,** se encuentran en un estado físico equivalente. Para que yo pudiera comenzar a entender su idea, me la explicó después de decirme que nos metiéramos dentro de un **ascensor.**

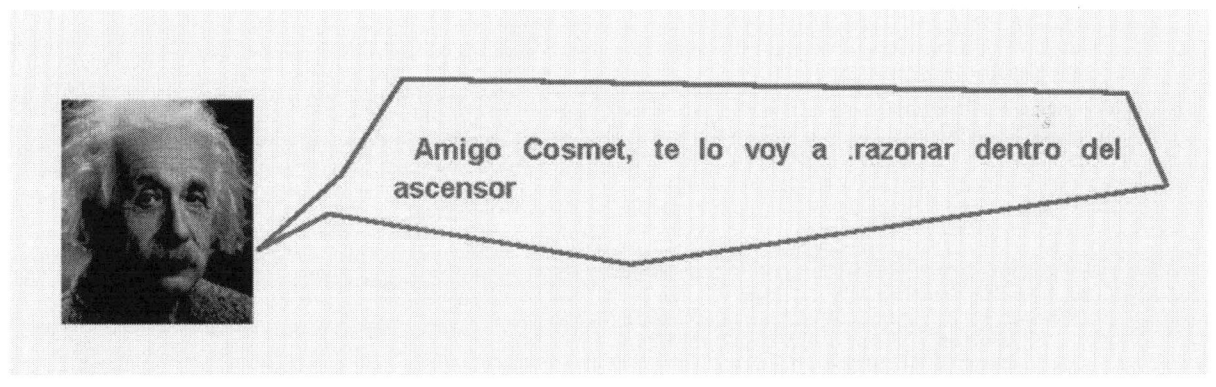

Amigo Cosmet, te lo voy a .razonar dentro del ascensor

Ya dentro del ascensor, me dijo que imaginara dos situaciones:

1. Estamos en el ascensor subiendo con una aceleración constante $\mathbf{g}$ en un espacio vacío, sin gravedad. Notamos que nos sentimos atraídos hacia el suelo del ascensor que nos empuja con una fuerza $\mathbf{F = m\,g}$.

2. Estamos en reposo en el ascensor inmerso en un campo gravitacional $\mathbf{g}$ y, por tanto, ejercemos sobre el suelo del ascensor una fuerza $\mathbf{F = m\,g}$.

Me hizo ver que las dos situaciones eran equivalentes y, como conclusión del experimento, que la consecuencia de esta equivalencia es que las leyes físicas para un observador que se moviera en un universo sin gravedad con una aceleración uniforme $\mathbf{g}$, son idénticas a que las que vería este observador si estuviera inmerso en un campo gravitatorio $\mathbf{g}$. Así me aclaró que el **principio de equivalencia,** hace que las leyes de la física sean válidas en cualquier campo gravitatorio y para todos los sistemas de referencia, inerciales o acelerados.

La verdad es que, con Albert Einstein, llegué a establecer una amistad duradera. Fue un personaje excepcional, no solamente por sus teorías científicas, sino también por su forma de ser. Tenía también un gran sentido del humor que ponía a la práctica a menudo.

56. Imagen de Pixabay

Lo más divertido que recuerdo ocurrió cuando Albert Einstein ya era un científico famoso y con frecuencia era solicitado para dar conferencias en ciudades de todo el mundo. A los sitios no demasiado lejanos acostumbraba ir en coche. Dado que no le gustaba conducir, contrató los servicios de un chofer. En esta ocasión, en que yo lo acompañé, Einstein le comentó al chofer lo aburrido que era repetir lo mismo una y otra vez. El chofer, que de joven había sido alumno de Einstein, le dijo que de tanto escuchar sus conferencias se las sabía todas de memoria y que las podía recitar palabra por palabra; si se encontraba tan cansado, podía dar la conferencia en su lugar.

Einstein estuvo de acuerdo y antes de llegar al lugar de destino, intercambiaron sus ropas. El conductor se colocó una peluca blanca con grandes rizos y Einstein se puso al volante. El chófer estaba tan bien disfrazado que nadie dudó de que no fuera el Einstein verdadero. Expuso de forma magistral la conferencia que había oído repetir tantas veces, pero al final llegó la hora de las preguntas.

Ya en la primera duda que le expusieron, él no tenía ni idea de cuál podía ser la respuesta, pero rápido de reflejos contestó: « **La pregunta que me hace usted es tan sencilla que dejaré que se la responda la persona que se encuentra al final de la sala, que es mi chofer** ».

57. Imágenes en Pixabay.

En la vida ordinaria, sus respuestas fueron siempre muy ingeniosas y divertidas. Una vez, en una reunión social que yo presencié, llegó Marilyn Monroe.

F 58. Wiquipedia DP . Marilin Monroe. Foto de la actriz en un número de finales de 1953 de *Modern Screen* .   Einstein. (Pixabay / Álbum)

Después de saludar al señor Einstein, le sugirió muy seria lo siguiente:

« Usted y yo profesor, deberíamos casarnos y tener un hijo juntos. ¿Se imagina un bebé con mi belleza y su inteligencia ? »

Einstein le respondió:

« Ui, que miedo me da usted; a ver si el experimento sale a la inversa y terminamos con un hijo de mi belleza y su inteligencia »

También llegó el actor Charles Chaplin y Einstein le saludó diciendo,

« Lo que he apreciado siempre en usted, es que su arte es universal; todo el mundo le comprende y le admira »

El gran actor le respondió:

« **Lo suyo señor Einstein, es mucho más digno de respeto; todo el mundo le admira y casi nadie le comprende** ».

59. Dominio público. File: Charlie Chaplin.jpg. Creado el 11 de abril de 1915. Chaplin en el papel del vagabundo (1915). Autor: PD Jankens.

Pero tampoco se pasaba la vida riendo. Le producía gran tristeza el hecho de que se estuviera empleando su equivalencia masa - energía para fabricar cada vez más artefactos nucleares.

En la misma reunión se puso muy serio cuando un grupo de varios políticos y militares le preguntaron que podría llegar a pasar si en una tercera guerra mundial se utilizaban lo que ya llamaban bombas atómicas. Su respuesta fue decirles que, si en una tercera guerra mundial hacían esto, la cuarta la tendrían que hacer solamente con palos, bastones y a pedradas.

Albert Einstein tuvo tres nacionalidades: alemana, suiza y estadounidense. Al final de su vida, un periodista le preguntó qué posibles repercusiones había tenido esto sobre su fama. El físico dio la siguiente respuesta: « **Si mis teorías hubieran resultado falsas, los estadounidenses dirían que yo era un físico suizo; los suizos, que era un científico alemán; y los alemanes, que era un astrónomo judío** ». La verdad es que Albert Einstein fue un físico alemán de origen judío, que tuvo que abandonar Alemania con motivo de la persecución nazi.

Como todos los humanos, Einstein tenía también sus aficiones. Me explicó que una de ellas era la música y que se pasaba horas tocando el violín.

60. Emil Orlik (1870 - 1932). Albert Einstein beim Geigenspielen (Albert Einstein tocando el violín), 1923/24 (Del cuaderno de bocetos "Amerika 1923/24"). Tiza negra, 20,0 x 12,9 cm (hoja). Kunstforum Ostdeutsche Galerie Regensburg, Inv.Nr. 15794.

También me confesó que otra afición que había marcado su vida era su debilidad por las mujeres. Me dijo incluso que siempre le habían gustado todas.

10. Más sorpresas; la forma del universo tal como lo observáis y cómo yo lo he visto, cuando en mis viajes me he ido situando en distintas galaxias. El cuento del globo y el de la curvatura del universo

De acuerdo con todo lo que ya os he explicado sobre la expansión del universo, mientras estoy viviendo en Barcelona, la Tierra es mi sistema de referencia desde donde veo todas las cosas iguales a como las veis todos vosotros. Sin embargo, como sabéis, he viajado por el universo mirándolo desde diferentes galaxias, yendo de sorpresa en sorpresa. Todo lo que he observado no lo he entendido hasta qué humanos normales muy sabios me lo han podido explicar.

Os contaré que esto tiene que ver también con la forma del universo.

Al principio pensé que la forma del universo era un volumen esférico en el sentido de la geometría clásica. Creía que, si me situaba en el borde de la esfera (punto G en la figura), lo vería todo muy distinto. Pensaba que mirando en dirección radial y en sentido contrario a la posición de la Tierra, solamente podría apreciar partículas relativistas, fotones, y esto hasta un radio de 46.500 millones de años luz, límite del universo observable.

Galaxia G a 34.000 MAL

Límite L del universo observable

L a 46.500 MAL

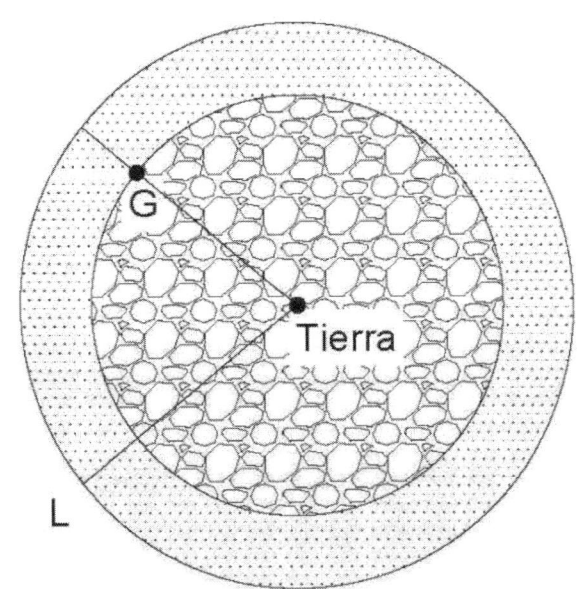

Ni corto ni perezoso, emprendí un viaje hasta allí, me situé sobre una galaxia de las más lejanas indicada en la figura como **G**, y grande fue mi sorpresa cuando comprobé que continuaba encontrándome en el centro del universo.

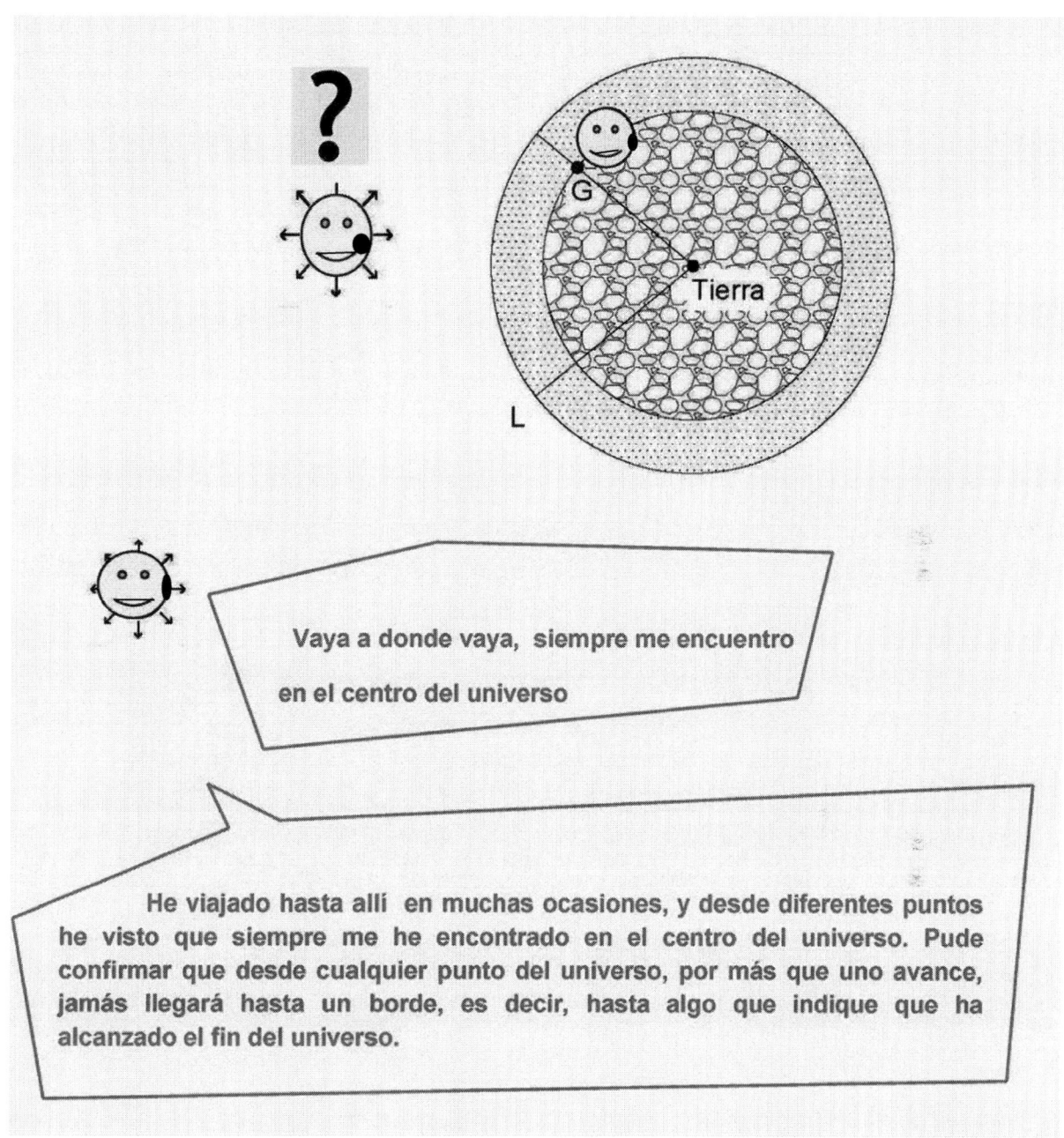

Más tarde, los sabios me han clarificado que lo que llamamos universo, considerado intrínsecamente, no dependiente del observador; es un espacio puntual ilimitado, sin bordes ni fronteras. Tampoco posee centro; es un **universo acéntrico**. Esto ya lo intuyó hace algo más de 400 años **Giordano Bruno**, pensador que, precisamente por esta idea, es considerado como un precursor de la cosmología. Su principal problema fue que habló y escribió mucho explicando sus ideas que en aquel momento, excepto yo mismo, nadie podía entender. Además, todo lo que afirmaba era contrario a las creencias religiosas impuestas por los poderes fácticos que gobernaban el mundo.

Cuando tuve ocasión de visitarlo y hablar con él, estuvimos en casi todo de acuerdo, pero le avisé de que hablar tanto de estas cosas podía ser para él muy peligroso. No me hizo caso y teniendo solamente 52 años le quemaron en una hoguera.

Cosmet   **Giordano Bruno**   (Wiquipedia   D.P.)

61.   Dominio público. Retrato moderno de Giordano Bruno, basado en una xilografía de "Livre du recteur", 1578. Reproducción fotográfica fiel de una obra de arte bidimensional de dominio público.

62.   Giordano Bruno quemado en la hoguera, Campo de' Fiori, Roma.   Ettore Ferrari (1845 - 1929). Sin fecha - bronce - Campo dei Fiori. Rome, Italy / bridgemanimages.com.

Que el universo es acéntrico es un hecho evidente para mí, pues así lo he verificado durante toda mi vida. Lo he visto siempre como un volumen esférico del cual siempre me he encontrado en su centro. Esto que en principio parece inexplicable, solamente se puede entender teniendo en cuenta todo lo que ya os he contado acerca de su expansión durante todo el tiempo cósmico.

El cuento del globo, no es más que un símil entre la superficie de un globo que se está hinchando a un ritmo constante y nuestro universo en expansión.

La superficie del globo no es más que una superficie esférica que se está expandiendo. El análisis de este fenómeno permite imaginar una visión intrínseca del universo como un espacio que también se está expandiendo, pero tratándose en este caso de un espacio tridimensional. Vemos que a medida que el radio del globo aumenta, cuanto más separados están los puntos en su superficie, con mayor rapidez se separan entre sí. Eso es también lo que sucede en el universo en expansión. Ya os he contado que Edwin Hubble demostró que la velocidad con que se separan dos galaxias cualesquiera es proporcional a la distancia entre ellas.

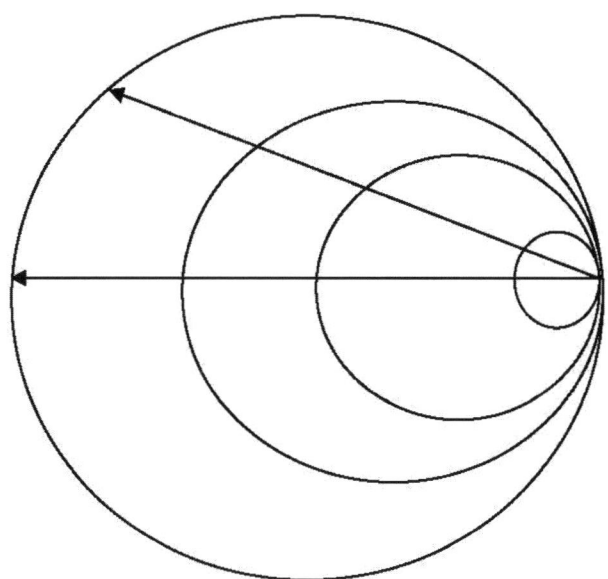

En el símil del globo que se está hinchando, desde cualquier punto de su superficie, un observador inmerso en este espacio y situado en el mismo ve los demás puntos alejándose de él, siempre con mayor velocidad cuanto más lejos están. Además, si el observador mira constantemente cualquier conjunto de puntos situado en la superficie del globo (símil de cualquier gran objeto cósmico), conforme este se va alejando, comprobará que aumenta constantemente de tamaño, pues los puntos que lo forman se separan. La visión global del conjunto de la superficie del globo es la misma, independientemente del punto desde donde se mire, pero las dimensiones de lo que en el símil serían los grandes objetos cósmicos, van cambiando.

La curvatura de este espacio bidimensional que es la superficie del globo, vista a gran escala, sería la correspondiente al radio de la superficie esférica. No obstante, el centro de esta superficie esférica no existe de forma real, porque se encuentra fuera de la misma. Sería un centro imaginario. Esto es lo que precisamente ocurre en el universo considerado como un espacio puntual de tres dimensiones. No tiene tampoco un centro real y los sabios matemáticos dicen que es lo que llaman un **espacio puntual curvo.** Más tarde os explicaré esto con detalle. Por fin, el análisis de la superficie del globo indica que esta no es infinita; tiene un valor dependiente de su radio. Aun así, la superficie carece de límites. Si viajáramos sobre la superficie siempre en la misma dirección, nunca encontraríamos un borde o frontera.

Esta es, pues también, la topología de este modelo de universo; un espacio puntual curvo, no infinito, pero sin límites ni fronteras.

Todo lo que os acabo de detallar sobre la forma tan rara que debe tener nuestro universo y el hecho de que este sea un **universo acéntrico** solo tiene sentido si pensamos en su nacimiento y evolución. Efectivamente, en el momento actual, todos los puntos de nuestro universo observable, los vemos formando un volumen esférico de unos 34.000 millones de años luz de radio.

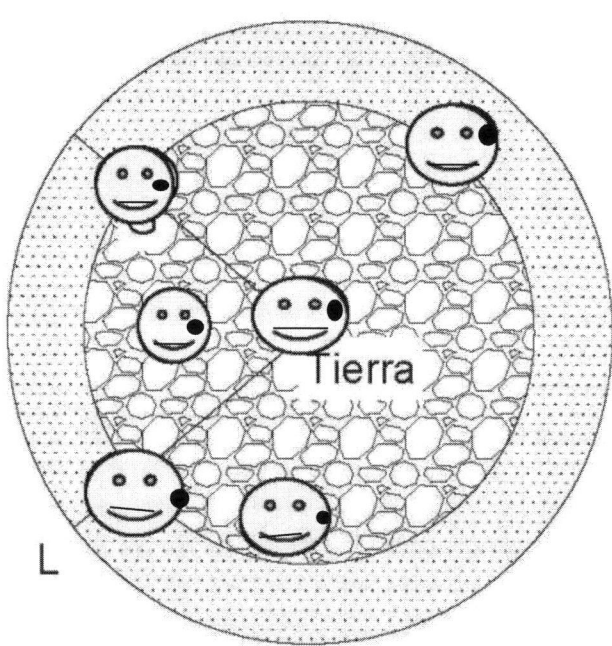

Hace alrededor de 13.700 millones de años, instantes antes de que tuviera lugar el Big Bang, no existían aún el espacio, ni el tiempo; por tanto, ninguna geometría ni ningún punto real. En este instante pude observar que todos los puntos geométricos que contiene nuestro universo observable eran como unos entes superpuestos en un único punto imaginario. Yo, que carezco de dimensiones, ya estaba allí y podía solidarizarme con todos y cada uno de estos entes abstractos que luego se convertirían en la totalidad de puntos de nuestro universo.

En uno de estos entes que corresponde a donde hoy se encuentra la Tierra, solidario a él, he actuado como observador durante casi todo el tiempo cósmico. Pero en mis viajes, también he actuado como observador haciendo lo mismo desde muchos otros puntos.

Así he asistido al proceso de expansión del universo desde diferentes puntos y me he podido colocar solidario a sus sistemas de referencia propios, respecto a los cuales me he encontrado en reposo, contemplando en cada caso como los objetos que contiene el universo se iban alejando (universo en expansión), siempre a velocidades dadas por la ley de Hubble.

Esto ha motivado que haya observado la situación de los objetos cósmicos diferente desde cada sistema de referencia. He hecho muchas veces el ejercicio de mirar desde la Tierra, en cualquier dirección y en sentidos opuestos, las galaxias más distantes para a continuación situarme en ellas. La gran sorpresa que he tenido es que desde cada una lo he visto todo distinto. Esto parece en principio una incongruencia inexplicable, ya que lo observado no puede depender del observador.

Al principio no creía lo que veía y no entendía nada, pero luego lo he ido entendiendo con el cuento del globo y, hace pocos años, con las explicaciones que me dieron mi amigo **Albert Einstein** y otros sabios.

Todo lo que os he contado tiene relación con la forma que realmente tiene el universo, que no es tan simple como yo me creía al principio y, seguramente, como creéis la mayoría de todos vosotros.

Antes de continuar, os explico lo que para mí son la **forma aparente** y la **forma intrínseca** de cualquier objeto. Yo considero la **forma aparente** como la apariencia externa de las cosas vista por un observador (sistema de referencia); una conjunción de puntos, de líneas y de planos que originan para un observador el aspecto de un objeto determinado. Pero esto no es una característica intrínseca del objeto porque depende del punto del universo en que está situado el observador (sistema de referencia). Así pues, con esta consideración, cualquier objeto no tiene una forma aparente única, sino tantas como los infinitos sistemas de referencia desde los que puede ser observado.

En cambio, lo que yo entiendo por **forma intrínseca** de un objeto, es el conjunto de relaciones entre las características geométricas del mismo que no dependen del observador (sistema de referencia).

Aplicando esto al universo, si intrínsecamente, no dependiente del observador, fuera un volumen esférico en el sentido de la geometría clásica, nada de todo lo que yo he podido apreciar tendría sentido.

Por una parte, desde cada sistema de referencia el universo observable tiene un límite, borde o frontera que podemos ver a una distancia de 46.000 MAL. Sin embargo, el ente que llamamos universo, considerado intrínsecamente (no dependiente del observador), debe ser un espacio puntual ilimitado, sin bordes ni fronteras y, además, sin centro; un **universo acéntrico**.

Más adelante os contaré lo que los sabios matemáticos me han explicado sobre todo esto. Consideran el universo como un **espacio puntual con curvatura**. Esto lo aprendí en una visita que hice a un gran sabio matemático hace más de 150 años. Se trata de **Bernhard Riemann**, gran estudioso de las matemáticas que, entre otras cosas, definió lo que llamó **espacios o variedades puntuales con curvatura**.

Fue muchos años más tarde cuando **Albert Einstein** me aclaró que el universo era realmente esto; una variedad puntual de las que ahora se llaman riemmanianas. Esto se entiende bastante bien con el símil del globo.

Para los que os gustan las matemáticas, os explico lo que me contaron los sabios de la rama de las matemáticas que estudia las formas y distancias en los espacios puntuales; la **topología.**

Elegido un punto de la superficie del globo y situándonos en él, consideremos un espacio tangente a la esfera en este punto. Podemos establecer una correspondencia entre los puntos de la esfera y los puntos de una región que queda definida en este espacio tangente. Lo podemos ver en la siguiente imagen en la que represento en negro la variedad puntual 2 - dimensional **M,** que es la superficie esférica del globo. Asimismo, en verde, el espacio puntual **T₀(M),** que es el espacio tangente a la variedad en un punto arbitrario **O.** Represento también puntos arbitrarios **A , B , C , D , P , Q , R** de un meridiano cualquiera de la superficie esférica (variedad puntual) y la imagen de los mismos sobre el plano tangente que resulta de establecer una determinada correspondencia (en rojo).

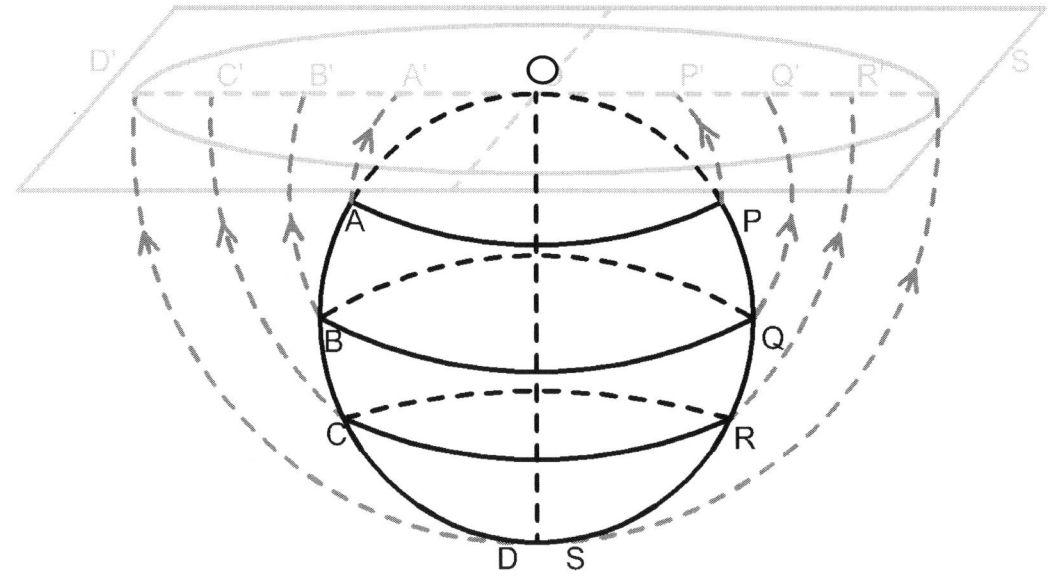

La región del plano tangente al punto **O,** que se corresponde con la superficie esférica, se puede entender como una imagen de la forma de la superficie esférica vista desde **O.** Desde cualquier otro punto en el que hagamos lo mismo, vemos otra imagen distinta de la forma de la superficie esférica, como una región finita del espacio tangente en este otro punto. El conjunto de las imágenes correspondientes a todos los planos tangentes se puede considerar representativa de la forma intrínseca (no dependiente del observador) de la superficie del globo. El universo es algo equivalente a lo anterior, pero de tres dimensiones y con curvatura en una cuarta dimensión. Desde cada punto del universo tomado como centro del mismo, veríamos una forma representada en una región del espacio tangente en este punto. Los matemáticos dicen que se trata de lo que ellos llaman un **espacio recubridor** del punto.

El universo como espacio puntual se puede considerar, pues, como el conjunto infinito e ilimitado de todos los espacios recubridores correspondientes a cada punto del mismo. Esto es lo que los matemáticos llaman un **fibrado,** que es el conjunto formado por todos los espacios recubridores. Cada espacio recubridor se dice que es una fibra.

11. Como yo he visto siempre que todo se mueve

Cuando en el año 1905 conocí a **Albert Einstein**, ya en la primera conversación que tuvimos, me explicó, entre muchas otras cosas, que el movimiento absoluto no existe, pues no existe nada que se encuentre en estado de reposo absoluto. No me sorprendí dado que, desde hacía 2.500 años, en mi primera visita a los sabios griegos, pude escuchar a **Heráclito de Éfeso,** que siempre decía:

63. Detalle de pintura de Rubens

Wiquipedia D.P.

Todo fluye y nada permanece.

Nadie se baña en un río dos veces

porque todo cambia en el río

y también cambia el que se baña.

Heráclito, el filósofo que llora. Reproducción fotográfica fiel de una obra de arte bidimensional de dominio público. Archivo: Rubens-heraclito-prado.jpg. 1636 - 1638. Óleo sobre lienzo, 183 x 64,5

Efectivamente, todo estado de movimiento es respecto a un sistema de referencia, y no existe ningún punto del universo que no se encuentre en movimiento respecto a otros.

Aprendí, pues, que afirmar simplemente que algo se mueve no significa nada, sino matizamos respecto a que se mueve. Es más; cuando decimos que un objeto A se mueve respecto a otro B, estamos tomando al objeto B como sistema de referencia. Si tomamos como sistema de referencia el objeto A, será el B el que se mueva respecto a A.

Resulta muy curioso observar, por ejemplo, que así como respecto a un sistema de referencia ligado solidariamente al Sol, la Tierra gira alrededor del Sol, respecto a la Tierra es el Sol el que gira. Después de tantos siglos de controversia, resulta que tanto los geocentristas como los heliocentristas que tanto discutieron, todos tenían razón; se trataba de escoger uno u otro como sistema de referencia.

En el universo todo se mueve, ya que para cualquier objeto que se considere, el único estado de reposo que existe es el relativo a un sistema de referencia ligado solidariamente al propio objeto. Es el que en la teoría de la relatividad se denomina **sistema de referencia propio.**

Si os queréis hacer una idea general del movimiento de los objetos del universo, podéis considerar un sistema de referencia ligado solidariamente a nosotros mismos. Este es nuestro sistema de referencia propio, el único respecto al cual nos encontramos en estado de reposo. Respecto a cualquier otro sistema de referencia que consideremos, nos estamos moviendo.

Tomemos por ejemplo el centro de la Tierra como sistema de referencia. Esta tiene un movimiento de rotación de 360 grados cada 24 horas y su radio es de aproximadamente **6.300 kilómetros.** Haciendo un cálculo muy sencillo resulta que estamos en movimiento circular alrededor del eje de rotación de la Tierra, incluso a veces, a una velocidad de hasta **1.648 Kilómetros por hora.**

Veo que muchos os habéis quedado asombrados al saber que todos nosotros y las montañas que nos rodean, a veces nos estamos moviendo a **1.648 km. / h.**

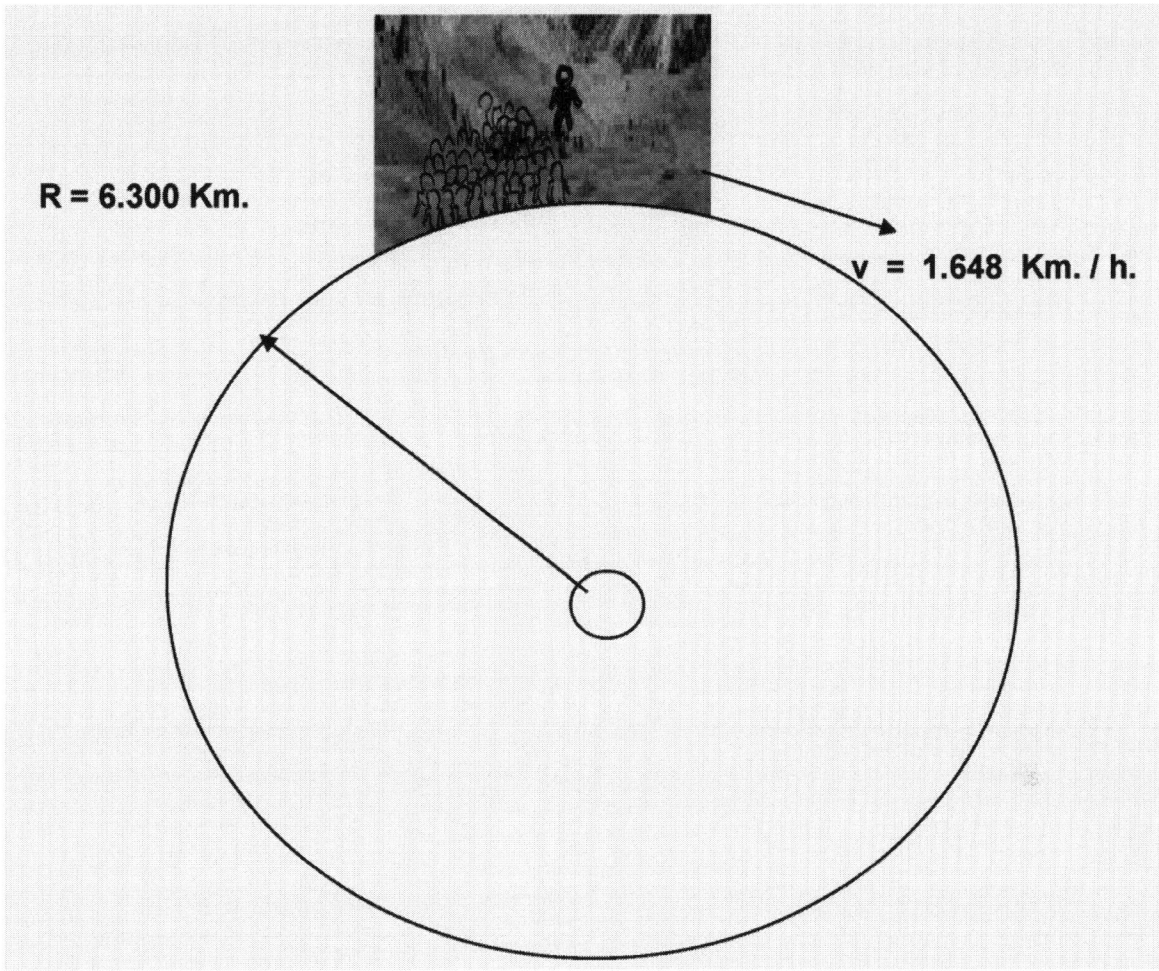

R = 6.300 Km.

v = 1.648 Km. / h.

Pensad que si ahora mismo, en mi forma de partícula, me desplazo casi instantáneamente al centro de la Tierra, desde allí puedo veros a todos vosotros y a mí mismo en mi forma humana viajando a una velocidad de **1.648 Km./h.**

También podemos elegir como sistema de referencia el Sol. He observado que nosotros junto con la Tierra estamos orbitando alrededor del Sol a una velocidad de casi **30 Km / seg,** equivalente a **107.000 Km / h.** Coincide con la que podéis calcular haciendo números, teniendo en cuenta la distancia entre el Sol y la Tierra y que esta da una vuelta al Sol cada año.

También he podido ver que el universo contiene cúmulos, galaxias y estrellas, cada una de las cuales posee un sistema estelar parecido o no al del Sol, con planetas y otros objetos orbitando en torno a él. El Sol, a su vez, gira alrededor del núcleo de su galaxia, la Vía Láctea, a velocidades exorbitantes, arrastrando lógicamente todo su sistema estelar y con él a la Tierra y a nosotros. Efectivamente, he comprobado que la velocidad del Sol en su movimiento alrededor del núcleo de la Vía Láctea es de unos **220 Km / seg.** Sin embargo, a pesar de esta gran velocidad, dada la enorme distancia del Sol al núcleo de la galaxia **(26.000 años-luz),** he visto que tarda del orden de **226 millones de años** en dar una vuelta completa. Igual sucede con las demás estrellas que vemos en la bóveda celeste. Hasta períodos del orden de un millón de años, apenas se observa el movimiento. Por este motivo, ya los sabios de la antigüedad hablaban de la **bóveda de las estrellas fijas**.

Todas las velocidades que hasta ahora he citado son lo que los astrónomos denominan **velocidades peculiares** de los objetos cósmicos, las cuales prácticamente coinciden con las que desde la Tierra observamos si no miramos muy lejos. Corresponden a movimientos motivados por la atracción gravitatoria, de velocidades relativamente pequeñas. Recordad que la velocidad mayor a que me he referido es de solamente **220 Km / segundo**, más de mil veces inferior a la velocidad de la luz.

También he observado con gran atención el movimiento de los grandes objetos cósmicos lejanos como las estrellas y galaxias

Yo he contemplado desde siempre que las galaxias se mueven de diversos modos. Por efecto de la expansión del universo y a una muy gran escala, las galaxias se alejan unas de otras de acuerdo con la ley de Hubble. Tomando como referencia la Tierra, se alejan de ella. No obstante, también he comprobado que, a menor escala, algunas galaxias cercanas lo que hacen es acercarse. Los sabios me han manifestado que se debe a que la **velocidad peculiar** total que tienen por efectos gravitatorios, es mucho mayor que la velocidad que poseen debida a la expansión, que en este caso es pequeña por ser esta proporcional a la distancia y encontrarse la galaxia relativamente cerca. Por ejemplo, desde hace tiempo, contemplo que la Galaxia Andrómeda se está aproximando a la nuestra a gran velocidad. Los astrónomos dicen que acabará fusionándose con ella.

De forma general y para velocidades de objetos que se están alejando de nosotros, los sabios tienen en cuenta, por una parte, la velocidad a que se alejan con motivo de la expansión del universo y, por otra parte, consideran su velocidad peculiar debida a los efectos gravitatorios. Sabemos que la velocidad peculiar de los objetos dentro del universo, tiene un límite que es la velocidad de la luz. Aun así, la velocidad real a que se alejan de nosotros, puede ser mucho mayor por ser la suma de su velocidad propia dentro del universo más la velocidad de su expansión en el punto considerado.

Es conocido que deben existir partículas situadas a muchos millones de años luz que se alejan de nosotros a la velocidad propia de la luz; es el caso de los **fotones que se mueven en dirección radial; su velocidad real de alejamiento es la suma de la velocidad de la luz más la velocidad de expansión ($vm_{exp} + c$).**

Sabemos que el radio del universo observable es de **46.000 millones de años-luz**. Es la distancia a que ha podido llegar el fotón más lejano, alejándose de nosotros durante casi la totalidad del tiempo cósmico. Esto indica que la velocidad media de expansión **vm** ₑₓₚ ha sido tal que se cumple:

$$vm_{exp} + c = 46.000 \text{ millones de años-luz } / 13.700 \text{ millones de años}$$

$$vm_{exp} + c \approx 3{,}3 \ MAL/MA = 3{,}3 \ c \rightarrow vm_{exp} \approx 2{,}3 \ c$$

Esta es más o menos la velocidad con que respecto a nuestro sistema de referencia se ha movido cualquier objeto con masa situado siempre en el límite del universo que, tal como ya os he descrito, en el momento actual alcanza unos **33.000 millones de años luz**. En estos cálculos desprecian las velocidades peculiares de estos objetos cósmicos por ser ínfimas frente a la velocidad de expansión. Esta es también la velocidad aproximada a la cual ha estado aumentando el radio del universo durante la casi totalidad del tiempo cósmico.

El movimiento de estrellas y galaxias

Ya os he contado que en el universo no existe el reposo absoluto. Todo se está moviendo a velocidades que dependen del sistema de referencia escogido para medirlas. El único reposo absoluto que puede existir es el de una partícula referida a un sistema de referencia solidario a ella. En la teoría de la relatividad, Einstein lo denomina, tal como ya os he dicho, **sistema de referencia propio.**

Tomando como sistema de referencia la Tierra, el movimiento de estrellas y galaxias viene determinado lógicamente por dos componentes fundamentales. Por una parte, la **expansión general del universo** que produce un movimiento de todos los objetos del universo en sentido radial. Por tanto, proporciona una componente radial de la velocidad en el sentido de alejamiento igual a la velocidad de expansión en el punto en que se encuentra situado.

Por otra parte, existe una segunda componente de la velocidad, la **velocidad peculiar,** que tanto en módulo como dirección viene determinada por los efectos gravitatorios, siendo estos siempre de atracción. Efectivamente, en cualquier galaxia relativamente cercana, los efectos gravitatorios determinan que sus objetos celestes describan órbitas respecto al centro de masas de la galaxia.

Mi amigo el ingeniero ha representado las dos componentes mencionadas del movimiento en un dibujo esquemático.

Para los que os gustan las fórmulas y las ecuaciones, nuestro ya común amigo os reparte una copia de la representación, con sus explicaciones.

Podemos observar en el dibujo la velocidad de expansión del universo respecto a la Tierra en cada punto **v** y, por otra parte, las **velocidades peculiares por efectos gravitatorios**.

Una de ellas es, V_o **= Velocidad orbital de un objeto cósmico OC .**

Consideremos, pues, un objeto cósmico **OC** de una determinada galaxia de masa **M,** cuyo centro de masas es el punto **CM,** siendo V_0 la velocidad a la cual gira el objeto alrededor del centro de masas.

La masa total **M** que contiene la galaxia y la posición **CM** del centro de masas determinará en todo momento el módulo y dirección de una segunda componente de la velocidad del objeto cósmico respecto a la Tierra. Esta es la proyección de V_0 sobre la dirección radial **T – OC** que lentamente va variando debido al movimiento de giro.

La resultante **R** de la composición de esta proyección con la componente V_e debida a la expansión, determinará el movimiento y velocidad del objeto cósmico **OC,** que puede ser cualquier estrella.

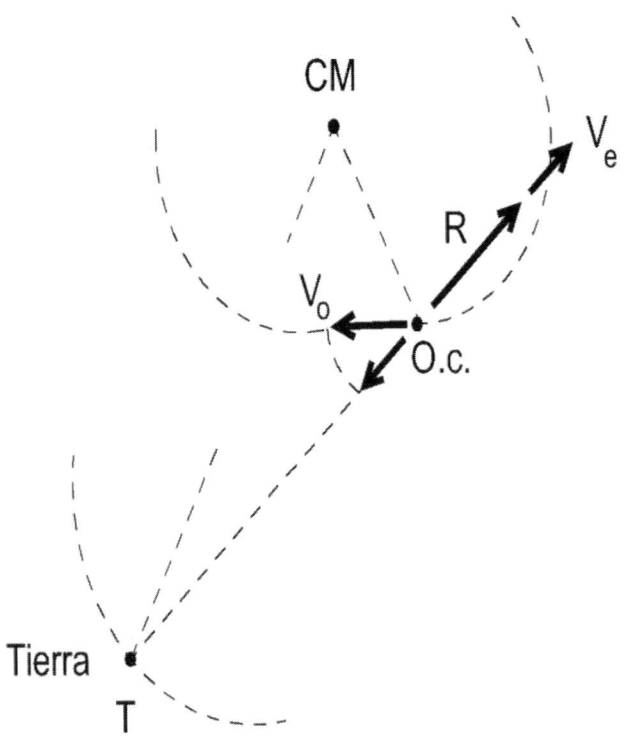

OC = Objeto cósmico considerado.

CM = Centro de masas del sistema a que pertenece OC.

V_e = Velocidad de expansión del universo respecto a la tierra.

V_o = Velocidad orbital del objeto cósmico OC.

R = Resultante = V_e - Proyección V_o

El movimiento de estrellas y galaxias desde la Tierra como sistema de referencia, viene determinado, pues, por una velocidad de expansión en sentido radial y otra velocidad que tanto en módulo como dirección, viene determinada por los efectos gravitatorios propios de cada sistema galáctico considerado con centro de masas **CM** .

Aparte de las dos componentes del dibujo, considerando el universo a **gran escala,** existe también otra componente adicional de la velocidad debida al movimiento entre los distintos sistemas galácticos, pertenecientes a lo que a gran escala algunos han llamado un **superclúster.** Más tarde os explicaré que es.

La Tierra, como sistema de referencia elegido, y la galaxia considerada, están sometidos a otro orden de fuerzas gravitatorias que hay que tener en cuenta a nivel de los supercúmulos de galaxias, en este caso, motivados por superestructuras como las llamadas **Gran Atractor** y **supercúmulo de Shapley.** Las fuerzas gravitatorias que actúan sobre la Tierra y sobre la galaxia son distintas pues dependen de las masas totales y de la distancia al centro atractor. Su diferencia constituye una tercera componente de la velocidad del objeto cósmico respecto a la Tierra.

De las tres componentes descritas para la velocidad, he comprobado que, **para objetos muy lejanos, la velocidad debida a la expansión domina siempre sobre los efectos gravitatorios.** He podido ver que prácticamente todas las galaxias conocidas se están alejando. Únicamente existen unas pocas excepciones para objetos relativamente cercanos. Por ejemplo, la galaxia Andrómeda que está situada a unos 2,5 millones de años luz, se está acercando hacia la Vía Láctea a una velocidad aproximada de 400.000 km / hora. Los sabios han calculado que la colisión tendrá lugar dentro de aproximadamente 4.000 millones de años.

El universo en expansión

A los que os gustan las matemáticas, nuestro amigo os reparte los gráficos que ha hecho sobre el movimiento de objetos cósmicos motivado por la expansión.

En el eje de en abscisas se representa el tiempo cósmico en millones de años; en ordenadas, el radio del universo que yo he podido medir en cada momento expresado en millones de años luz. En el gráfico también especifica la velocidad de expansión del radio, que ha sido prácticamente la misma en todo momento, con una media de casi **2,3 c,** igual a casi 700.000 kilómetros por segundo. Solamente yo mismo puedo viajar esta velocidad.

La línea en rojo del gráfico representa el radio del universo en cada momento **R (t).**

Además, podéis ver que en todo momento se cumple la ley de Hubble, $\mathbf{v = H (t) \times R (t)}$.

Esto se cumple porqué, si bien hoy día el valor del parámetro de Hubble es de 21,7 Km / seg por millón de años luz, durante el tiempo cósmico transcurrido ha sido mucho mayor.

Trayectorias de los objetos cósmicos en su movimiento.

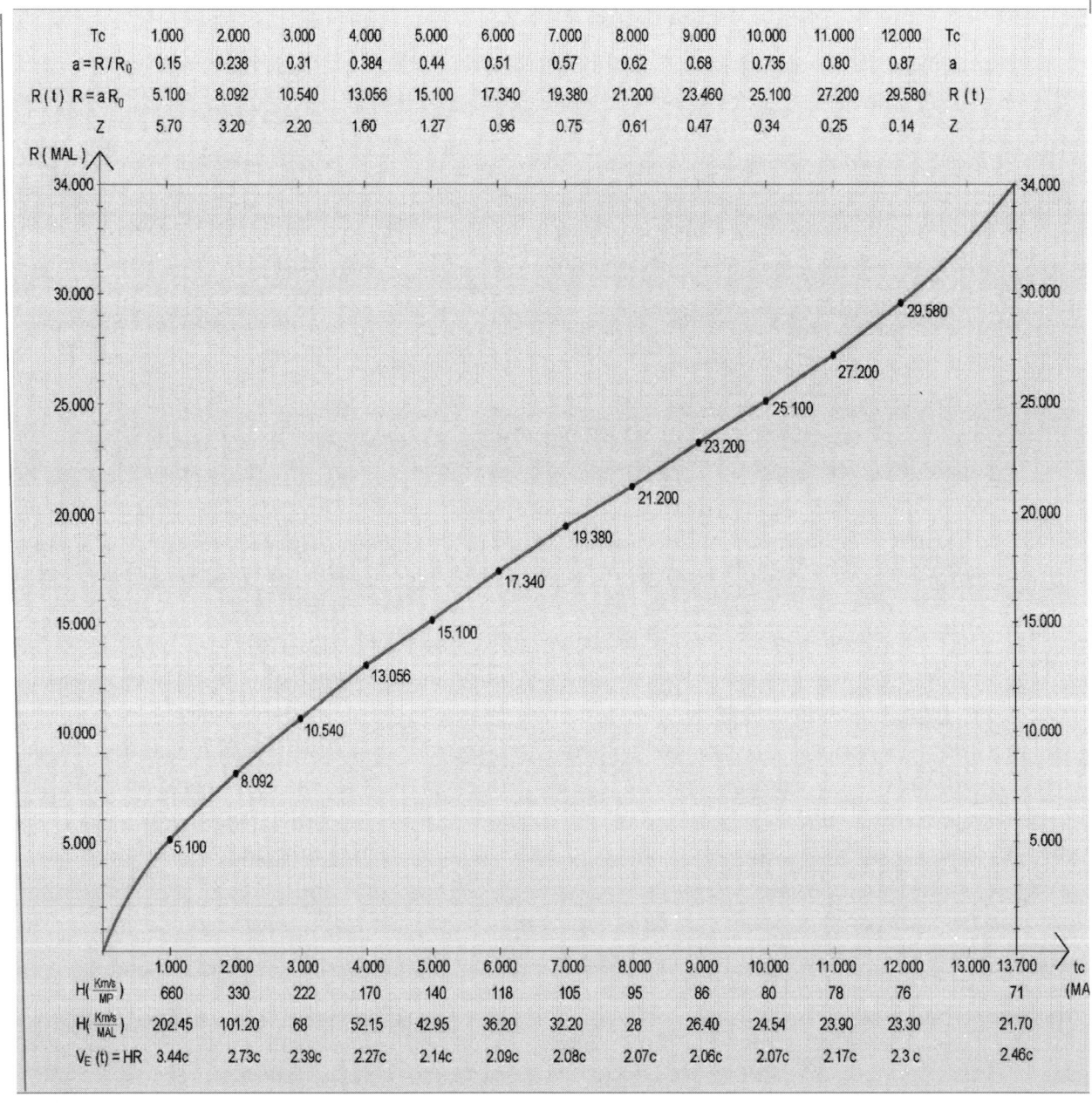

Tc	1.000	2.000	3.000	4.000	5.000	6.000	7.000	8.000	9.000	10.000	11.000	12.000	Tc
$a = R / R_0$	0.15	0.238	0.31	0.384	0.44	0.51	0.57	0.62	0.68	0.735	0.80	0.87	a
$R(t)$ $R = a R_0$	5.100	8.092	10.540	13.056	15.100	17.340	19.380	21.200	23.460	25.100	27.200	29.580	$R(t)$
Z	5.70	3.20	2.20	1.60	1.27	0.96	0.75	0.61	0.47	0.34	0.25	0.14	Z

	1.000	2.000	3.000	4.000	5.000	6.000	7.000	8.000	9.000	10.000	11.000	12.000	13.000 13.700	tc (MA
$H(\frac{Km/s}{MP})$	660	330	222	170	140	118	105	95	86	80	78	76	71	
$H(\frac{Km/s}{MAL})$	202.45	101.20	68	52.15	42.95	36.20	32.20	28	26.40	24.54	23.90	23.30	21.70	
$V_E(t) = HR$	3.44c	2.73c	2.39c	2.27c	2.14c	2.09c	2.08c	2.07c	2.06c	2.07c	2.17c	2.3 c	2.46c	

En otro gráfico que también os adjunto, nuestro amigo ha dibujado la trayectoria que han seguido unos cuantos objetos cósmicos seleccionados que en este momento se encuentran a diferentes distancias. **Sus velocidades son debidas únicamente a la expansión, pues tratándose de objetos cósmicos muy lejanos, sus posibles velocidades peculiares son ridículas frente a la velocidad de expansión**

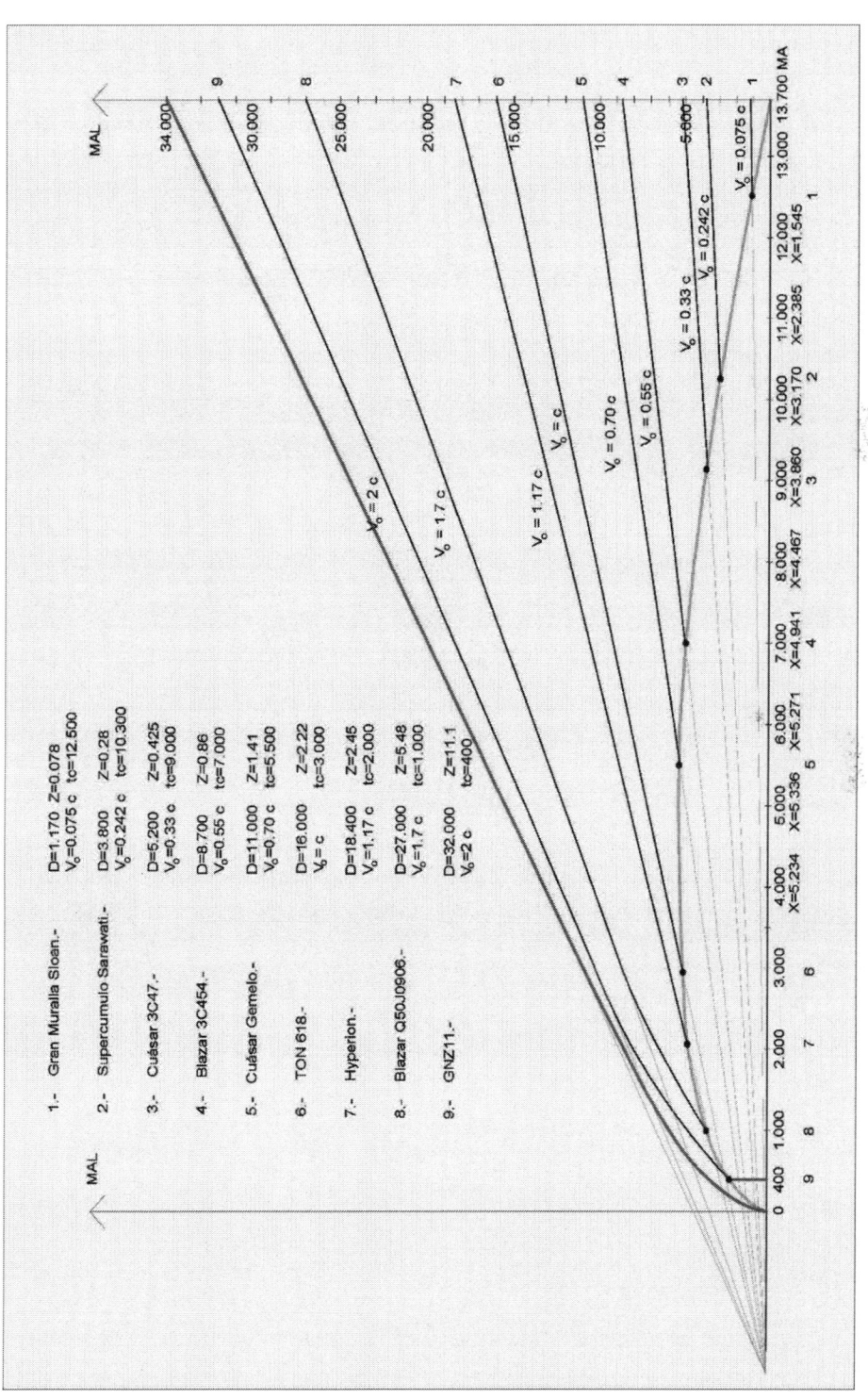

El movimiento de los fotones

Todos los objetos cósmicos del anterior gráfico han estado emitiendo en todo momento partículas de luz, que no son otra cosa que fotones que han salido de ellos en todas direcciones, siempre a una velocidad peculiar igual a la de la luz **c**. Los fotones que han estado emitiendo en dirección a la Tierra, han viajado siempre a la velocidad **c** que les es propia, pero, dado que lo han hecho en un universo en expansión, su velocidad respecto a la Tierra ha sido en todo momento $c - v_E(t)$, siendo $v_E(t)$ la velocidad de expansión.

La línea verde del gráfico anterior representa la situación donde estaban los diferentes objetos cósmicos en el momento de emitir los fotones que recibimos ahora. Nos llegan a su velocidad propia **c**, ya que en la Tierra $v_E = 0$. Yo sé que estos objetos cósmicos ya existían antes, pero la luz que emitieron, ya hace millones de años que ha ido llegando a la Tierra. A estos los ha marcado en **verde** en un **tercer gráfico**.

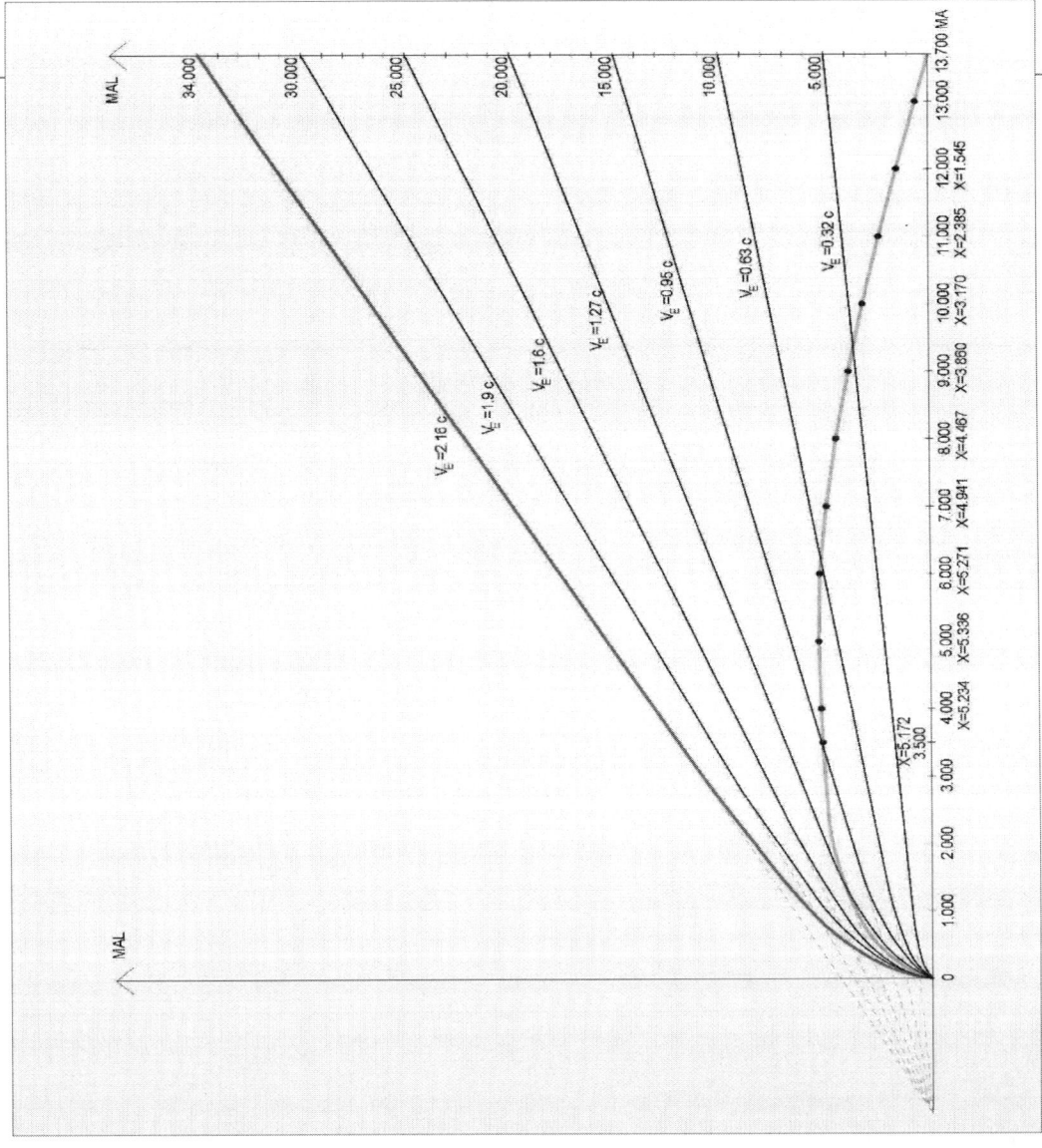

200

Por otra parte, los fotones que se han ido emitiendo posteriormente se encuentran aún viajando e irán llegando durante el transcurso del tiempo cósmico futuro. En el cuarto gráfico los marca en **rojo**. La realidad es que el universo se encuentra en su totalidad lleno de fotones que van viajando. En el gráfico no ha representado los fotones que han viajado en sentido contrario a la Tierra, los cuales se han ido alejando a su velocidad propia **c** más la velocidad de expansión. Estos se encuentran a distancias que van desde los 34.000 millones de años luz, hasta los 46.000 millones de años luz.

Otro tema de interés es que los fotones que recibimos en la Tierra, después de viajar durante gran parte del tiempo cósmico por el universo en expansión, esta ha ido haciendo cada vez mayor su longitud de onda. Más adelante os explicaré que los sabios me han dicho que esta es inversamente proporcional a su energía y esa es la razón por la cual los fotones que inicialmente tenían una gran energía ahora nos llegan con muy poca.

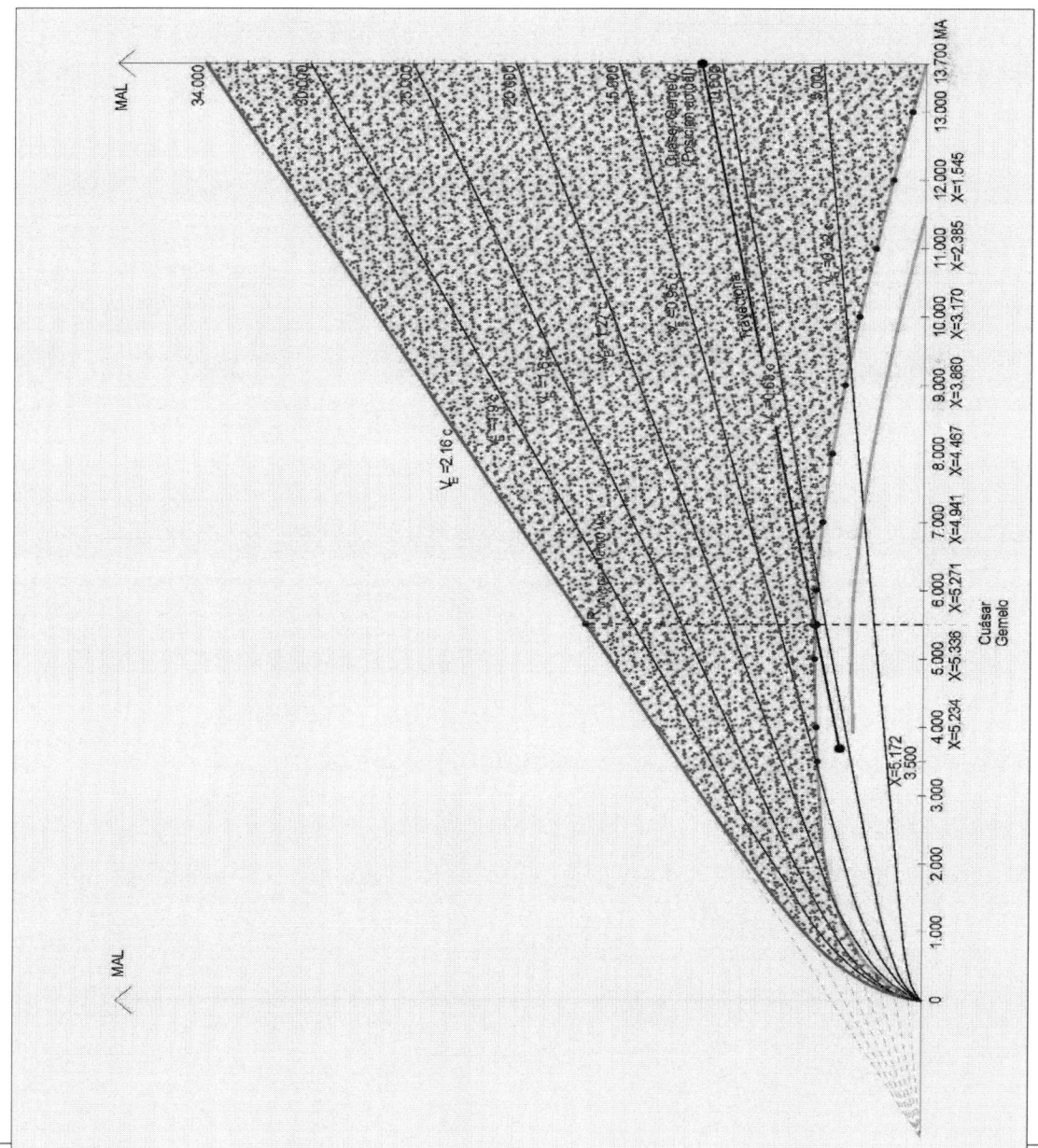

Fin de la cuarta jornada de confinamiento

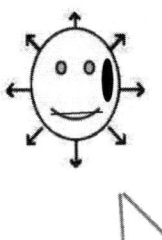

Ya hemos terminado nuestro cuarto día de confinamiento.

Para los que os gustan los números, las fórmulas, las ecuaciones y ya sabéis algo de matemáticas, nuestro amigo el ingeniero os entregará copia de diversos desarrollos matemáticos, de los cuales yo, sin llegar a entenderlos totalmente, pude tomar nota (en rojo), y su explicación (en azul) .

Aplausos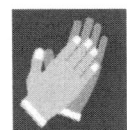

Después de mi comentario de rigor remitiendo los aplausos a los sabios, mi amigo, que normalmente habla poco, me dijo que los podía hacer llegar también a un insigne profesor que tuvo, D. Francisco González de Posada, que, cuando tenía solamente 20 años, le explicó de forma magistral lo que le ha permitido ahora entender todos estos desarrollos matemáticos.

La asignatura se llamaba « Fundamentos físicos de aplicación a las técnicas », pero, según él, podría haberse llamado perfectamente « fundamentos físicos para llegar a entender los comportamientos del universo ».

LAS AVENTURAS DE COSMET EXPLICADAS POR ÉL MISMO (4)

CUENTOS COSMOLÓGICOS

YO SÉ QUE TODO LO QUE EXISTE NO ES MÁS QUE ENERGÍA

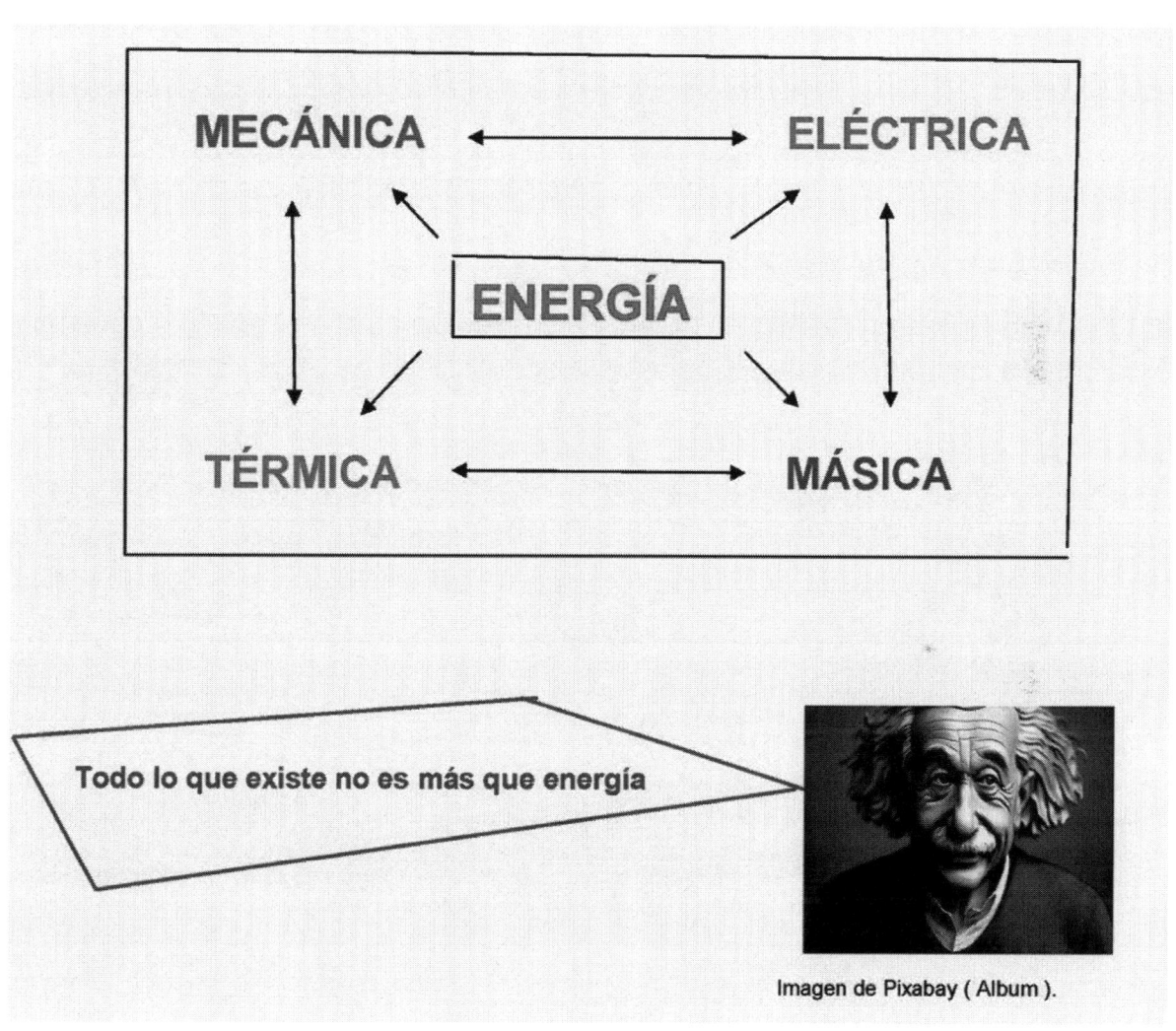

Imagen de Pixabay (Album).

OBRA DE DIVULGACIÓN PARA CONOCER EL UNIVERSO A PARTIR DE UN GRAN VIAJE POR LA HISTORIA DEL PENSAMIENTO CIENTÍFICO

Cosmet explicando a sus compañeros de confinamiento que todo lo que existe no es más que energía que va adoptando muy diversas formas

YO SÉ QUE TODO LO QUE EXISTE ES SIMPLEMENTE LO QUE AHORA LLAMAN ENERGÍA

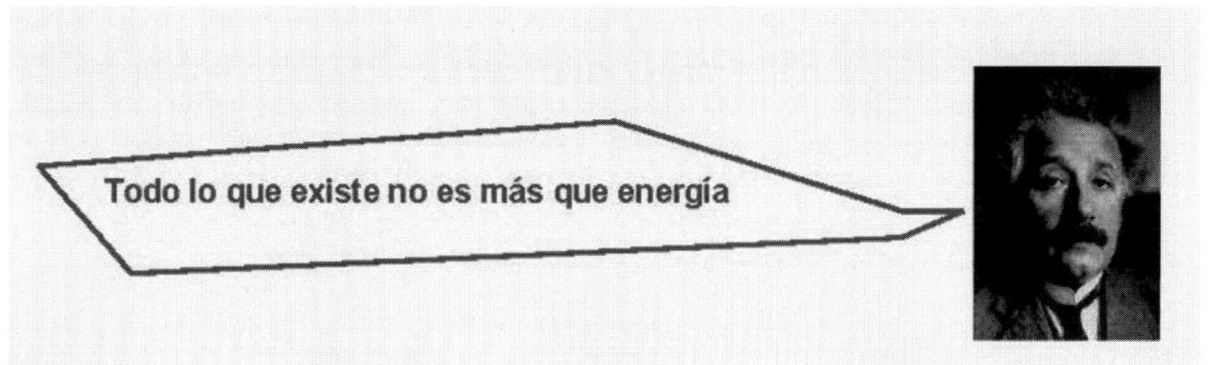

Todo lo que existe no es más que energía

12. Que era y que es realmente todo lo que existe y cómo, al final, los sabios humanos han llegado a saber que es simplemente lo que llaman energía

Desde siempre, muchos sabios han estado pensando que a pesar de que todas las cosas que existen son distintas, debe haber una realidad única de la cual aquellas sean simplemente distintas formas; es decir, algo único que sea la esencia de todo lo que existe. Dada la gran variedad de objetos que hay, debe ser necesariamente algo que pueda transformarse de muchos modos.

Yo siempre he sabido que este algo existe. Durante nuestro primer día de confinamiento ya os expliqué que, cuando yo nací, en el universo no existía aún la materia. Todo el universo era un vacío, pero un vacío que se encontraba repleto de partículas inmateriales como yo. Sin embargo, no eran como yo mismo, sino de las normales, **fotones**.

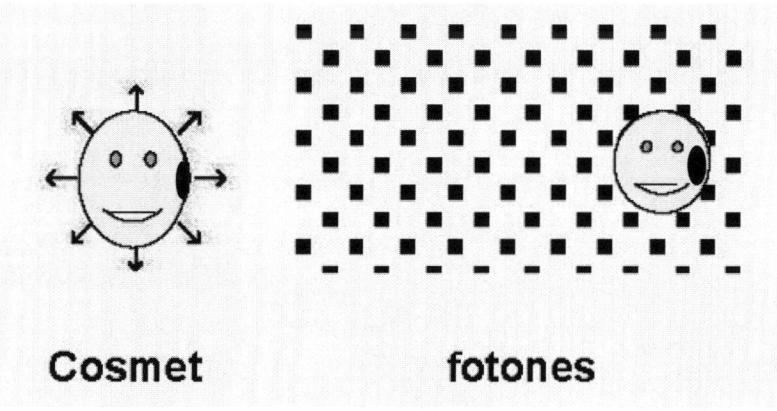

Cosmet   **fotones**

Así pues, todo lo que vi que existía en el universo era algo muy etéreo; **algo inmaterial de lo que estaban formados los fotones y yo mismo**. Tanto los fotones como yo mismo no éramos más que una determinada cantidad de este algo y, además, teníamos una doble naturaleza. A la vez, éramos como partículas que se encontraban localizadas en un lugar determinado y también como unas ondas que ocupaban la totalidad del espacio. Como ondas, estábamos vibrando constantemente y nos encontrábamos simultáneamente en todas partes, pues ocupábamos el universo al completo.

Ni los fotones ni yo mismo éramos iguales; eran distintas las velocidades de vibración que teníamos medidas en oscilaciones por segundo. Teníamos diferentes cantidades de este principio inmaterial que ahora sé que no es más que la energía de un movimiento de vibración que ahora llaman **energía radiante.**

Al cabo de muy poco tiempo, tal como ya os conté el primer día, me di cuenta de que en el universo muchos fotones se convertían en partículas materiales.

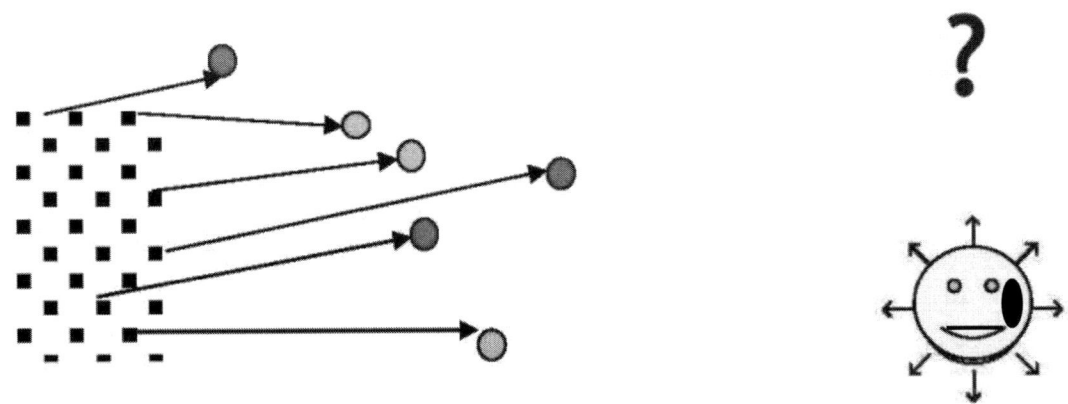

Contemplé con gran sorpresa que una parte de aquel principio inmaterial del universo se convertía en partículas con masa, con lo cual, toda la materia o masa que se formaba en el universo no era más que otra forma que adoptaba aquel principio elemental. **Pronto apareció toda la masa o materia que existe.**

Por otra parte, pronto descubrí que yo mismo, sin dejar de ser lo que era, podía continuar en mi primera forma como una partícula sin masa, o transformar una pequeña parte de yo mismo en cualquier otra cosa con masa. Yo nunca comprendí el porqué de todo esto, hasta que, ya viviendo en la Tierra, visité a los humanos normales más sabios para ver si me lo podían aclarar.

Os cuento las conversaciones que mantuve con algunos de ellos.

Me dirigí a **Mileto**, lugar donde nacieron las primeras ideas de la filosofía y ciencia griegas. Los filósofos que conocí de la llamada Escuela de Mileto ya pensaban lo que yo sabía; que debía existir un **principio material único** que, transformándose, pudiera generar todo lo que existe. En mis primeras conversaciones con ellos, me fueron explicando lo que consideraban que eran o podían ser estos primeros principios materiales: **agua, tierra, aire** y **fuego.** Al momento consideré que estaban descaminados, pues yo mismo no era ninguna de estas cuatro cosas.

Pude hablar con **Tales de Mileto,** filósofo, matemático, físico y astrónomo, que creía que la sustancia primera debía ser el **agua.** Esta sería la sustancia originaria de donde todo sale y a donde todo va a parar. Sin embargo, yo ya era consciente de que yo no era agua.

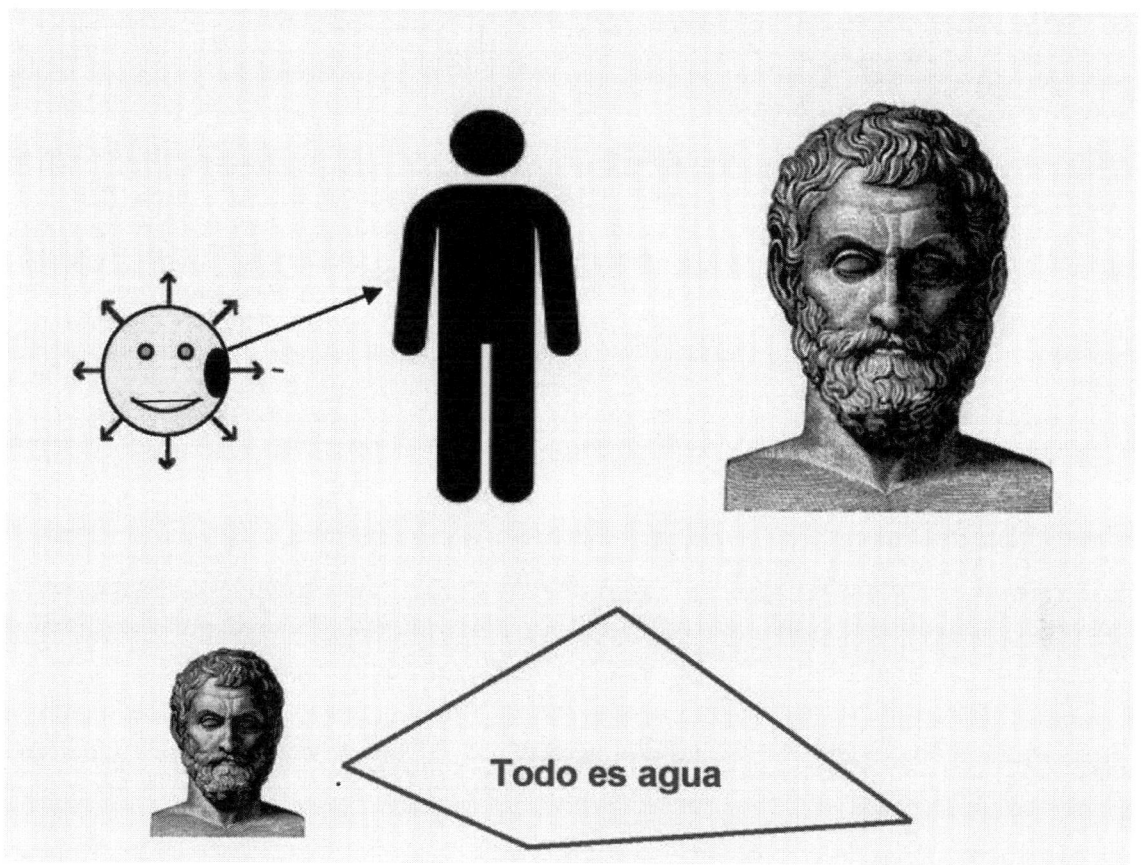

64. Dominio público. Wilhelm Mayer (1844-1944). Autor: Ernst Wallis. Imagen de Illustrerad historia de Ernst Wallis et al, publicada en 1875-9. Los derechos de autor han expirado y esta imagen es de dominio público .

Siempre ensimismado en sus pensamientos, era un hombre muy despistado. Una vez, mientras observaba los astros y miraba hacia arriba, se cayó en un pozo, y los que le vieron se burlaron de que, de tanto querer conocer las cosas del cielo, no advirtiera las que estaban detrás de él ni delante de sus pies.

También coincidí con otro filósofo coetáneo suyo llamado **Anaximandro,** que desechó el agua como sustancia primera al pensar que, de una materia determinada y finita, no podían salir cosas tan distintas y de propiedades en muchos casos opuestas. Atendiendo a la gran diversidad de todo lo existente y observable, sostuvo que el principio de todo debía ser algo que no conocemos; algo **infinito en cantidad e indefinido en cualidad.** Lo llamó **lo infinito (apeiron).**

Esto ya me gustó más, pero todo lo demás que me explicó a continuación lo encontré muy simplista. Sostenía que del **apeiron** tenía que surgir el resto por simple separación de lo caliente de lo frío. De acuerdo con este criterio, razonaba que pudo formarse una envoltura exterior de fuego que habría dado lugar a los astros. Esta se habría separado de una masa fangosa y fría compuesta de tierra y agua.

65. Anaximandro. Detalle de "La escuela de Atenas" de Rafael Sanzio, 1510-1511. Vaticano, Roma. Dominio público. File: Anaximander.jpg. Reproducción fotográfica fiel de una obra de arte bidimensional de dominio público.

Anaxímenes, que fue otro pensador de la misma escuela a quien también conocí, estimaba que lo más parecido con las características del apeiron era el **aire.** Por eso afirmó que este era el principio de todo. En realidad, lo que hizo fue solo unificar los criterios anteriores. El aire es infinito como el apeiron y no necesita de un soporte continente como ocurre con el agua. No obstante, yo no podía ser simplemente aire.

66. Anaxímenes (imagen de Wikipedia. D.P.) Recortada de http://www.sir-ray.com/Anaximenes.jpeg y etiquetada como dominio público.

Otro filósofo perteneciente a este primer período de la historia del conocimiento, ya no de la escuela de Mileto, fue **Heráclito de Siracusa.** Según él, todo lo que existe está en constante movimiento y transmutación. Decía a menudo que « **todo fluye y nada permanece** ». De acuerdo con esta idea, Heráclito manifestaba que el primer principio sería el **fuego,** elemento en constante movilidad que todo lo engendra y todo lo consume.

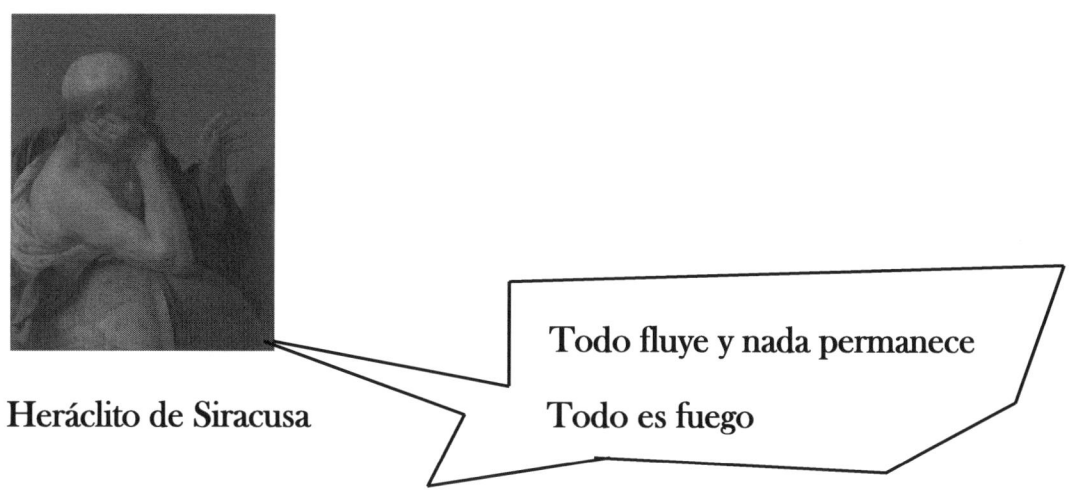

Héraclito de Siracusa

Todo fluye y nada permanece

Todo es fuego

67. Dominio público. File: Heraclitus Rijksmuseum SK-A-2784.jpeg. Creado el 1 de enero de 1628. Heráclito por Hendrick ter Brugghen (1628). Heráclito, hablando y gesticulando mientras se apoya en un globo con su brazo derecho

Años más tarde, estuve con **Sócrates, Platón** y **Aristóteles,** quienes continuaban pensando que todo está formado por los cuatro ingredientes básicos: **tierra, agua, aire** y **fuego**; pero ya introdujeron también conceptos más etéreos como « **Las Ideas** », Sócrates y Platón, o « **Las formas»**, Aristóteles, como entes inmateriales encargados de organizar la materia.

Sócrates   Platón   Aristóteles

68. Imágenes de Wikipedia. D.P.

Escultura de Sócrates, obra de arte romana del siglo I.
Sting. CC BY-SA 2.5   File: Socrates du Louvre.jpg. Se puede hacer cualquier uso de esta fotografía siempre que se acredite al autor (Eric Gaba – Usuario de Wikimedia Commons: Sting) y se distribuya las copias y trabajos derivados bajo la licencia Creative Commons Attribution-Share Alike 2.5 Generic.

Dominio público.   File: Platon. Pio-Clementino Inv305.jpg. Buste de Platon. Marbre, copie romaine d'un original grec du dernier quart du IVe. Museos Vaticanos. Museo Pio-Clementino, Sala delle Muse. Fotógrafo: Marie-Lan Nguyen (2006).

Platón me aseguró muy convencido que todo lo que existe son **Ideas** y que, cualquiera ellas, una vez conocida, tiene que existir. De entrada, me pareció un poco raro, pero con los años he visto que este principio ha sido confirmado, hasta cierto punto, por la propia evolución del conocimiento científico. He llegado a comprobar que existen muchas ideas de cosas, por ejemplo, partículas e ideas no materiales como las leyes físicas, a las que se ha ido llegando simplemente a partir de razonamientos matemáticos, pero que más tarde su existencia real ha sido confirmada por la experimentación.

Tengo que confesaros que, en estos viajes, los filósofos me contaron cosas muy interesantes, pero en cuanto al principio material que forma todas las cosas no aprendí casi nada. Todo lo que me contaron me pareció muy simplista. Aun así, fueron las ideas que han perdurado hasta hace poco, dominando gran parte del conocimiento del universo que tuvieron los humanos normales hasta la aparición de **Galileo** y **Newton**, sabios con los que traté muchos siglos más tarde.

69. Imagen de Pixabay / Álbum

Durante este largo período, las ideas básicas fueron mantener los cuatro elementos clásicos: **tierra, agua, aire** y **fuego,** como principio de todas las cosas, pero fue naciendo la inquietud de buscar un elemento único que los alquimistas llamaron piedra filosofal; esta reuniría y armonizaría las propiedades de los cuatro elementos citados.

Fue hace algo más de 500 años, a partir de las grandes aportaciones de **Isaac Newton** y otros científicos en los campos de las matemáticas y de la física, cuando todo empezó a cambiar. Efectivamente; desde el siglo XVI hasta finales del siglo XIX, fui viendo como muchos científicos desarrollaban los principales conceptos de la **física clásica.**

Lo que más me interesó en este tiempo fue lo que me explicaron acerca de lo que ya llamaron **energía** y también sobre el **principio de conservación de la misma.** Este dice textualmente que **la energía no se crea ni se destruye, sino que solamente se transforma**

adoptando diferentes formas como son, por ejemplo, la **energía mecánica**, el **calor** y la **energía eléctrica**.

Ya entonces consideré que aquel principio material que yo buscaba debía ser la **energía**. No obstante, en aquellos años no se conocía ningún tipo de relación entre la masa y la energía. La conservación de la energía solamente se conocía parcialmente. Este conocimiento se limitaba a las transformaciones de energía mecánica en energía calorífica y a la transformación de energía mecánica en energía eléctrica, pues ya desde mucho antes, se habían construido saltos de agua y pequeños aprovechamientos hidroeléctricos.

Entonces, antes de que Einstein anunciara su famosa ecuación de equivalencia entre la masa y la energía, el concepto de masa hacía referencia únicamente a la materia y el concepto de energía de la física clásica no tenía nada que ver con el concepto de masa asociado únicamente a esta. Aun con todo, desde la exposición de la **teoría de la relatividad** y tras descubrirse la famosa equivalencia entre masa y energía, el concepto de masa se generalizó en el sentido de que la cantidad que sea de cualquier tipo de energía, equivale a una determinada cantidad de masa y viceversa. Nació una noción más general; la **masa - energía**.

Todo esto, ya de entrada, me interesó mucho porque aclaraba el hecho de que yo tuviera desde siempre la capacidad de transformarme en cualquier cosa. Empecé a pensar que yo mismo era masa - energía, y que los fotones, yo mismo y cualquier partícula inmaterial no éramos otra cosa que formas de la misma. Todo lo que había en el universo cuando yo nací, sería **una primera forma inmaterial de energía**; su forma original. Esta energía de las partículas sin masa, que es lo que ahora llaman **energía radiante**.

Pensé también que, cuando una pequeña parte de mi energía radiante la transformaba en cualquier cosa con masa, lo que ocurría era que una parte de la energía que yo tenía se convertía en **energía másica**. Todo esto lo entendí mejor hace poco más de 100 años, cuando entablé amistad con Albert Einstein y me aclaró su teoría de la relatividad y que el principio de todo lo que existe no es otra cosa que energía.

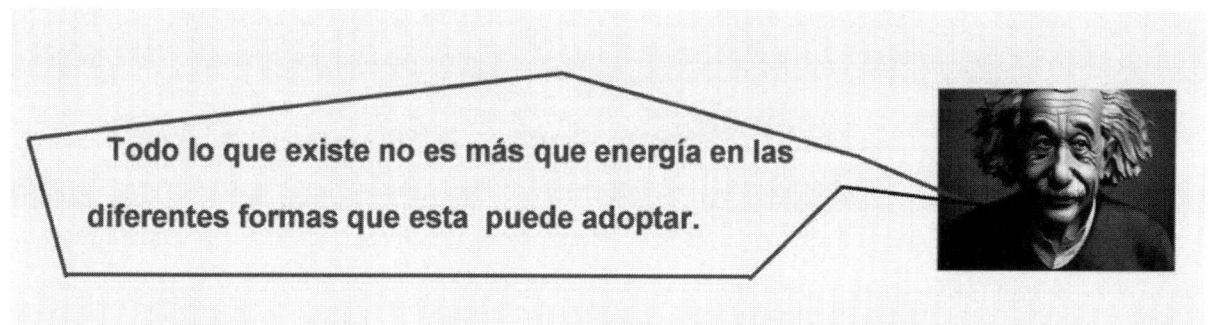

Todo lo que existe no es más que energía en las diferentes formas que esta puede adoptar.

Einstein me habló de la **Teoría de la relatividad especial** en el año 1905 y de la **Teoría de la Relatividad General** en el año 1915. En este contexto, Einstein presentó su famosa **ecuación de equivalencia entre la masa y la energía** que expresó como $E = m \cdot c^2$, siendo E la energía, m la masa y c la velocidad de la luz. Me dijo que había llegado a esta fórmula simplemente haciendo unos cálculos matemáticos que, más adelante, si yo estudiaba un poco más de matemáticas, me detallaría.

Con esto, Einstein concluyó lo que yo ya había intuido 14.700 años antes; la energía era el principio único de todas las cosas que muchos sabios habían anhelado conocer durante los últimos 2.500 años.

La masa-energía debía ser considerada, pues, el primer principio que buscaban con afán todos los filósofos de la antigüedad. De hecho, quizás no iban tan descaminados, dado que, aire, agua, y fuego, no son otra cosa que masa-energía. Así, aprendí que el contenido del universo, ya sea material o inmaterial, no es más que un conjunto inmenso de partículas de la misma. Además, la cantidad de esta que contiene el universo, jamás se debería haber creado ni destruido; por consiguiente, siempre habría sido la misma.

Sin embargo, si todo lo que existe en el universo no es otra cosa que **energía,** la pregunta que yo me hice es: ¿cómo puede explicarse la diversidad del contenido del universo? Según los sabios, consiste en la existencia de las distintas formas que puede adoptar la energía.

La primera de estas, se trataba de la energía que yo ya conocía desde el primer día: la energía de un movimiento de vibración o **energía radiante**. Poco después, vi que esta adoptaba la forma de **energía másica** y que una parte de mi energía podía adoptar la forma de un objeto con masa. Cuando aparecieron las partículas con masa, pude apreciar como comenzaron a actuar las fuerzas fundamentales sobre ellas, produciendo su movimiento. Con ello adquirían otra forma de energía, la que ahora los físicos llaman **energía cinética**.

Cuando por fin pude charlar con los sabios de la física clásica, me expusieron más formas que adopta la energía. Este hecho cambió el paradigma del conocimiento científico del universo. Una de las grandes conclusiones de la teoría fue que ambas leyes de conservación, la hipotética conservación de la masa y la conservación de la energía, podían fusionarse en una sola: la **ley de conservación de la masa-energía**, consistente en que **la masa-energía no se crea ni se destruye, sino que solamente se transforma.**

13. El cuento de la energía

Durante muchos años, los sabios con los que fui conversando me contaron que no la consideraban como ninguna cosa o ninguna sustancia, ya sea material o inmaterial, sino solamente una determinada propiedad o capacidad que tienen todos los objetos que existen, cuando se encuentran sometidos a la acción de una fuerza concreta. Aún no sabían que todo lo que existe es energía.

Según ellos, se trata de la capacidad que tienen los cuerpos sometidos a una fuerza para realizar un trabajo y producir cambios en ellos mismos o en otros. Pensaban que había tantos tipos de energía como tipos de fuerzas.

La palabra **energía** la empezaron, pues, a usar los sabios de la física clásica, no como una realidad tangible que existe de forma real, sino como una determinada propiedad o capacidad que tienen todas las cosas que existen, ya sean materiales o inmateriales. En el lenguaje ordinario que usamos normalmente, la gente utiliza muchas palabras heredadas de la física clásica. Cuando alguien es capaz de desarrollar mucho trabajo, se dice que tiene un gran **potencial** y, cuando lo desarrolla intensamente, sostienen que actúa con gran **energía.**

El primero que me habló de **energía** fue **Isaac Newton** en la visita que le hice en el año **1672**, hace solamente 350 años. Entre muchas otras cosas, me mencionó lo que él entendía por **energía mecánica.**

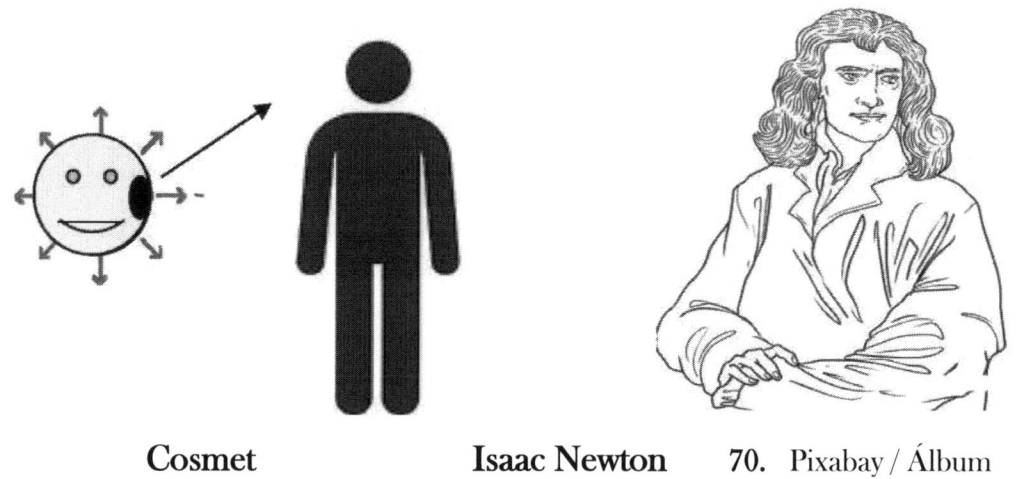

Cosmet   **Isaac Newton**   **70.** Pixabay / Álbum

La energía mecánica de una partícula material o de cualquier cuerpo como conjunto de partículas sometido a una fuerza era la suma de la **energía potencial** y la **energía cinética**, palabra esta última que no ha trascendido al lenguaje común. Me dijo que entendía por **energía potencial** la capacidad para realizar un trabajo, lo cual dependía de las fuerzas que actuaban sobre el cuerpo. Asimismo, que cuando se realiza este trabajo, parte de la energía potencial se convierte en un tipo de energía efectiva, que es la energía ligada al movimiento o **energía cinética.**

Según él, esto no ocurre siempre necesariamente, ya que el cuerpo puede estar sometido también a unas **fuerzas de ligadura** o **ligaduras** que le impiden moverse. Entonces, el cuerpo permanece en su estado de reposo, conservando su energía potencial.

En cambio, si no hay ligaduras, el cuerpo empieza a moverse y a acelerarse. Pasa a tener en cada momento una energía cinética $E_{cinética}$, que depende de la velocidad que adquiere. Con un cálculo muy sencillo, me hizo ver que si el cuerpo tiene masa **m** y se mueve a una velocidad **v,** el valor de su energía de movimiento es $E_{cinética} = 1/2 \cdot m \cdot v^2$.

Esta, como toda la energía mecánica, la miden hoy en diversas unidades, como el **julio.**

Unos 100 años más tarde, en encuentros que mantuve con los sabios que descubrieron la electricidad, me hablaron de otra forma que puede adoptar la energía, la **energía eléctrica.** Yo ya la conocía también desde siempre, pues había contemplado partículas con carga eléctrica.

En el año 1772, un físico y matemático francés, **Charles - Augustín de Coulomb,** me explicó cosas que yo ya sabía; que la energía eléctrica es la que está relacionada con las fuerzas de atracción o repulsión entre dos partículas cargadas eléctricamente. En su honor, la unidad de carga eléctrica se denomina ahora **culombio.**

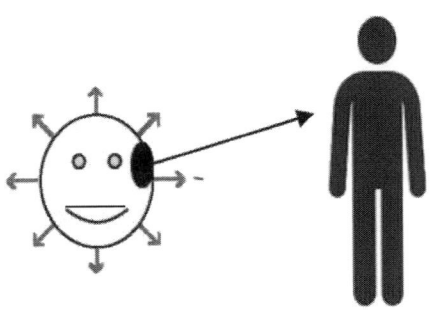

71. Wikipedia D.P. Dominio público. Anónimo. Retrato de Charles Augustin de Coulomb (1736-1806). https://www.photo.rmn.fr/archive/99-003694-2C6NU0X9TUSI.html. Fuente desconocida.

Cualquier carga eléctrica crea a su alrededor una fuerza eléctrica, la cual induce en cada punto una energía potencial o **potencial eléctrico** que se mide en **voltios. Coulomb** me dijo que definían el **voltio** como « la diferencia de potencial existente entre dos puntos, tales que hay que realizar un trabajo de **1 julio** para trasladar del uno al otro la carga de 1 Culombio». En cuanto a la energía eléctrica, la miden en la unidad llamada **electronvoltio (eV),** que es la **energía necesaria para que la carga eléctrica de un electrón adquiera el potencial de 1 voltio o incremente su potencial en un voltio.**

Más tarde, me aclararon lo que era la **energía calorífica** o **energía térmica** que tiene cualquier cuerpo considerado como lo que realmente es, un sistema de partículas. Todos los objetos existentes en el universo no son más que **conjuntos o sistemas de partículas,** que se encuentran en constante movimiento dentro del propio objeto o sistema, independientemente del movimiento global que este pueda tener debido a fuerzas externas. Cada una de sus partículas posee una energía cinética que depende de su masa y de su velocidad dentro del sistema y a la suma de la energía cinética de todas ellas la denominaron su **energía interna.**

Si el sistema tiene n partículas n_1 **,** n_2 , ..., n_n y cada una se mueve internamente a velocidades V_1 **,** V_2 , ..., V_n ,

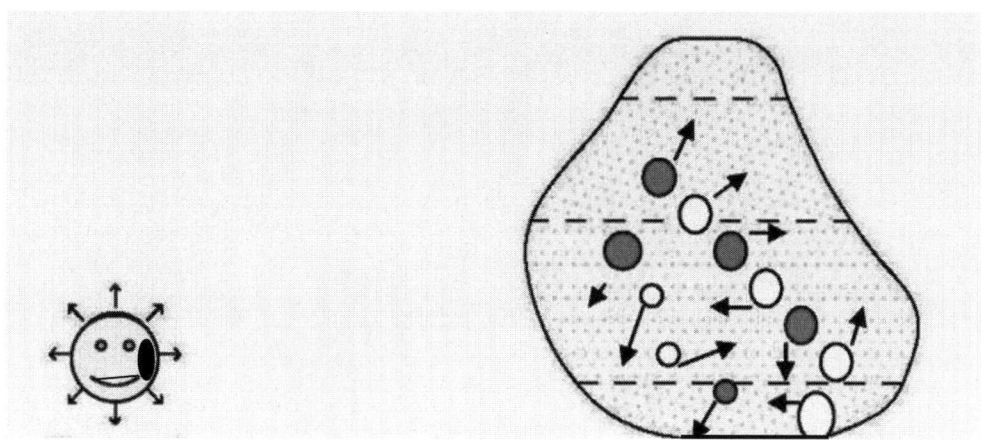

$$E_{interna} = (1/2 \ m_1 \cdot v_1^2) + (1/2 \ m_2 \cdot v_2)^2 + \ldots\ldots + (1/2 \ m_n \cdot v_n^2)$$

Esto constituye la **energía interna del sistema.**

Esta magnitud se manifiesta como otra forma de la energía que ahora se denomina **calor** o **energía térmica** y que se designa por **Q**. Esta, también conocida como **energía calórica,** no es más que **la energía cinética interna del sistema expresada como cantidad Q de calor.** La unidad de calor que normalmente emplean los físicos es la **caloría.**

Todo esto me lo comentó un señor llamado **James Prescott Joule** cuando, en el año 1850, tuve ocasión de charlar con él. Había descubierto, además, que la equivalencia entre unidades de calor y energía es:

$$1 \ \text{julio} = 0,24 \ \text{calorias} \quad \text{o} \quad 1 \ \text{caloria} = 4,18 \ \text{julios}$$

Cosmet   James Prescott Joule

72. Wikipedia D.P. Dominio público. Joule: jpg. De Wikipedia Commons.

Como podéis ver, todos los físicos que visité hablaban de una única cosa que es la energía, pero para cada forma que presenta la medían en unidades específicas. En verdad, dado que se trata de lo mismo, se puede medir en cualquiera de ellas.

Relacionada con la energía interna y con la cantidad de calor **Q,** hay otra magnitud que conocemos como **temperatura** que, como sabéis, se mide por grados térmicos mediante un **termómetro.** Esta magnitud no es propiamente energía, sino que representa un **promedio de la energía cinética que tienen todas las partículas del sistema.** Es, pues, simplemente, una manifestación de la energía interna del sistema, estando, por tanto, ambas magnitudes relacionadas. La relación la descubrió un físico austríaco, **Ludwig Boltzmann.**

En el año **1880, tuve ocasión de conocer a este señor.**

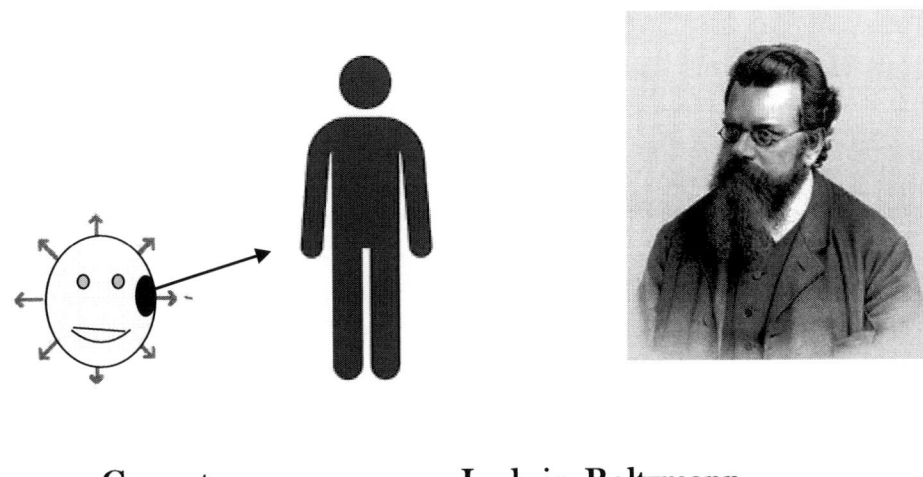

Cosmet   **Ludwig Boltzmann**

73. (Wiquipedia D.P.). Dominio público. Creado en 1902. Fuente: Universidad de Viena. Autor desconocido.

Me habló acerca de lo que ahora en su honor llaman **constante de Boltzmann,** que relaciona energía con temperatura. Definió una equivalencia entre el grado Kelvin y la media estadística de la energía cinética de las partículas. **El valor de la constante de Boltzmann resultó ser 1,3806488 x 10^{-23} julios por grado Kelvin.** Esta equivalencia es muy utilizada para designar la temperatura del universo durante la evolución del tiempo cósmico. Queda de la siguiente manera:

Un grado Kelvin equivale a 1,3806488 x 10^{-23} julios. Un gigaelectronvoltio (GeV) corresponde aproximadamente a 10^{13} grados Kelvin.

Os recuerdo que, respectivamente, en el año **1900** y en **1905,** pude conversar largamente con los señores **Max Planck** y **Albert Einstein,** para entender mucho más sobre mi esencia como partícula cuántica.

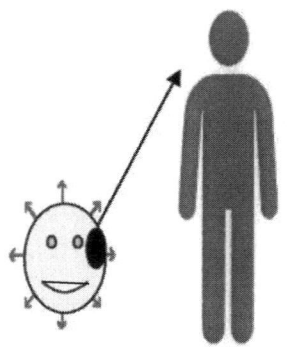  

Mi primera charla con el señor Max Planck fue poco antes de que expusiera públicamente sus teorías el día 14 de diciembre de 1900. Había llegado a la conclusión de que la energía no es algo que tenga una forma continua, sino discontinua. Existe solo en paquetes que llamó **cuantos de energía** y estos no son todos iguales, ya que existen de más y de menos energía. Me explicó que eran ondas que vibraban constantemente a determinadas frecuencias f, siendo su energía proporcional a las mismas y siendo la constante de proporcionalidad un determinado número h, la **constante de Planck.** La energía de cada cuanto es $E = h \cdot f$. Pensando en mí, me enteré de que no soy más que un cuanto de una energía inmensa.

Por fin, en **1905,** el señor Albert Einstein me aclaró que la masa de las partículas y de cualquier cuerpo no era otra cosa que otra forma que adoptaba la energía. Comprendí, pues, que todo lo que existe en el universo es **masa-energía.** Él unificó los conceptos tradicionales de masa (m) y de su energía equivalente (E), mediante la ecuación $E = m c^2$, siendo c la velocidad de la luz en el vacío, que es una constante universal. En esta fórmula, la masa equivale, pues, a una determinada energía de la partícula o del sistema de partículas; $m = E / c^2$. Por tanto, la masa se puede expresar en unidades de energía. Por esto se mide usualmente en **electronvoltios.**

Tal como anteriormente ya os he detallado, me manifestó también que todas las partículas se mueven, pero que este movimiento es relativo porque la velocidad v de una partícula depende del sistema de referencia al que se refiera. Una partícula solamente se puede considerar en reposo absoluto respecto a un único sistema de referencia privilegiado; el **sistema de referencia propio,** que es el solidario a la partícula en todos los movimientos posibles que pueda tener.

La masa m_0 de la partícula respecto a este sistema propio es lo que Einstein llamó **masa en reposo absoluto** o **masa invariante** de la partícula. La energía de la partícula en este sistema es $E = m_0 \cdot c^2$. Por otro lado, Einstein ya conocía la teoría de Planck y su ecuación $E = hf$. Debía cumplirse, por tanto, que $E = hf = m_0 \cdot c^2$ y $m_0 = hf / c^2$.

Lo más curioso de esta expresión es que, cualquier partícula inmaterial como yo mismo, somos, en realidad, una onda que se encuentra vibrando, y que nuestro contenido de energía depende de la frecuencia de la vibración. Además, se considera que poseemos una masa ficticia equivalente a hf/c^2.

14. El cuento de la entropía. Cómo he observado que, conforme pasa el tiempo, todo está más desordenado y el universo pasa a ser menos simétrico

He comprobado, durante toda mi muy larga vida, que en el universo todo se va desordenando cada vez más. Nunca supe por qué hasta que en 1880 topé con un físico, **Rudolf Clausius**, que me lo aclaró.

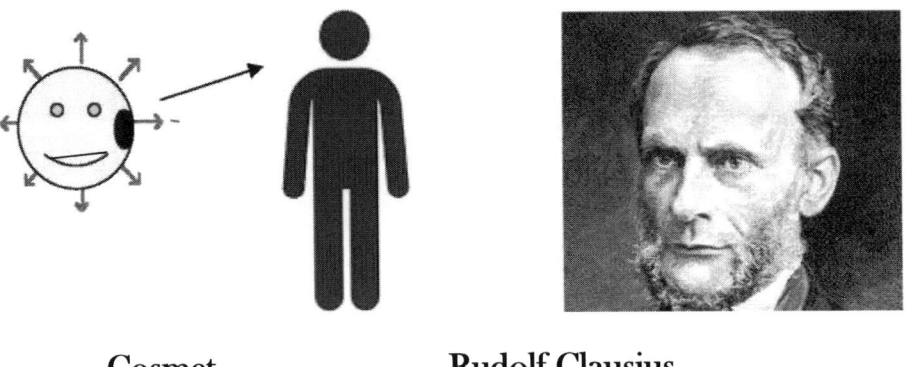

Cosmet   Rudolf Clausius

74.   Dominio público. 1888. http://www-history.mcs.st-andrews.ac.uk/history/Posters2/Clausius.html. Autor desconocido.

También otros sabios me contaron lo que entendían por **simetría en un sistema de partículas**: si dos partículas tienen idéntico valor de una determinada propiedad, consideran que tienen simetría o que son simétricas respecto a esta propiedad.

Para ellos, un **sistema totalmente simétrico o supersimétrico** es el que todas las partículas que lo componen tienen exactamente los mismos valores de todas sus propiedades y características, mientras que **es parcialmente simétrico** o solamente **simétrico respecto a una determinada propiedad,** cuando todas las partículas que lo componen tienen exactamente los mismos valores de esta propiedad.

Los procesos de transformación de cualquier sistema que suceden en el universo pueden conservar o no determinadas propiedades de sus partículas. Cuando se conserva una determinada propiedad, dicen que es una **transformación de simetría** respecto a esta propiedad. Cuando una propiedad no se conserva en una transformación, aparecen partículas con distintos valores de la misma. Al pasar esto, afirman que se ha producido un **rompimiento de una simetría** que tenía el sistema antes de la transformación.

Cuando yo nací, el universo era totalmente simétrico porque incluso las fuerzas fundamentales que ahora conocemos que rigen el comportamiento del mismo, se encontraban unificadas en una sola. No obstante, ya os he contado que inmediatamente comenzaron las roturas de esta **supersimetría,** cuando aparecieron partículas con diferentes masas y, por tanto, infinidad de fuerzas gravitatorias distintas.

A partir de este concepto de simetría, otros sabios me explicaron también lo que entendían por **orden en un sistema de partículas.**

Según ellos, el concepto de orden de un sistema de partículas respecto a una determinada propiedad obedece a una relación dual que existe entre todos los pares de partículas. Cuando en una transformación del sistema se rompe una simetría, desaparece la relación dual mencionada. **Cuando esto sucede, dicen que el sistema se desordena; pasa a ser menos ordenado. Asocian el concepto de orden al de la simetría.**

En el universo, las transformaciones de la energía de un sistema de partículas, tienden hacia el estado de mínima energía. Asimismo, he visto constantemente que **el sentido en que se producen las transformaciones es también el que corresponde a evolucionar hacia un sistema menos simétrico, es decir, menos ordenado.** He observado que **el universo, inicialmente supersimétrico y, por tanto, totalmente ordenado, durante toda su evolución ha tendido constantemente al desorden, lo cual se puede interpretar como la perdida de simetrías.**

Todos estos conceptos vienen relacionados con una propiedad de los sistemas que el señor Clausius llamó **entropía del sistema, que no sería más que una expresión de su orden y simetría.** En diversas visitas que a mediados del siglo XIX realicé a **Rudolf Clausius, Carnot** y otros físicos, me confesaron que, investigando el calor y su transformación en energía mecánica, introdujeron este concepto de la **entropía.** Concibieron esta nueva magnitud, **la entropía,** como la **medida del orden, o mejor dicho, del desorden de un sistema.** En consecuencia,

Mayor desorden → Menor simetría → Mayor entropía

Los señores **Clausius y Carnot,** me dijeron también que investigando acerca de los conceptos de calor y temperatura y analizando las transformaciones del primero, además de verificarse en las transformaciones del calor el cumplimiento de lo que es el primer principio de la termodinámica, la conservación de la energía en un sistema aislado, observaron que también se cumplía lo que definieron como **segundo principio de la termodinámica:**

La entropía de un sistema aislado solamente puede aumentar con el paso del tiempo y nunca disminuir.

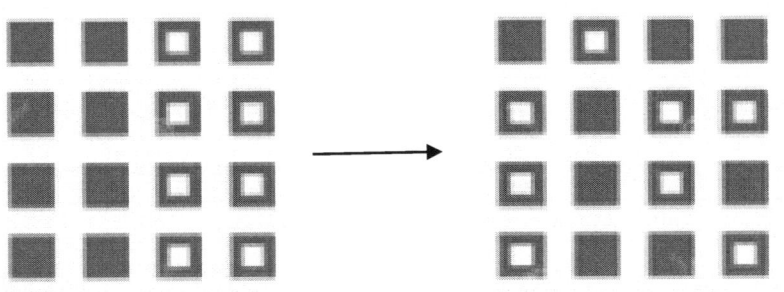

Mayor desorden → Mayor entropía.

Así pues, la entropía siempre aumenta o, a lo sumo, permanece invariable. Cuando en un sistema de partículas disminuye su entropía, este no será un sistema aislado y tendrá un entorno en el que aumente la entropía de manera que el balance total de variación sea positivo.

Este principio recoge la existencia de la irreversibilidad en muchos procesos y clarifica el sentido del tiempo. Para que en alguna zona aislada del espacio-tiempo la entropía disminuyese, el tiempo tendría que avanzar **hacia atrás**. El sentido del tiempo es aquel en el que aumenta la entropía. Algunos sabios con los que he conversado han llamado a esto **flecha del tiempo entrópica.**

De acuerdo con este principio, según ellos, la entropía del universo jamás puede disminuir con el tiempo; solo puede aumentar. De este modo, **cualquier sistema de partículas del universo tiene dos características fundamentales; su energía interna y su entropía,** y las transformaciones que tienen lugar en el sistema se rigen por el **principio de conservación de la energía global, primer principio de la termodinámica,** y por el **principio de incremento de la entropía, segundo principio de la termodinámica.**

Para cualquier sistema aislado de su entorno, en cualquier transformación del mismo, se conservará siempre la energía interna total del sistema y se incrementará su entropía. Esto es lo que ocurre en el proceso de expansión del universo. Se trata de un proceso particular, en el que el sistema termodinámico pasa de un estado de equilibrio a otro sin que en ningún momento haya dejado de estar en equilibrio termodinámico.

A la entropía, Ludwig Boltzmann, aquel gran físico ya citado, le daba una definición de origen matemático basada en la teoría de las probabilidades.

Un sistema físico tiene unas determinadas propiedades que se pueden medir y conocer. Esta es la visión macroscópica del sistema, **descripción de grano grueso, o descripción del macroestado.** Sin embargo, el sistema está formado por partículas microscópicas que gozan de diferentes valores de cada propiedad considerada, pero de tal forma, que la suma de los valores nos daría siempre el valor de la descripción macroscópica.

La descripción a nivel de partículas sería la **descripción de grano fino, o de un microestado.** Existirán muchísimos microestados compatibles con el hecho de que en su conjunto formen el macroestado.

El grado de orden o desorden de un sistema está lógicamente relacionado con el número de microestados compatibles con el macroestado. De acuerdo con esto, **la entropía de un macroestado resulta ser una medida del número de microestados compatibles.**

Boltzmann relacionó, pues, la entropía **(S)** del sistema con el **número de microestados (W) compatibles con el macroestado** y postuló que debía existir una proporcionalidad. Dado que en el caso de existencia de un solo microestado **(W = 1)**, lo cual significa **supersimetría y orden total**, esta situación debe ser de **entropía nula;** por ser **log 1 = 0,** expresó la proporcionalidad entre **S** y **W** de forma logarítmica enunciando lo que después en su honor se conoce como **fórmula de Boltzmann.**

$$S = k \log W$$

Definió también cuantitativamente la **segunda ley de la termodinámica: Con el paso del tiempo, la entropía de un sistema cerrado solo puede aumentar, nunca disminuir.**

Con base en lo anterior, la entropía del universo ha estado aumentando siempre desde que nació y hasta la actualidad. Esto cuadra muy bien con lo que yo siempre he visto en el sentido de que lo he ido viendo cada vez más desordenado. Esto significa, tal como os he dicho, que ha ido perdiendo simetría. Efectivamente; en la evolución con el tiempo del sistema de partículas que constituye el universo, su temperatura ha ido disminuyendo continuamente durante el transcurso del tiempo cósmico. Asimismo, la **entropía del sistema siempre ha ido aumentando.** Por tanto, **el sistema de partículas ha tendido siempre a desordenarse** y el desorden del sistema **equivale a pérdida de simetrías.**

Cuando nace, el universo tiene **entropía nula** y, en consecuencia, es **supersimétrico.** Las pérdidas de simetría más importantes se producen ya en los primeros tres minutos de su existencia, coincidiendo con los fenómenos que expuse el segundo día de confinamiento. Estas corresponden a la aparición en el universo de las distintas fuerzas que determinan su comportamiento, que son la **fuerza gravitatoria,** la **electromagnética,** y las que actúan solo a nivel de los núcleos atómicos, la **fuerza fuerte** y la **débil.**

A las muy altas temperaturas del universo, cuando este nace, existe la máxima simetría del sistema y, por ello, mínima entropía, y todas estas interacciones se encuentran unificadas.

En el período correspondiente al universo primordial, se producen las principales roturas de simetrías que originan las fuerzas o interacciones fundamentales. Estas pérdidas de simetría que suponen la separación de las fuerzas fundamentales, que en un principio estaban unificadas, se produce, tal como ya os expliqué, en un momento muy temprano dentro del primer segundo de existencia del universo.

Lo que yo pude ver también, ya en mis primeros instantes de vida, fue que **la disminución del grado de simetría del universo no se producía de forma gradual, sino a determinadas temperaturas del sistema.** Lo que ocurre en el universo es análogo a cosas que ocurren en el mundo físico. Por ejemplo, en un sistema formado por moléculas de agua, cuando la temperatura desciende ciertos grados, el agua se transforma en hielo. En el fluido cósmico que constituye el universo pasa algo parecido. En determinados momentos del tiempo cósmico y a temperaturas concretas, se produjeron los **cambios de fase consistentes en la pérdida de determinadas simetrías del sistema.** Son las temperaturas en las que se produce una **transición de fase**, equivalente a la **rotura de una determinada simetría.**

En el siguiente cuadro podéis ver los fenómenos de separación de las interacciones en cada momento correspondiente del tiempo cósmico, con el universo a una determinada temperatura (T) equivalente a una determinada energía (E). **1 GeV = 1.000 MeV $\approx 10^{13}$ ºK.**

Energía equivalente	Tiempo cósmico	Fenómeno que tiene lugar.
$E > 10^{19}$ GeV	$t < 10^{-44}$ seg.	Interacciones unificadas
$T_u > 10^{32}$ K		
$E = 10^{19}$ GeV	$t = 10^{-44}$ seg.	Separación de la gravedad
$T_u = 10^{32}$ K		
$E = 10^{15}$ GeV	$t = 10^{-36}$ seg.	Separación interacción fuerte
$T_u = 10^{29}$ K		Aparición de los gluones.
$E = 100$ GeV	$t = 10^{-10}$ seg.	Separación de la interacción
$T_u = 10^{16}$ K		débil y de la electromagnética.

La **primera rotura de simetría** con la aparición de la fuerza gravitatoria asociada a partículas tiene lugar cuando empiezan a surgir en el universo partículas con masa real. Esto ocurre a partir del momento $t = 10^{-44}$ segundos en que casi inmediatamente **se rompe la supersimetría de forma espontánea.** Con la aparición de partículas con masa, aparece la fuerza de la gravedad. De pronto, las partículas experimentan, entre ellas, la acción de una fuerza que hasta ahora no existía; **la gravedad.** Aparentemente, digamos que hay partículas con masa y sin ella, rompiéndose la simetría inicial de todas las fuerzas. Se genera la fuerza de la gravedad, quedando la situación inicial como otra fuerza unificada de las demás que hemos llamado **fuerza Gut o fuerza asociada a un bosón, que se denomina bosón X.**

Segunda ruptura de la simetría. Cuando la temperatura desciende hasta 10^{16} GeV, equivalente a 10^{29} **K,** se separa la **fuerza fuerte,** quedando unificada la **fuerza electrodébil.** Con el proceso casi instantáneo de la gran inflación, la temperatura, aunque no mucho, ha ido bajando, y es aproximadamente a los 10^{29} **grados Kelvin** y a un tiempo de 10^{-36} **segundos,** desde el Big Bang, cuando se produce la **rotura de la simetría GUT. La fuerza fuerte se separa de la electrodébil y la materia GUT empieza a diferenciarse en materia leptónica y materia quark.** Aparecen **los gluones portadores de la interacción fuerte, que se separa, continuando unificadas la fuerza débil y la electromagnética.**

Tercera ruptura de la simetría. En el tiempo cósmico $t = 10^{-10}$ **segundos,** cuando la temperatura ha descendido hasta **246 GeV,** equivalentes aproximadamente a $T = 10^{16}$ **K,** se produce la **ruptura electrodébil.** Se separan la **fuerza débil** y la **fuerza electromagnética.**

Este sería el modelo de la gran inflación, en su fase de universo primordial, visto desde el punto de vista de las transiciones de fase (rupturas de simetría).

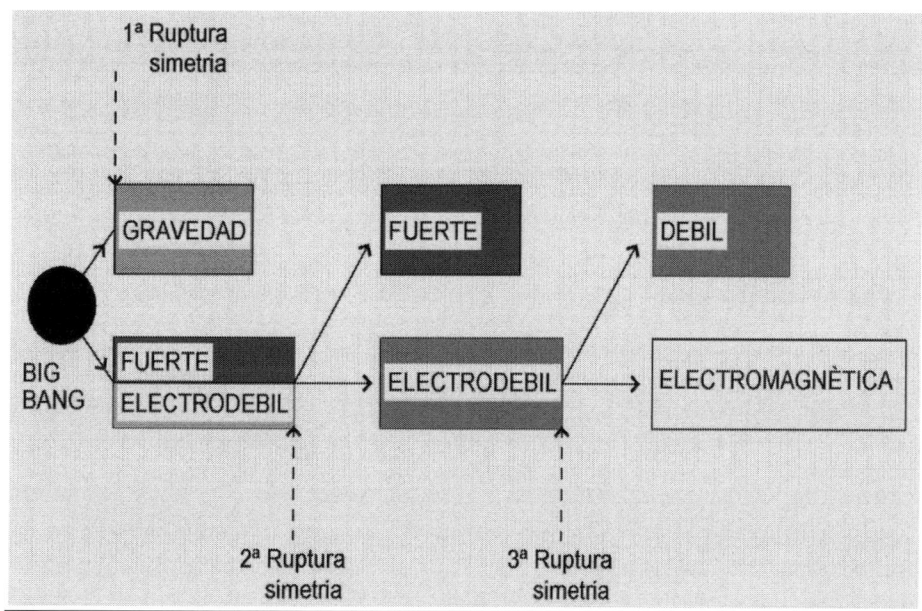

Cómo en el submundo de las partículas elementales, las simetrías gobiernan el comportamiento del universo

Desde que empecé a ver como se formaban las partículas y de qué modo las de mayores masas se desintegraban dando lugar a otras partículas más ligeras, nunca entendí por qué no se producían partículas de cualquier masa, sino partículas de masas muy concretas. Además, en unas partículas tenían lugar determinadas transformaciones - interacciones -, que en otras no se daban nunca. La explicación de estos comportamientos del universo a nivel de las partículas me la fueron dando muchos de los físicos que fui visitando a partir del año 1915. En este mismo año, conocí a una gran matemática, **Emmy Noether,** quien enunció su famoso teorema relativo a las simetrías; concretamente, a la conservación necesaria de determinadas propiedades en cualquier interacción.

Cosmet   **Emmy Noether**

75. Wikipedia D.P. Dominio público. Creado antes de 1910. Autor desconocido.

A partir de aquí, basándose en los desarrollos matemáticos presentados por ella, se fueron descubriendo leyes de conservación, que han llevado a los sabios al desarrollo del **modelo estándar de la física de las partículas y sus interacciones.** La conclusión a la que llegaron fue que determinadas leyes de conservación gobiernan las posibles transformaciones que estudia la física de partículas. La profunda relación entre simetrías fundamentales de la naturaleza y leyes de conservación ha sido un principio guía en el desarrollo del Modelo Estándar. Este se basa en ciertas leyes de conservación, lo que permite que algunos procesos ocurran, al tiempo que impide otros.

Aparte de que la energía y el momento lineal han de conservarse siempre y de que en cualquier interacción electromagnética se debe conservar la carga eléctrica, para cada tipo de interacción se determinaron propiedades específicas de muy diferentes tipos, cuya conservación es lo que indica que algunas transformaciones ocurran, al tiempo que otras quedan prohibidas.

Por todos estos hechos se ha considerado que el teorema de Noether es uno de los más importantes teoremas matemáticos que han guiado el desarrollo de la física moderna.

Su mente prolífica y aguda impresionó incluso a Albert **Einstein**. En 1935, pude escuchar de él estas palabras:

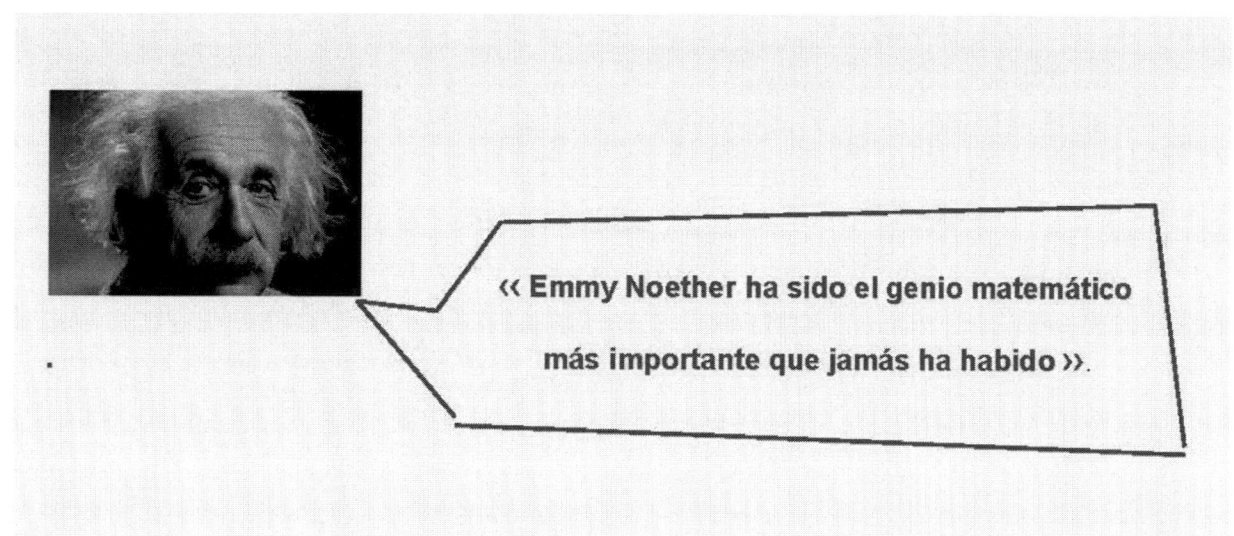

« Emmy Noether ha sido el genio matemático más importante que jamás ha habido ».

Fin de la quinta jornada de confinamiento

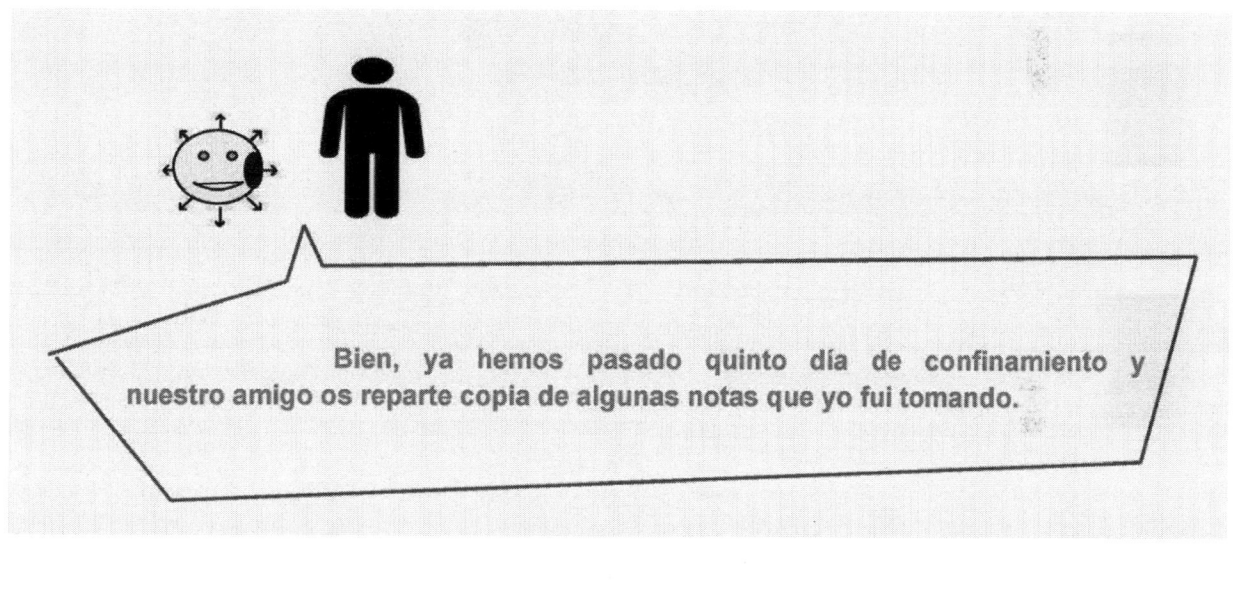

Bien, ya hemos pasado quinto día de confinamiento y nuestro amigo os reparte copia de algunas notas que yo fui tomando.

Aplausos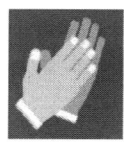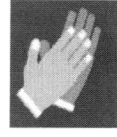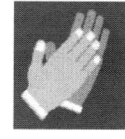

Aunque ya sabéis que no me los merezco, muchas gracias por vuestros aplausos, pero no os vayáis todavía.

Dado que a algunos de vosotros las pruebas PCR que os han hecho han resultado bien y ya dejáis el confinamiento, quiero avanzaros someramente algo de lo que contaré durante los próximos días.

En estas jornadas, os he hablado acerca de quién soy, como soy, y que he estado viajando durante toda mi vida por el universo, viendo infinidad de cosas, pero sin llegar a entender casi nada. Ya os he contado algunas de mis conversaciones, pero antes de que nos dejéis, os avanzaré resumidamente algunos de los cuentos más significativos.

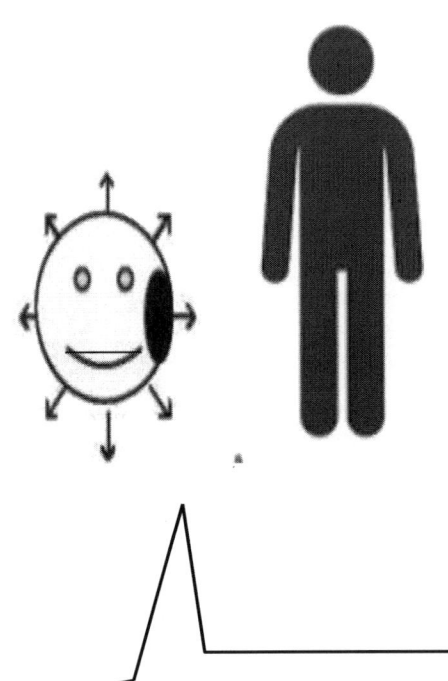

En atención a los que afortunadamente las pruebas PCR que os han hecho han resultado bien y ya dejáis el confinamiento, quiero avanzaros someramente algo de lo que contaré durante los próximos días.

En estas jornadas, os he hablado acerca de quién soy, como soy, y que he estado viajando durante toda mi vida por el universo, viendo infinidad de cosas, pero sin llegar a entender casi nada. Ya os he contado algunas de mis conversaciones, pero antes de que nos dejéis, os avanzaré resumidamente algunos de los cuentos más significativos.

MIS VIAJES POR EL UNIVERSO

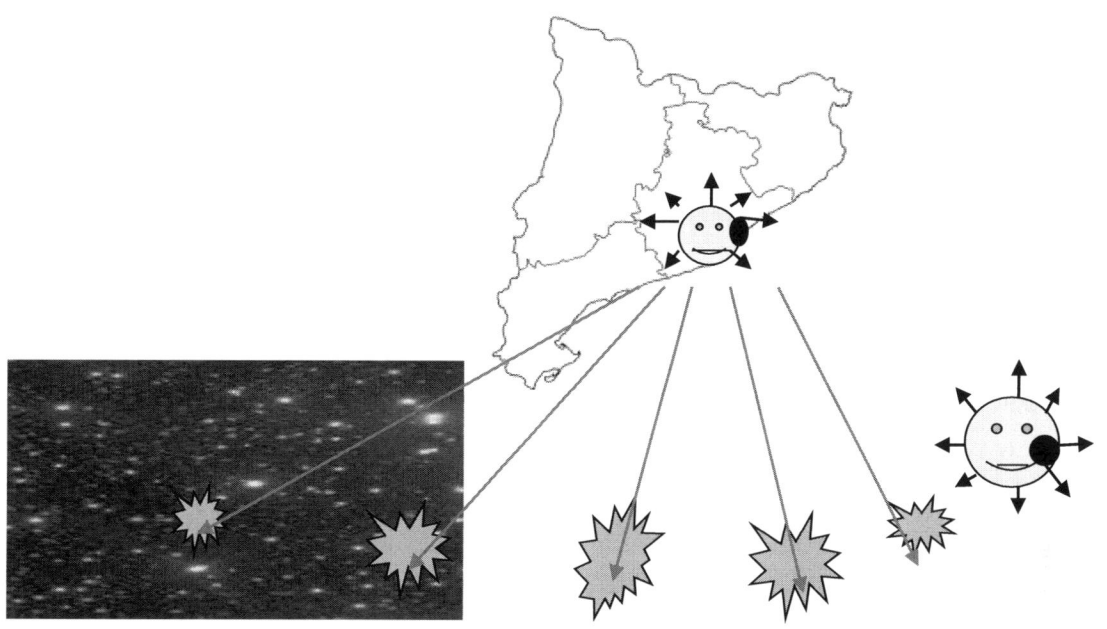

COSMET YA VIVE EN LA TIERRA. MIS VISITAS A LOS SABIOS

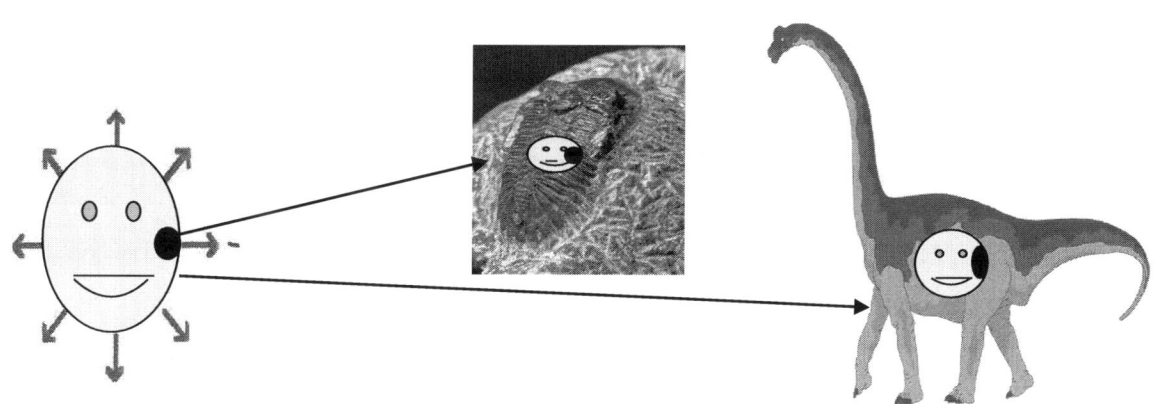

227

El cuento de las constelaciones y el atlas de los viajes de Cosmet

Desde que resido normalmente en la Tierra, por las noches me gusta identificar en el cielo las estrellas y demás objetos cósmicos que he visitado muchas veces. En esta visión del cielo nocturno, y, como seguramente os pasa a todos vosotros, me ha llamado siempre la atención el hecho de que, mirando en cualquier dirección, las estrellas visibles parecen trazar figuras de todo tipo sobre la bóveda celeste.

Con un poco de imaginación podéis ver todo tipo de figuras.

Estas permiten identificar rápidamente las distintas estrellas y objetos cósmicos que se encuentran en cada dirección y que no son más que los objetos imaginarios que ahora se conocen como **constelaciones.**

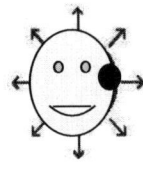

Como todos sabéis, las constelaciones no son más que las visiones nocturnas de determinados grupos de estrellas, que, al conectarlas por líneas imaginarias, parecen trazar figuras de todo tipo sobre la bóveda celeste.

Personas con las que he podido hablar de las civilizaciones más antiguas que han existido apreciaron en el cielo algunas de estas figuras y llegaron a pensar incluso que eran objetos reales situados a una distancia fija, en la bóveda de las estrellas fijas.

Las constelaciones no son objetos cósmicos reales. Obedecen a conceptos totalmente imaginarios que personas muy diversas han ido inventando durante los últimos 6.000 años.

El primer grupo de constelaciones del que me hablaron es el **zodíaco** que todos conocéis y que hace referencia a doce figuras de animales.

De ello me hablaron los babilonios cuando, antes del año **2000 A. C.** los conocí. Era como un calendario con el que visualizaban el paso del tiempo. Cuando hace unos 2.500 años viajé a Grecia, esta idea ya había sido recogida por los griegos, quienes, basándose en su mitología, dieron nombres a las figuras de los animales correspondientes a las doce constelaciones.

76. Miniatura medieval. Los cuatro elementos de la Tierra con los doce signos del zodíaco, de "De Proprietatibus Rerum de Bartholomeus Anglicus". Dominio público.

Me divirtió mucho todo lo siguiente que me contaron sobre estos signos.

Aries. Era el carnero con el que viajaron algunos personajes mitológicos.

Tauro. Era el "Toro de Creta"; una bestia mítica que habitaba allí.

Géminis. Representa los gemelos llamados Cástor y Pólux.

Cáncer. Un cangrejo que ayudó a la Hydra cuando esta luchaba contra Heracles

Leo. Es el "León de Nemea", que fue estrangulado Heracles.

Virgo. Astrea, hija de Zeus que en la guerra contra los titanes ayudó a su padre con sus rayos.

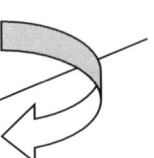

Libra. Es la balanza, el único signo no relacionado con un animal.

Escorpio. Un escorpión que la diosa Artemisa envió contra el gigante cazador Orión.

Sagitario. El centauro Quirón, que salvó a Prometeo.

Capricornio. La Cabra Amaltea, que amamantó a Zeus.

Acuario. Es el joven Ganímedes, que en el Olimpo era el escanciador.
Piscis. Dioses que adoptaron la forma de peces.

Posteriormente, hace ya casi **1.900 años,** me dirigí a Egipto y en Alejandría conocí al astrónomo **Claudio Ptolomeo.** Él había escrito un gran tratado de astronomía, el **Almagesto,** donde presentó por primera vez un inventario de constelaciones. Desde entonces, siempre me ha hecho mucha gracia este tema de las **constelaciones.**

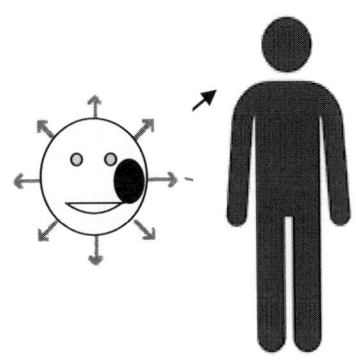

Ptolomeo   **77.** Wiquipedia D.P.

Los 88 viajes por el universo que he realizado en las diferentes estaciones del año y cómo mi amigo, el ingeniero, ha representado en una especie de atlas todo lo que he ido encontrando

He viajado muchas veces por el universo en las direcciones de cada una de las **88 constelaciones.** Os voy a explicar todo lo que me he encontrado por cada una de ellas y, para que lo podáis situar, os dejaré copia de los **88** dibujos que ha hecho mi amigo, el ingeniero, en los que se relacionan los principales objetos cósmicos que yo he visitado en mis viajes. Ahí se indica la situación y la distancia a que se encuentra de la Tierra cada objeto cósmico.

Para situar cada objeto cósmico, ha utilizado las **coordenadas celestes,** sistema de coordenadas esféricas que muchos de vosotros ya conocéis. Son la distancia **r** a la que se encuentra el objeto cósmico, la **ascensión recta α** (en horas de 0 a 24 horas) y la **declinación δ** (en grados de -90º a +90º), que se corresponden respectivamente con la longitud y la latitud geográficas que se usan en los atlas de la Tierra. Los 88 planos que ha hecho mi amigo representando cada uno de mis viajes es una especie de **atlas del universo,** en el que **r , α , δ** constituyen un sistema de coordenadas esféricas centrado en la Tierra. Como origen de la **ascensión recta α,** se toma el llamado **punto de Aries.** Es, pues, el ángulo, medido sobre el ecuador celeste, abarcado entre el **Punto Aries (α = 0 h.)** y el meridiano que pasa por el objeto observado. Equivale a la longitud geográfica. En esta visión global su sentido positivo es el antihorario, pero visto desde la Tierra este sentido positivo es el horario.

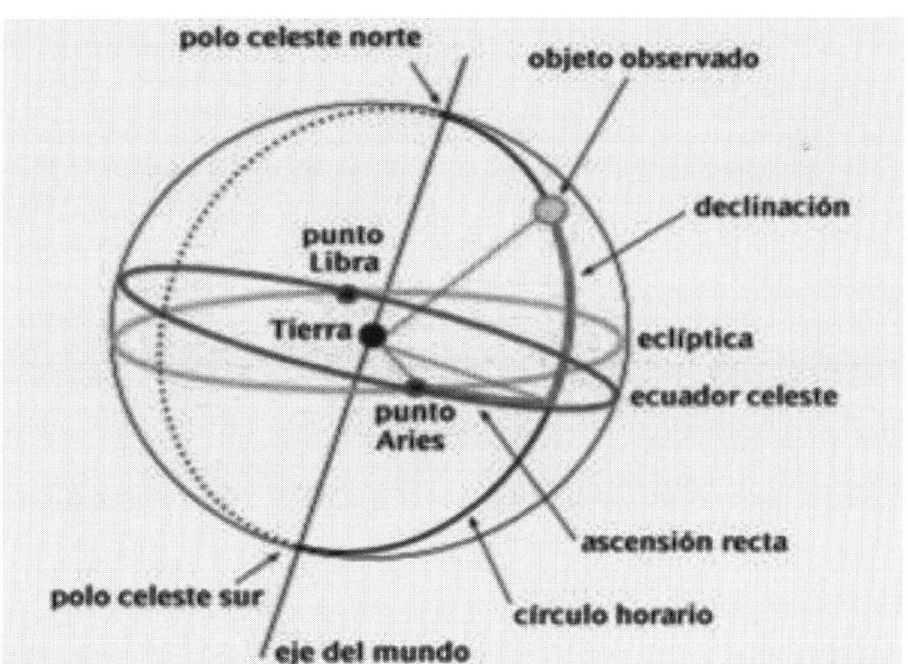

78. Autor: Francisco Javier Blanco Gonzalez. Las coordenadas ecuatoriales: ascensión recta y declinación. Imagen: Francisco Javier Blanco González. Archivo: Coordenadas ecuatoriales.png. De Wikimedia Commons, un depósito de contenido libre hospedado por la Fundación Wikimedia. 11 de mayo de 2006 (fecha original de carga). Licencia Creative Commons Genérica de Atribución/Compartir-Igual 3.0. Se autoriza la copia, distribución y modificación de este documento bajo los términos de la licencia de documentación libre GNU

El nombre de **Punto Aries** es debido a que la primera vez que se consideró, hace aproximadamente 2.000 años, el punto de cruce de la proyección en el cielo del ecuador celeste con la eclíptica se encontraba en la dirección de Aries. Sin embargo, actualmente se encuentra en la dirección de Piscis. La **declinación,** que se denota como δ, equivale a la latitud geográfica. Es el ángulo que forman el ecuador celeste y el objeto, siendo para objetos situados entre el ecuador y el polo norte positivo, y en el caso contrario negativo.

Si a cada constelación vista se le asigna una región de la bóveda celeste, esta queda dividida en las 88 regiones asignadas a cada constelación. A estas 88 regiones, mi amigo las ha agrupado según su situación en las siguientes grandes zonas de la bóveda celeste:

Circunpolar norte

Hemisferio norte.   Ecuatoriales y Zodiacales.   Hemisferio sur.

Circunpolar sur

Ha considerado que una constelación pertenece a una zona si por lo menos un 50% de su superficie asignada se encuentra en ella.

Hemisferio norte y hemisferio sur

La **Zona Hemisferio Norte** comprende las constelaciones con declinación desde $\delta = 60^\circ$ hasta $\delta = 0^\circ$ y la **Zona Hemisferio Sur** comprende las constelaciones con declinación desde $\delta = 0^\circ$ hasta $\delta = -60^\circ$.

Mi amigo ha dibujado un mapa general representativo de la **proyección cilíndrica de la bóveda celeste,** en la que vienen indicadas las **88 regiones correspondientes a todas las constelaciones,** previa elección de unas líneas ficticias entre ellas. En los mapas de detalle, ha situado los objetos cósmicos dentro de las siguientes grandes zonas:

1. **Zona Interpolar Norte** (declinación desde $\delta = 60^\circ$ hasta $\delta = 90^\circ$).

2. **Zona Interpolar Sur** (declinación desde $\delta = -60^\circ$ hasta $\delta = -90^\circ$).

3. **Zonas hemisferio norte y hemisferio sur (declinaciones de 60° hasta -60°) que incluyen las subzonas ecuatoriales y zodiacales.**

Antes de comenzar cada uno de mis viajes, me ha gustado siempre ver a donde voy a ir. Por este motivo, los he realizado casi siempre en direcciones correspondientes a los meses de máxima visibilidad en cada dirección.

Todos los mapas correspondientes a cada constelación que figuran a modo de atlas, mi amigo los ha obtenido de una **proyección cilíndrica** en la que, para poder distinguir bien las imágenes de las constelaciones y la posición de las estrellas, ha adoptado una deformación de esta, haciendo constante la escala de la declinación de manera que va variando en intervalos constantes desde 0 a $+ 90^\circ$ y desde 0 a $- 90^\circ$.

Para que os situéis, ya de entrada, os adjunto el mapa general de proyección cilíndrica que ha dibujado mi amigo, en el que vienen situadas todas las constelaciones

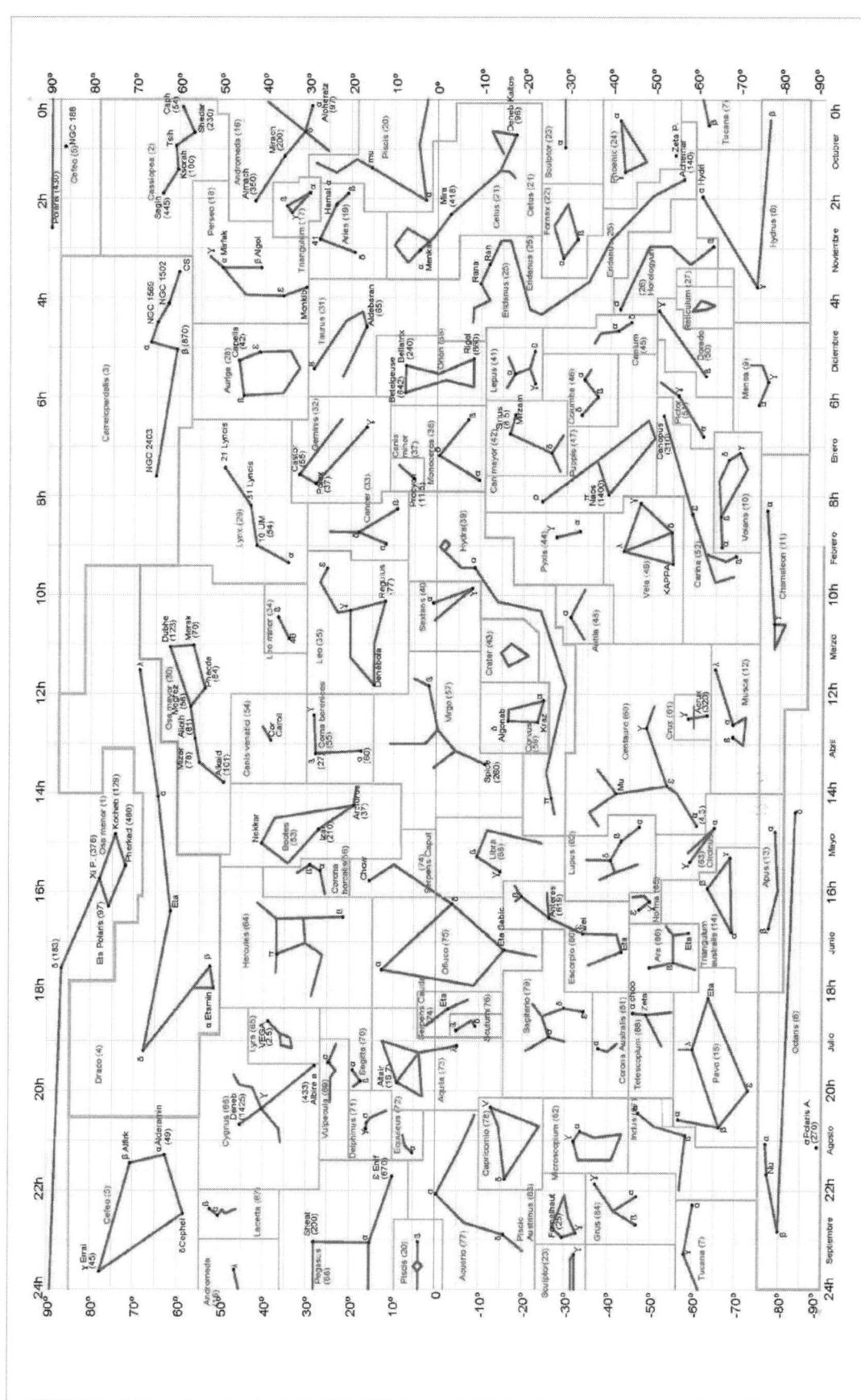

También os adjunto la simbología que figura en los mapas para designar los diferentes objetos cósmicos:

SIMBOLOGÍA

- ● Estrellas enanas rojas
- ● Estrellas naranjas
- ○ Estrellas amarillas
- ○ Estrellas blancas
- ● Estrellas azules
- ● Gigante rojas
- Estrellas de neutrones
- ● Agujero negro
- Cúmulos abiertos
- Cúmulos globulares
- Nebulosa
- Galaxias Elípticas o esferoidales
- Galaxias espirales
- Galaxia irregulares
- Cúmulo de galaxias

En la anterior imagen de **proyección cilíndrica aparecen los meridianos celestes correspondientes a cada valor de la ascensión recta como rectas verticales.** En la imagen de la proyección se ve la dirección en la que se encuentran estrellas y constelaciones para cada valor de la **ascensión recta (α),** desde $\alpha = 0$ h a $\alpha = 24$ h y para cada valor de la **declinación** desde $\delta = -90°$ a $\delta = +90°$.

En ella quedan representadas las direcciones donde se encuentran los diferentes objetos cósmicos de la Vía Láctea. Nuestro amigo también ha representado la situación de los demás objetos cósmicos, incluso los más lejanos no visibles que he visitado, indicando la distancia a que se encuentran y la dirección de la constelación correspondiente.

En los planos de proyección cilíndrica que os entregaré, vienen representados, pues, todos los objetos cósmicos donde he estado en mis viajes por el universo. En la que os acabo de entregar se aprecian las estrellas de la Vía Láctea por donde he estado paseando mucho tiempo. La mayoría se encuentran a menos de 30.000 años luz.

Tomando una velocidad algo inferior a la de la luz, he podido llegar directamente a las más lejanas en poco más de 30.000 años, que para mí es un período de tiempo muy corto. Estas velocidades me son muy cómodas, dado que me permiten contemplar perfectamente todo lo que me encuentro y parar cuando algo me llama la atención.

Mis viajes por nuestra galaxia, la Vía Láctea

Todos sabéis que la **Vía Láctea** es la galaxia que contiene el sistema solar. Por tanto, es **nuestra galaxia** por ser donde nos encontramos. **Mirándola desde otras galaxias cercanas, he visto que es una galaxia espiral con un plano galáctico de forma discoidal, que es el disco de la galaxia.** He apreciado que este **disco** tiene un **radio aproximado de casi 50.000 años luz** y que aproximadamente en su centro contiene el **agujero negro** que los astrónomos llaman **SgrA**. Es precisamente por donde, tal como ya os he contado, me meto yo para viajar a galaxias muy lejanas o a otros universos.

El Sol y su sistema estelar, del que forma parte la Tierra, se encuentran en el disco a **26.000 años luz** del centro galáctico.

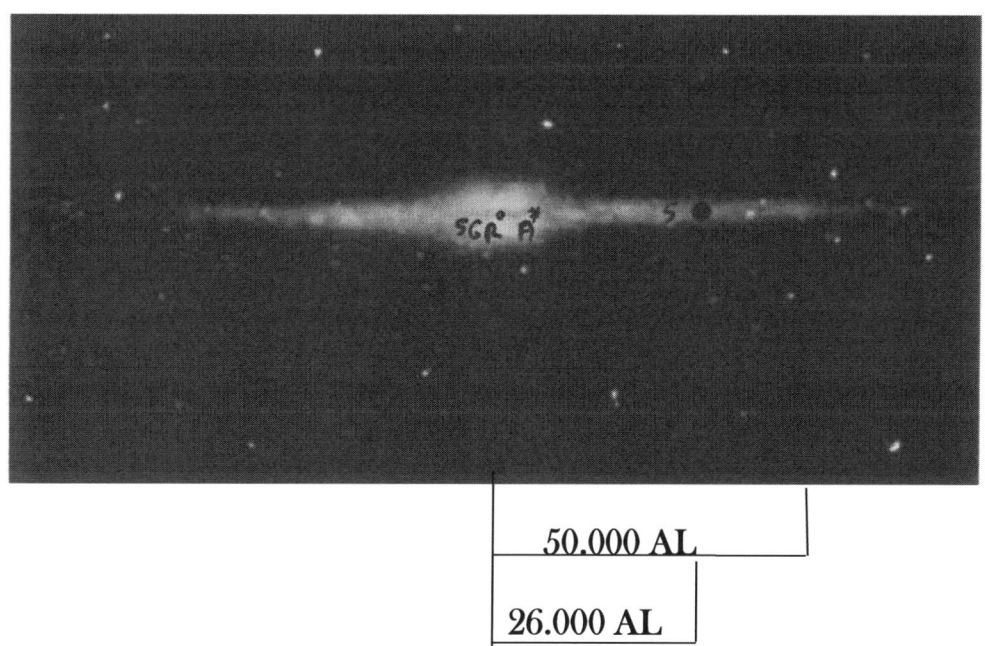

50.000 AL

26.000 AL

Este **disco (D)** tiene un **diámetro de casi 100.000 años luz** y un **espesor aproximado de 1.000 años luz.** Contiene muchas estrellas jóvenes y viejas. Una de ellas es el Sol, que se encuentra a una distancia de 26.000 años luz del núcleo de la galaxia, en la dirección de Sagitario.

Su zona central es un bulbo (B) de forma esferoidal, que contiene principalmente estrellas viejas. **Sus dimensiones son aproximadamente de 10.000 x 3.000 años luz.** Se extiende en todas direcciones formando el **halo de la galaxia (H),** que es como una **enorme esfera en la que domina la materia oscura y multitud de cúmulos globulares.**

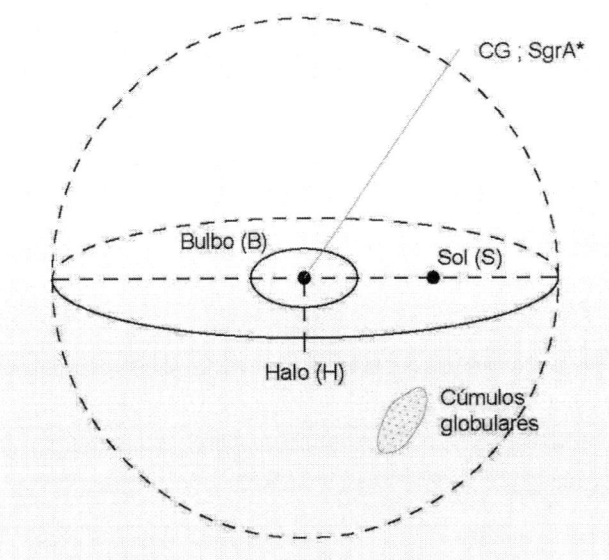

Todo lo que he visto sin desplazarme a más de una distancia de 250 millones de años luz

Todos los objetos cósmicos de todo tipo que hay hasta una distancia de **250 millones de años luz,** con mi vista excepcional, los puedo ver desde la Tierra. Además, he viajado directamente a todos los que más me han llamado la atención. Los situados hasta unos **100 MAL,** a las velocidades excepcionales que soy capaz de alcanzar de forma cómoda, los he visitado directamente sin salirme de nuestro universo, pero los viajes a más de **100 MAL,** incluso a mí, me han parecido demasiado largos; así que, para acceder a las diferentes galaxias, he utilizado los agujeros negros y los agujeros de gusano como atajos.

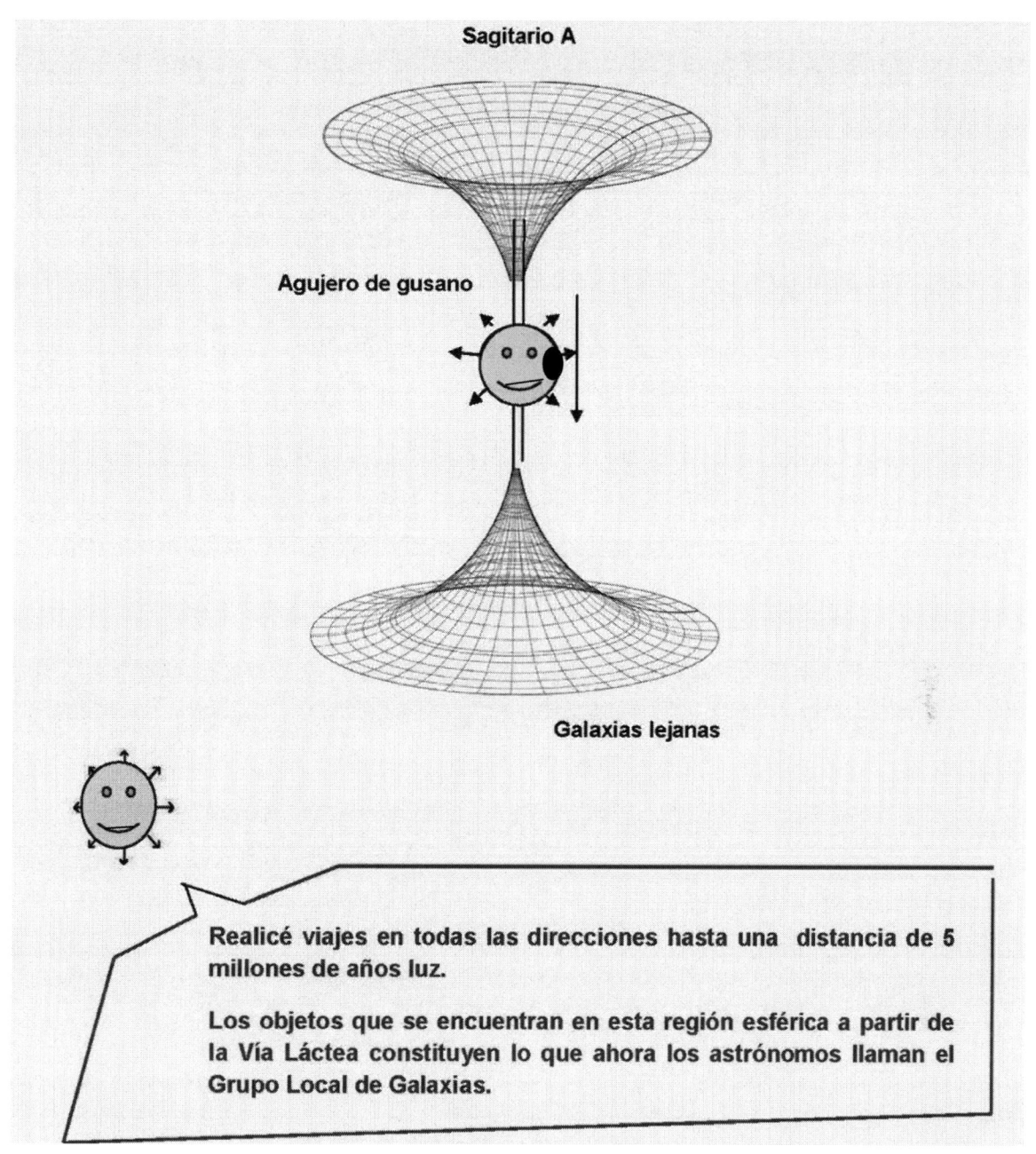

Sagitario A

Agujero de gusano

Galaxias lejanas

Realicé viajes en todas las direcciones hasta una distancia de 5 millones de años luz.

Los objetos que se encuentran en esta región esférica a partir de la Vía Láctea constituyen lo que ahora los astrónomos llaman el Grupo Local de Galaxias.

Para que podáis situar en el universo todas estas galaxias os avanzo copia de la proyección cilíndrica que ha dibujado mi amigo. En ella ha indicado en verde las que se encuentran a menos de un millón de años luz de distancia y que, por lo tanto, pertenecen al sistema de la Vía Láctea. Las más distantes hasta los cinco millones de años luz las ha indicado en rojo.

Me ha pedido que os recordara que en la proyección cilíndrica las abscisas representan la ascensión recta y las ordenadas la declinación.

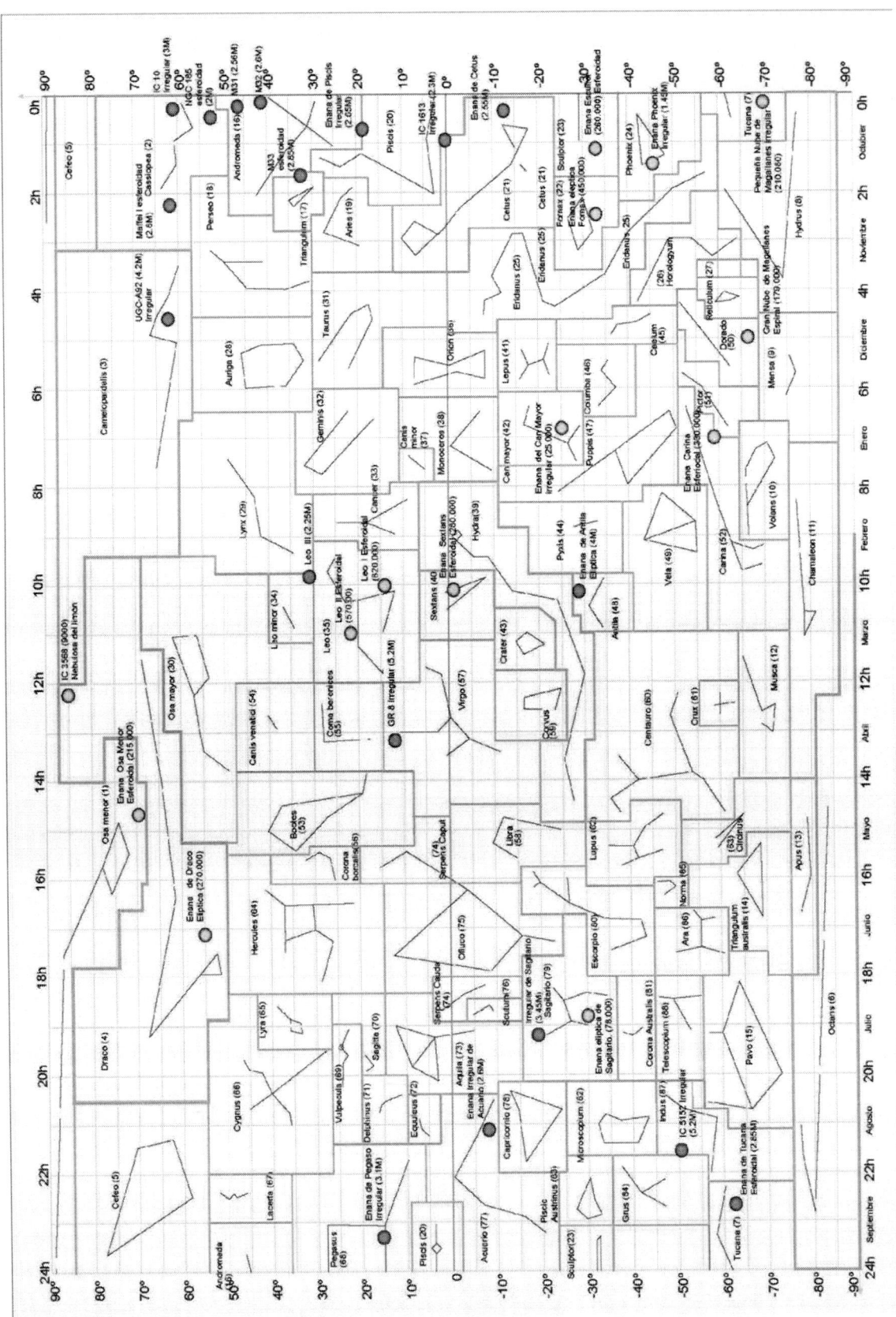

238

El Supercúmulo de Virgo

La segunda zona más lejana que he visitado corresponde al **supercúmulo de Virgo**, que contiene el **Grupo Local** y, por tanto, también la **Vía Láctea**, abarcando desde la Tierra una **esfera de un radio medio de unos 50 millones de años luz.** Fuera del Grupo Local y hasta esta distancia de **50 MAL**, encontré en todas las direcciones muchas galaxias pertenecientes a lo que a gran escala los astrónomos llaman **Supercúmulo de Virgo**.

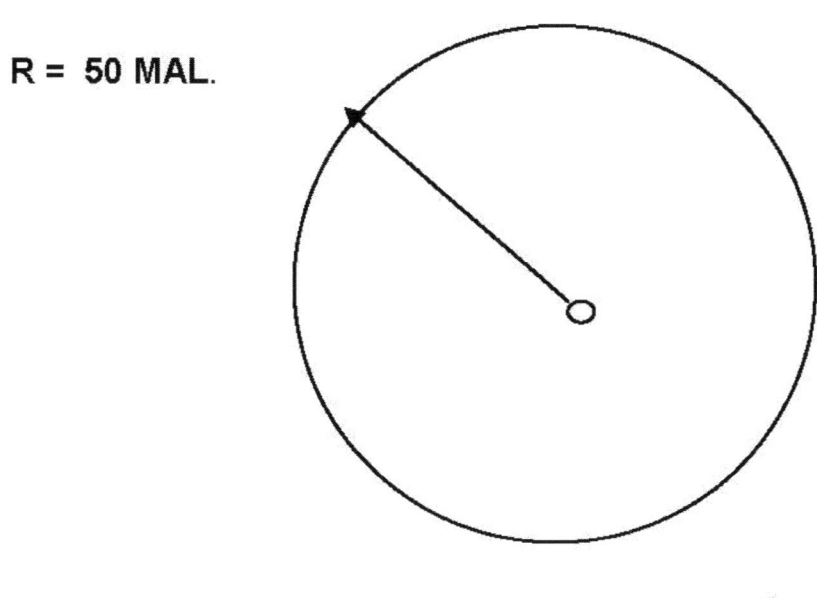

R = 50 MAL.

Os adjunto el plano que ha dibujado mi amigo, el ingeniero, de la proyección cilíndrica indicativa de la situación de las galaxias más importantes que he visitado en el supercúmulo de Virgo, tanto en las direcciones que os he explicado como en otras.

Para cada galaxia, figura su nombre de catálogo, tipología y la distancia a que se encuentra en millones de años luz.

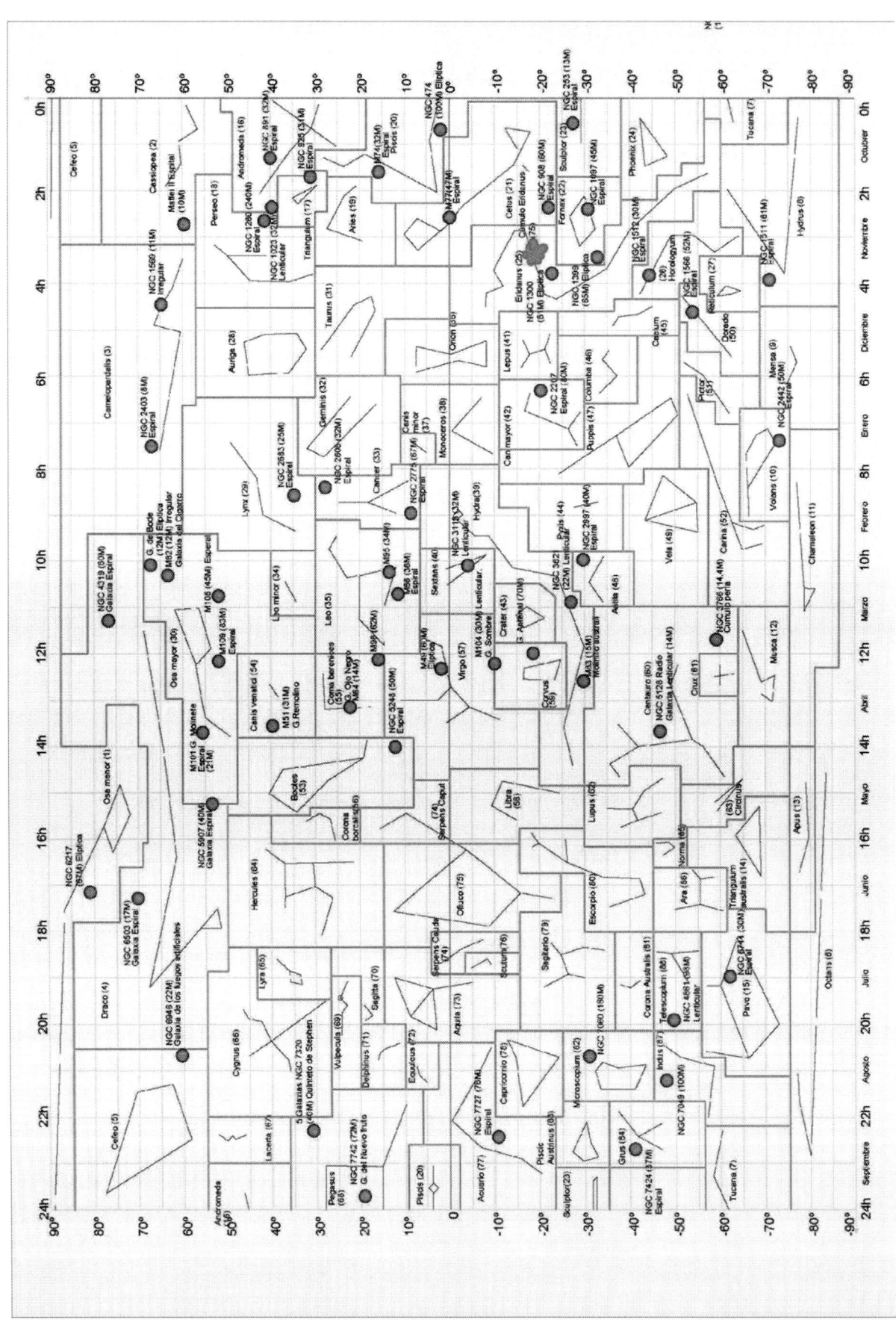

El universo desde los 50 hasta los 250 millones de años luz

Os avanzo un plano esquemático que ha dibujado mi amigo, el ingeniero, indicativo de la forma y contenido de la gran región del universo que se ha llamado **Laniakea** y también la **proyección cilíndrica** de esta parte de universo. En su totalidad, Laniakea llega hasta una distancia de 50 millones de años luz en todas las direcciones, pues contiene el Supercúmulo de Virgo. En determinadas direcciones, llega también hasta una distancia mucho mayor por contener otros supercúmulos que se encuentran unidos a Laniakea como si fueran unos lóbulos.

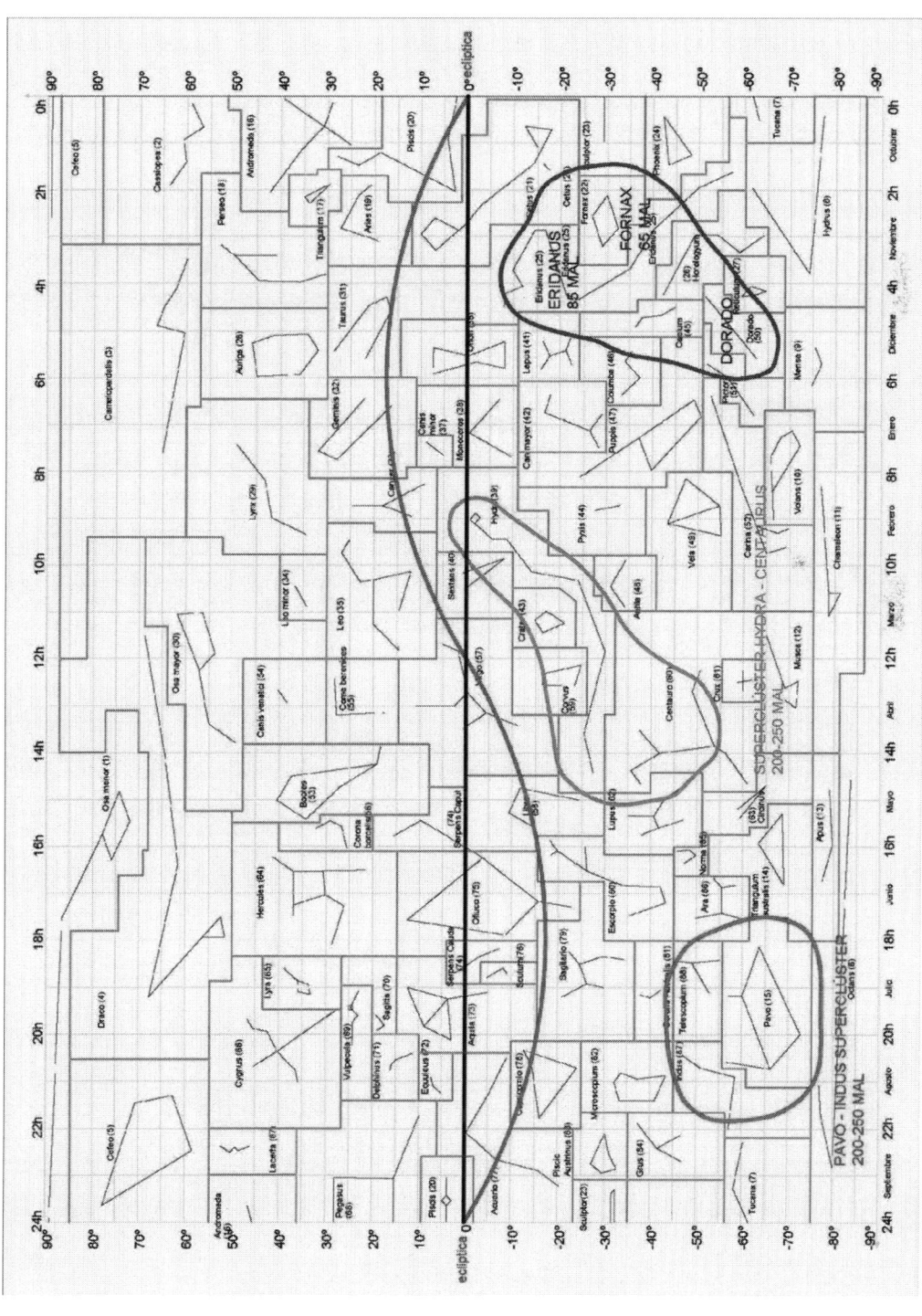

Todo lo demás que he podido ver y visitar

Os avanzo los esquemas resultantes de la **proyección cilíndrica** que ha trazado nuestro amigo. Ha representado primero las principales estructuras que he visto hasta una distancia de **500 - 600 millones de años luz** y, a continuación, las existentes hasta los **1.000 - 1.200 millones de años luz.**

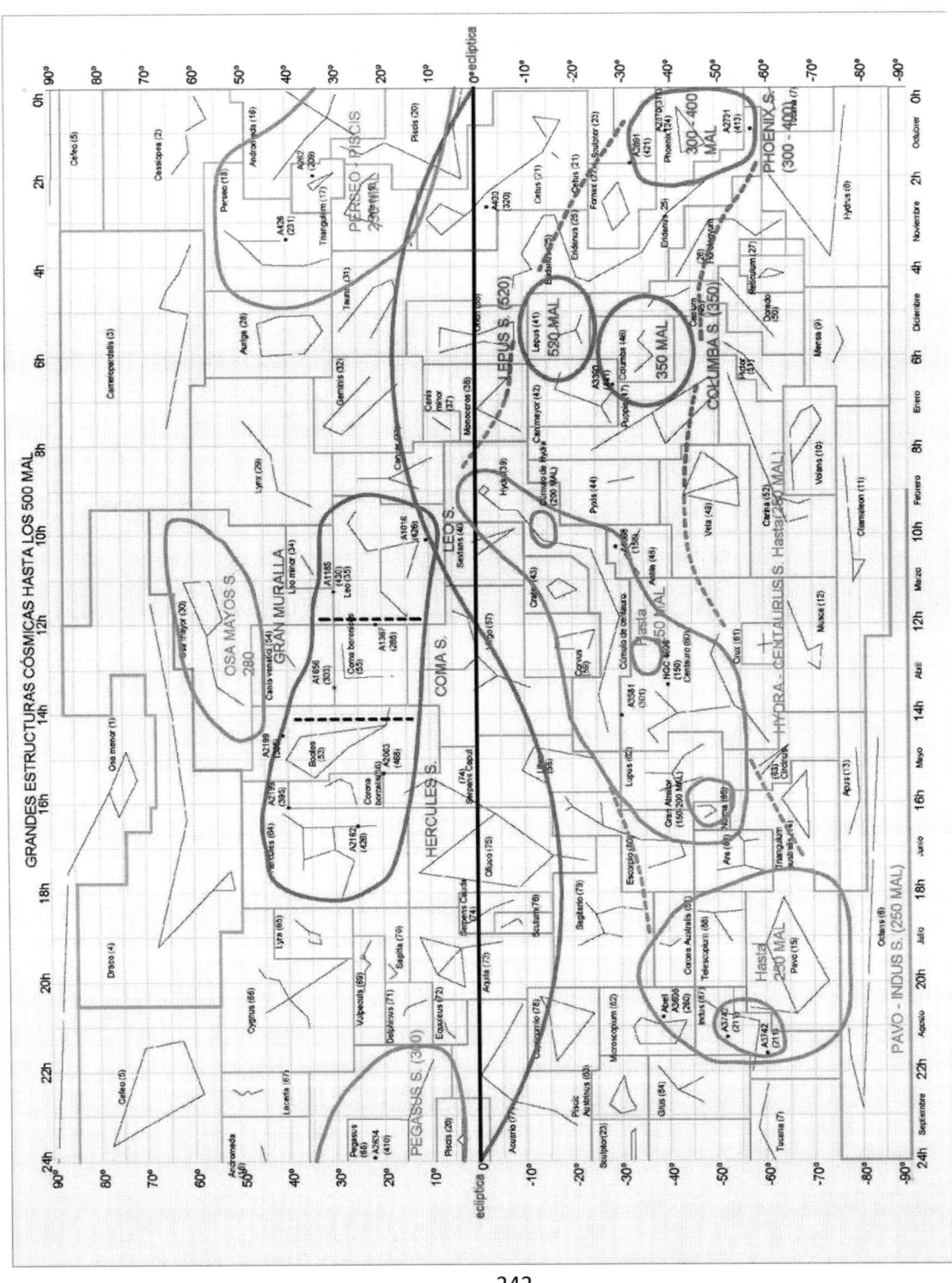

PISCIS - PEGASUS S. 820 - 1000 MAL

CETUS 820 MAL

HOROLOGYUM - RETICULUM S. 800 MAL

800 MAL

VACIO DE BOOTES (700 MAL)

SUPERCLUSTERS DE BOOTES (1000 MAL Y 830 MAL)

CORONA BOREALIS S. 970 MAL

SEXTANS S. 1100 MAL

1000

SHARLEY S. 650 MAL

PEGASUS S. 1000 MAL

CADENA ACUARIO - CAPRICÓRNIO S. - Piscis 1000 MAL

GRUS - INDUS S. 1000 MAL

0° eclíptica

Octubre   Noviembre   Diciembre   Enero   Febrero   Marzo   Abril   Mayo   Junio   Julio   Agosto   Septiembre

Cefeo (5)   Cassiopea (2)   Andromeda (16)   Perseo (18)   Triangulum (17)   Piscis (20)   Cetus (21)   Sculptor (22)   Phoenix (24)   Eridanus (25)   Fornax (22)   Tucana (7)   Hydrus (0)

Camelopardalis (3)   Auriga (28)   Taurus (31)   Lepus (41)   Eridanus (25)   Columba (48)   Caelum (47)   Horologium (26)   Reticulum (27)   Dorado (5)   Mensa (9)

Osa mayor (30)   Lynx (29)   Gemini (32)   Canis minor (37)   Monoceros (38)   Canis mayor   Can mayor (42)   Puppis (47)   Pictor (51)   Volans (10)   Chameleon (11)

Osa menor (1)   Leo minor (34)   Leo (35)   Canis venatici (54)   Coma Berenices (55)   Hydra (39)   Crater (58)   Pyxis (44)   Antlia (45)   Vela (49)   Carina (52)   Musca (12)

Draco (4)   Hercules (64)   Bootes (53)   Corona borealis (56)   Virgo (63)   Corvus (59)   Centauro (60)   Crux (61)   Apus (13)

Cefeo (5)   Lacerta (67)   Lyra (65)   Serpens Caput (74)   Libra (65)   Lupus (62)   Norma (66)   Triangulum australis (14)   Circinus (63)

Cygnus (66)   Vulpecula (69)   Delphinus (71)   Sagitta (70)   Ofiuco (75)   Scutum (76)   Escorpio (60)   Ara (66)   Pavo (15)

Androméda   Pegasus (66)   Piscis (20)   Equuleus (72)   Aquila (73)   Serpens Cauda (74)   Sagitario (79)   Corona Australis (81)   Telescopium (68)   Indus (67)

Aquario (77)   Capricornio (78)   Microscopium (82)   Sculptor (23)   Grus (84)   Tucana (7)   Octans (6)

243

COSMET YA VIVE EN LA TIERRA Y VISITA A LOS SABIOS

Durante los días que nos faltan de confinamiento, explicaré con más detalle todas estas visitas a los que os quedáis.

Mis visitas a los sabios

En nuestro segundo día de confinamiento, ya os conté que hace unos **4.600 millones de años,** vi como se formaba la Tierra y los demás planetas y que en el planeta Tierra, iba apareciendo lo que llamamos vida. Esto me llamó mucho la atención y comencé a ir a la Tierra asiduamente. Cuando muchos millones de años más tarde adopté mi aspecto humano, decidí ubicar mi residencia habitual en el lugar que hoy día es Barcelona

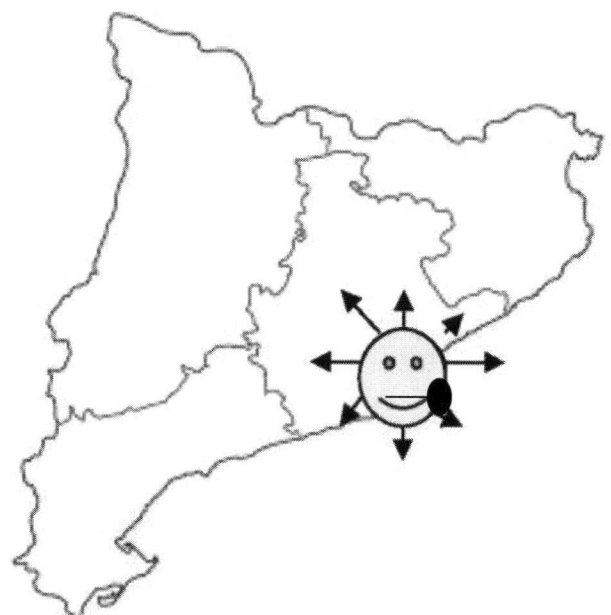

A partir de entonces, en los últimos 2.500 años y tal como ya os he comentado, coincidí con muchos sabios que me explicaron casi todo lo que no había logrado entender.

Ya os digo de entrada que, para poder seguir sus razonamientos, tuve que aprender primero muchas matemáticas. Para ello, desde el primer momento, me reuní con sabios matemáticos, entre ellos **Tales de Mileto** y luego **Euclides**. El primero fue quien inició el desarrollo de la geometría. Pude contactar también con **Pitágoras**, que consideraba las matemáticas como la principal base del conocimiento. Le oí decir muchas veces:

79. Dominio público. Pitágoras en el Foro Romano. Copia de un original griego del siglo II a.C. Busto en los Museos Capitolinos. Wikipedia D.P.

Escucha, que serás sabio. El comienzo de la sabiduría es el silencio. Es la primera piedra del templo de la sabiduría

Todos conocéis su teorema por el que se ha hecho tan famoso.

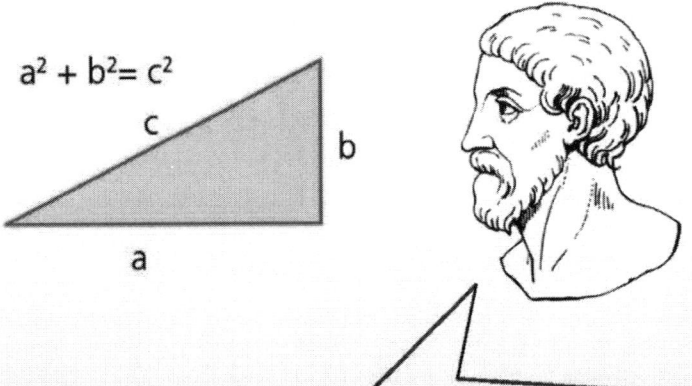

$a^2 + b^2 = c^2$

Afirma como sabéis, que en un triángulo rectángulo, el área del cuadrado cuyo lado es la hipotenusa, es igual a la suma de las áreas de los cuadrados cuyos lados son los catetos.

La principal característica de Pitágoras como hombre era su **amabilidad**. Fue una persona muy amistosa, que tuvo muchos discípulos a los que aconsejaba, sobre todo, en como adquirir conocimientos.

En mis primeros viajes a Grecia empecé a conocer los números y la geometría. Años más tarde, los sabios árabes me enseñaron la aritmética, los principios del álgebra y aprendí a sumar, restar, multiplicar y dividir.

Un matemático árabe, **Al-Juarismi,** me contó que había viajado a la India y que de allí había traído el sistema de numeración que aún hoy continua vigente; los **números naturales**, tanto los positivos como los negativos. A estos últimos los matemáticos indios los usaban principalmente para indicar deudas.

Me dejó leer un libro de matemáticas titulado *Al-Cheber*. Es de donde viene la palabra álgebra. También la palabra algoritmo se debe a su apellido.

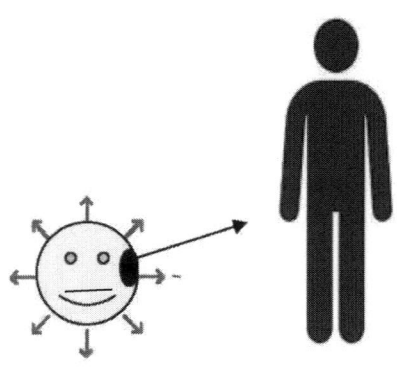

Cosmet   **Al - Juarismi**

Asistí a algunas clases de matemáticas que impartía y me sorprendió que cualquier tipo de cosa que le preguntaban, la explicaba ingeniosamente en términos de aritmética. Por ejemplo, cuando uno de sus alumnos le preguntó cuál era el valor de un hombre, le respondió que no valía nada si carecía de **ética.**

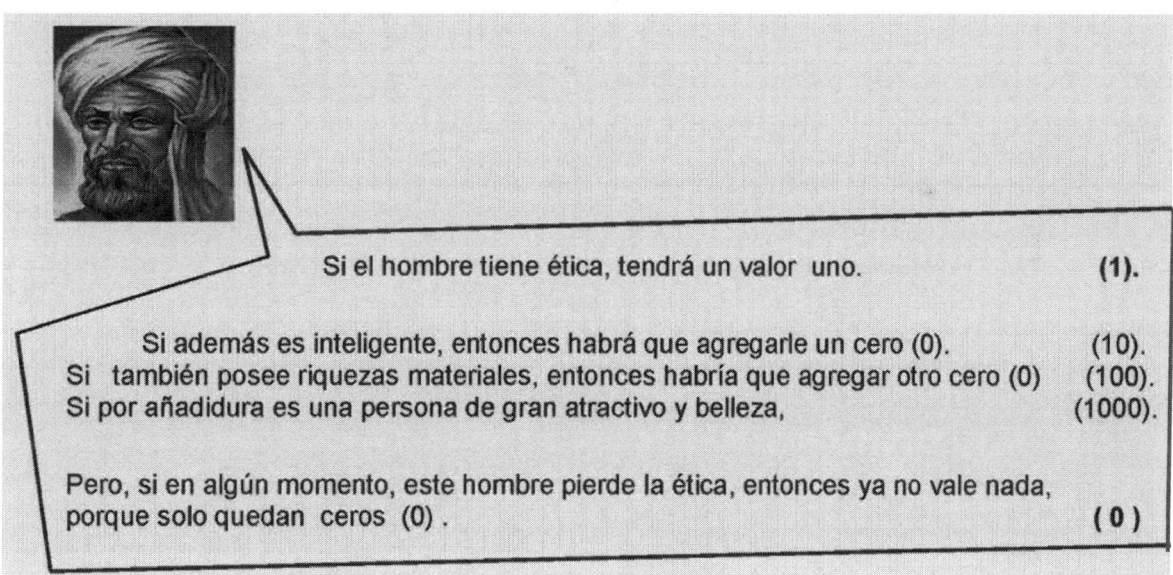

Si el hombre tiene ética, tendrá un valor uno. (1).

Si además es inteligente, entonces habrá que agregarle un cero (0). (10).
Si también posee riquezas materiales, entonces habría que agregar otro cero (0) (100).
Si por añadidura es una persona de gran atractivo y belleza, (1000).

Pero, si en algún momento, este hombre pierde la ética, entonces ya no vale nada, porque solo quedan ceros (0). (0)

En cuanto a la división, ya desde muy antiguo todos los sabios se dieron cuenta de que al dividir dos números naturales, generalmente, no resultaba otro número natural. Por este motivo inventaron y me explicaron los **números fraccionarios.** Pronto comprobaron también que haciendo divisiones entre números fraccionarios, podían obtener infinitos números; los **números reales.**

En cuanto a comenzar a entender lo que había visto en mis viajes por el universo, esto fue muchos años más tarde. Fue a partir del año 1500 cuando tuve ocasión de visitar a los principales sabios que habían comenzado a entender el comportamiento de determinados objetos cósmicos. En sucesivas conversaciones que mantuve con **Nicolás Copérnico, Galileo Galilei, Johannes Kepler** y poco más tarde con **Isaac Newton**, me aclararon muchas cosas que yo había contemplado, pero jamás entendido; básicamente, las causas de los movimientos orbitales de los objetos cósmicos. El primero fue **Nicolás Copérnico.**

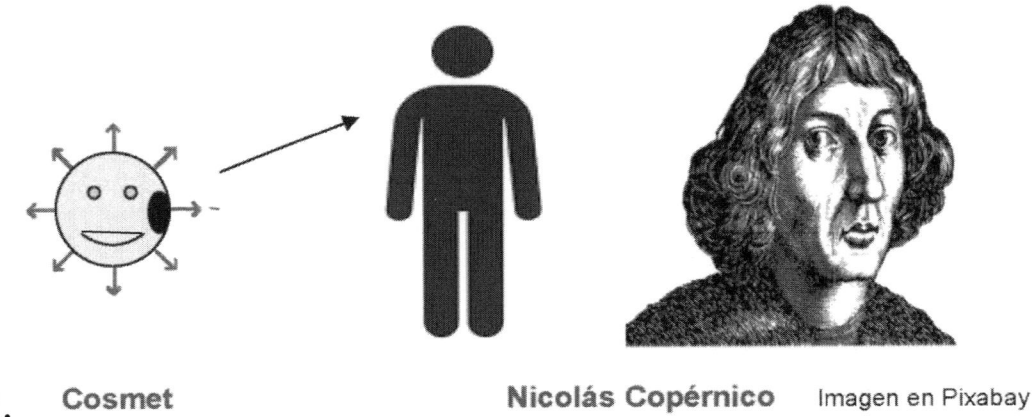

81.   **Cosmet**   **Nicolás Copérnico**   Imagen en Pixabay

En esencia, lo que hizo inicialmente Copérnico fue cambiar el **geocentrismo** clásico de los sabios de Grecia, que consideraban la Tierra como el centro del universo por el **heliocentrismo,** situando al Sol en el centro.

Hubo también un astrónomo del que ya os he hablado, mucho menos conocido que los mencionados, quien, adelantándose a su tiempo, fue mucho más allá en su concepción del universo. Se trata de **Giordano Bruno,** que llegó a vislumbrar algunos de los principios básicos de la cosmología actual y que muy acertadamente postuló que el universo no tenía ningún centro; es el concepto de **universo acéntrico** del que ya os he hablado.

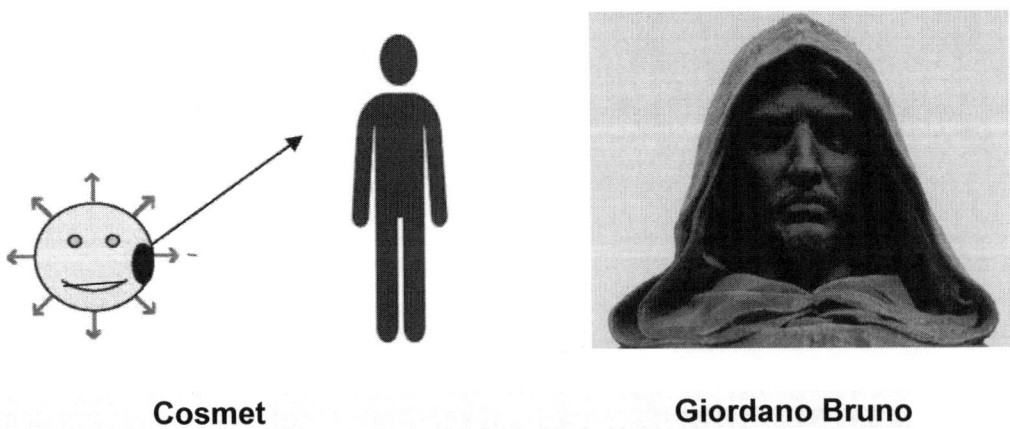

Cosmet   **Giordano Bruno**

82. Wikipedia D.P. Dominio público. Estatua de bronce de Giordano Bruno, por Ettore Ferrari (1845-1929), Campo de Fiori, Roma

Todas estas primeras ideas básicas se fueron aceptando y perfeccionando gradualmente por diversos astrónomos como fueron **Galileo Galilei** y el alemán **Johannes Kepler**, hasta llegar ya en pleno siglo XVII a la idea del nuevo **universo gravitacional de Isaac Newton (1665)**.

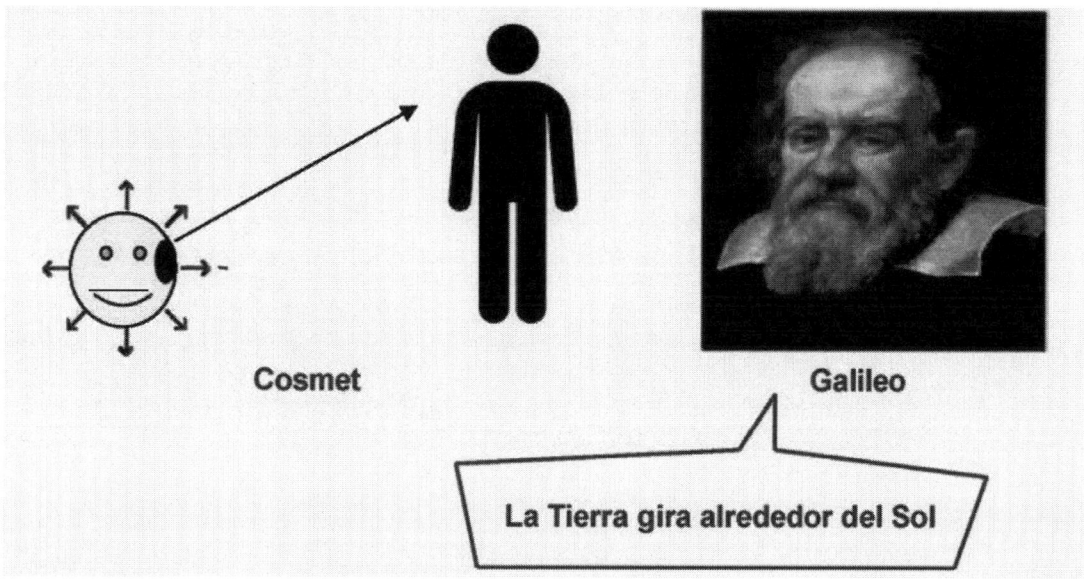

83. Dominio público. File: Justus Sustermans - Portrait of Galileo Galilei, 1636.jp

Por decir cosas como esta, Galileo fue perseguido por la Iglesia y condenado a prisión. Pasó gran parte de sus últimos años de vida en cárceles de la Inquisición. Finalmente, 359 años después, la Iglesia concedió la absolución de Galileo y estableció que **afirmar que la Tierra gira alrededor del Sol no es blasfemia.** También visité a otros científicos astrónomos como **Tycho Brahe** y **Johannes Kepler,** quienes me explicaron cómo consiguieron, experimentalmente, medidas muy precisas de las posiciones de los planetas y de las estrellas.

84. **Cosmet con Tycho Brae y Johannes Kepler** (Retratos D.P. Wiquipedia)

Poco más tarde, en **1687,** pasé una temporada en el Reino Unido y charlé largamente con el señor **Isaac Newton,** que, entre otras cosas, me explicó sus ideas sobre el movimiento de los objetos cósmicos.

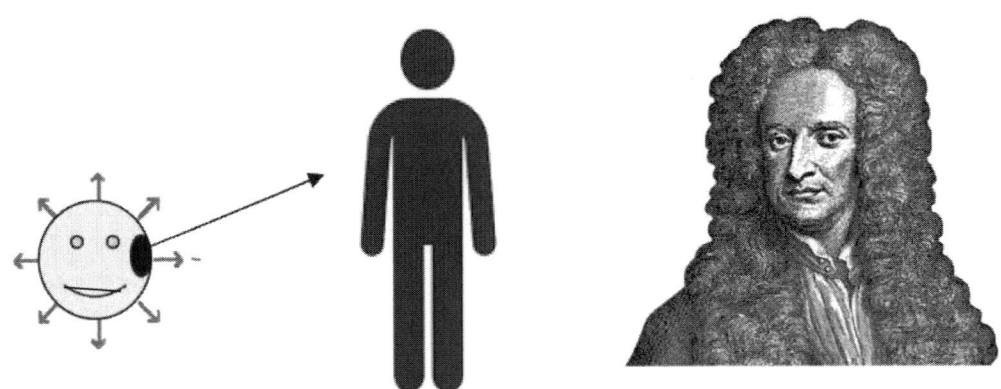

Me dejó leer el libro que acababa de publicar titulado **Principia Matemática**, donde anunciaba unas leyes básicas de la física clásica, como son la **ley de la inercia** y la **ley de acción y reacción,** todavía vigentes. Además, formulaba la **Ley de Gravitación Universal,** que define la primera de las fuerzas que rigen el comportamiento del universo; **la fuerza de la gravedad.**

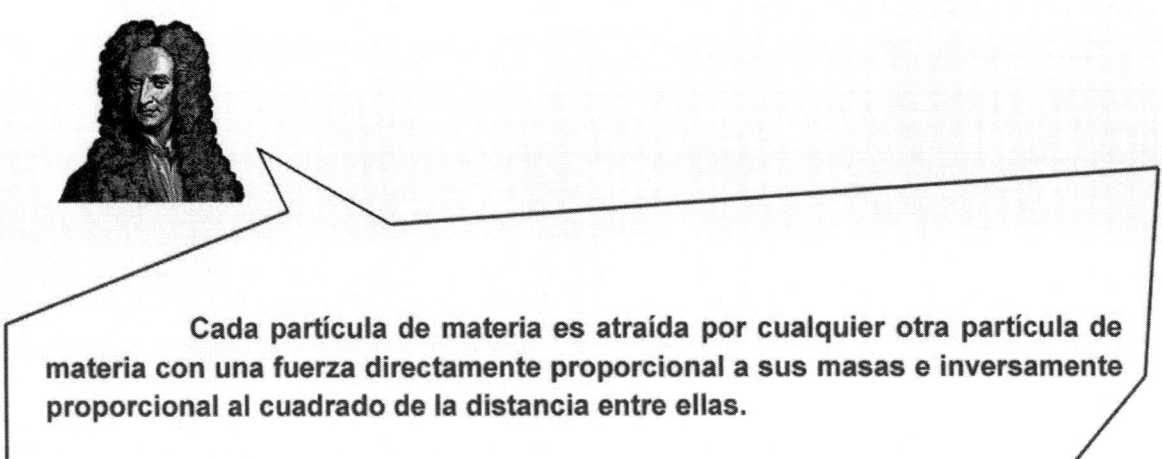

Cada partícula de materia es atraída por cualquier otra partícula de materia con una fuerza directamente proporcional a sus masas e inversamente proporcional al cuadrado de la distancia entre ellas.

Pude aprender de qué modo, esta ley universal determina el movimiento orbital de los planetas y demás objetos cósmicos en los sistemas estelares, motivado por las fuerzas gravitatorias que se establecen entre ellos.

Me explicó muchas otras cosas, pero lo más provechoso fue lo que me contó de matemáticas. En todo lo demás, me limité a escucharle y no contradecirle en ningún momento, pues era una persona muy irascible. Cuando le comenté que se decía que había descubierto su ley cuando, durmiendo bajo un manzano, le cayó una manzana sobre la cabeza, se enfadó mucho.

Muy iracundo, me puntualizó que nunca se le ocurriría dormirse debajo de un manzano. La verdad es que no era una persona agradable y no me cayó nada simpático.

Me causó una muy buena impresión como el gran científico que era, pero también muy mala como persona. Tenía mala relación con casi todo el mundo y se pasó la vida envuelto en acaloradas disputas.

En mi visita a Newton, también continué aprendiendo matemáticas. Para desarrollar sus teorías, había inventado el **cálculo infinitesimal (cálculo diferencial e integral)**. Para los interesados en las matemáticas os cuento someramente de qué se trata.

Partió de la idea de que en el universo casi todos los fenómenos se debían desarrollar con continuidad y buscó cómo definir la variación de las diferentes magnitudes en cada dirección

Para ello, consideró un **intervalo infinitesimal de tiempo** o intervalo infinitamente pequeño de tiempo designado como **dt.** Consideró también los **intervalos infinitesimales de espacio** en cada dirección. Por ejemplo, **dx** es un intervalo infinitesimal de espacio en una determinada dirección **x**.

Tuvo en cuenta también los **intervalos infinitesimales de variación de las propiedades y características en estudio en cada punto,** al variar infinitesimalmente tanto el tiempo como el espacio en cualquier dirección **x**.

Lo importante de este concepto, es que define como varían las diferentes magnitudes en cada dirección de los entornos diferenciales de cada punto. Si **P** y **Q** son dos puntos del universo, la variación de la cualquier propiedad **A** entre **P** y **Q** será la suma de sus variaciones **dA,** en los entornos diferenciales de todos los puntos de cualquier curva que una **P** con **Q**. Esta suma es el concepto llamado **integral,** que se simboliza con una especie de gusano puesto de pie.

Variación de la magnitud **A** entre **P** y **Q** = $\int dA$. La verdad es que este símbolo de la integral lo introdujo **Gottfried Leibniz** en el año **1675**. Lo concibió como una **S** muy larga para indicar **suma larga** o **suma infinita de sumandos infinitesimales**.

Poco más tarde coincidí con los sabios de la electricidad y del electromagnetismo, de quienes ya os he hablado, y contacté con **Charles Augustin de Coulomb.**

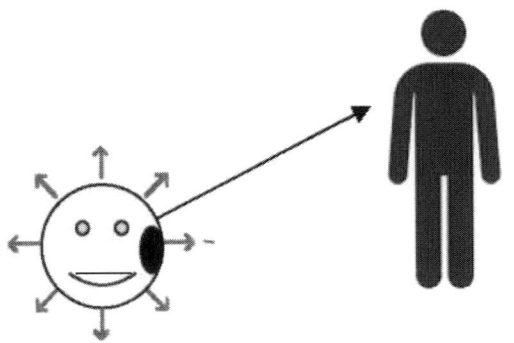 

Me explicó la ley que lleva su nombre, análoga en forma y efectos a la ley de gravitación de Newton, y pude comenzar a entender los fenómenos eléctricos. Me dejó leer un tratado en el que describía y cuantificaba la atracción y repulsión entre cargas eléctricas.

Dos cargas puntuales del mismo o distinto signo se repelen o se atraen con una fuerza directamente proporcional al producto de la magnitud de ambas cargas, e inversamente proporcional al cuadrado de la distancia que las separa.

Más tarde, conversé con el señor **James Clerck Maxwell**, físico que ya dominaba las matemáticas. Había publicado las ecuaciones que llevan su nombre y que unifican las fuerzas eléctricas y magnéticas en una única fuerza: la **fuerza electromagnética**.

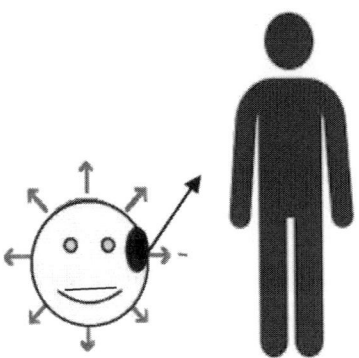 

James Clerck Maxwell

85. Dominio público . Wikipedia D.P. Grabado de James Clerk Maxwell por GJ Stodart a partir de una fotografía de Fergus de Greenock. Fecha desconocida. Autor: Jorge J. Stodart (–1884). Como obra anterior a 1890, de dominio público.

Fue hace 150 años, en diciembre de 1864, cuando asistí a una conferencia que Maxwell pronunció ante la Royal Society de Londres, donde afirmó:

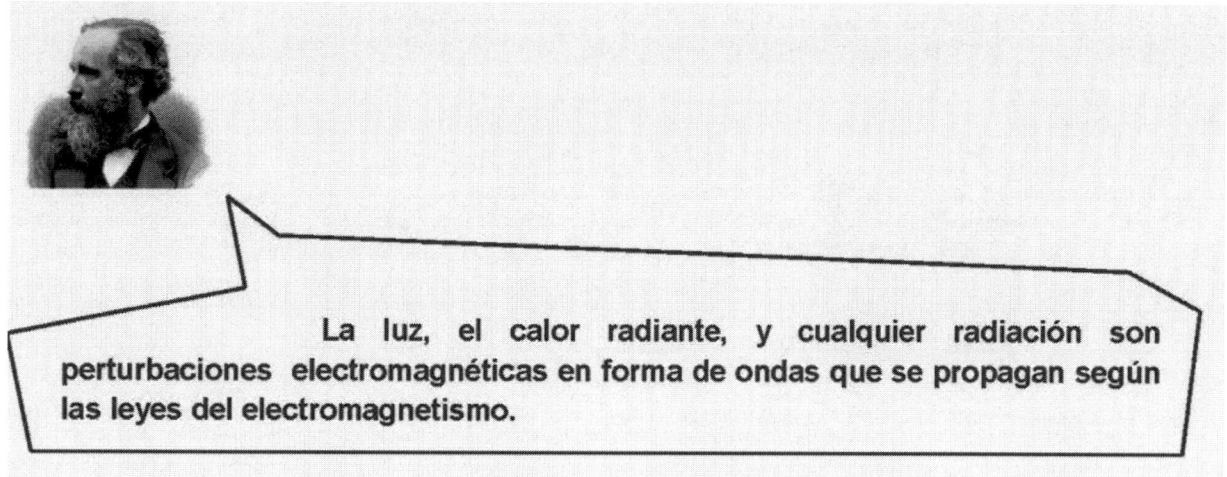

La luz, el calor radiante, y cualquier radiación son perturbaciones electromagnéticas en forma de ondas que se propagan según las leyes del electromagnetismo.

Acababa de predecir teóricamente la existencia de las ondas electromagnéticas que nos acompañan en prácticamente todo lo que hacemos.

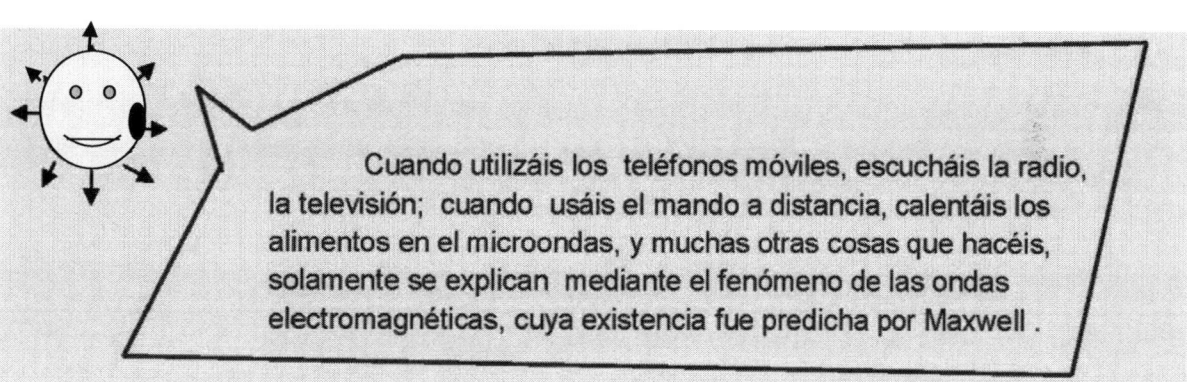

Cuando utilizáis los teléfonos móviles, escucháis la radio, la televisión; cuando usáis el mando a distancia, calentáis los alimentos en el microondas, y muchas otras cosas que hacéis, solamente se explican mediante el fenómeno de las ondas electromagnéticas, cuya existencia fue predicha por Maxwell.

Según él, no son otra cosa que un campo eléctrico y un campo magnético, perpendiculares el uno al otro y alternantes sinusoidalmente en el tiempo.

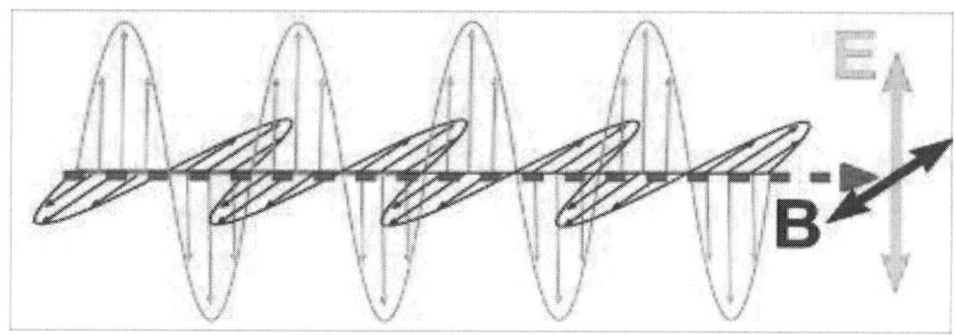

Pude entender bastante bien lo que me contaron Maxwell y otros físicos, gracias a que los años anteriores había continuado aprendiendo matemáticas en mis visitas sucesivas a los más sabios.

Efectivamente, fue ya en **1637** cuando pude hablar largamente con un sabio francés llamado **René Descartes**. Me dejó leer el apéndice « **La Géométrie** » incluido en su **Discurso**

del método. Allí hablaba por primera vez de **geometría analítica.** Antes me dijo como la descubrió.

86. Dominio público. File: Frans Hals. Portret van René Descartes.jpg. Creado hacia 1649-1700. Fiel reproducción fotográfica de una obra de arte bidimensional de dominio público.

A estas distancias las llamó coordenadas del punto. Acababan de nacer las **Coordenadas Cartesianas** y, con ellas, la **Geometría Analítica.**

En el año 1787 conocí a Gaspar Wessel, que me explicó qué son los números imaginarios.

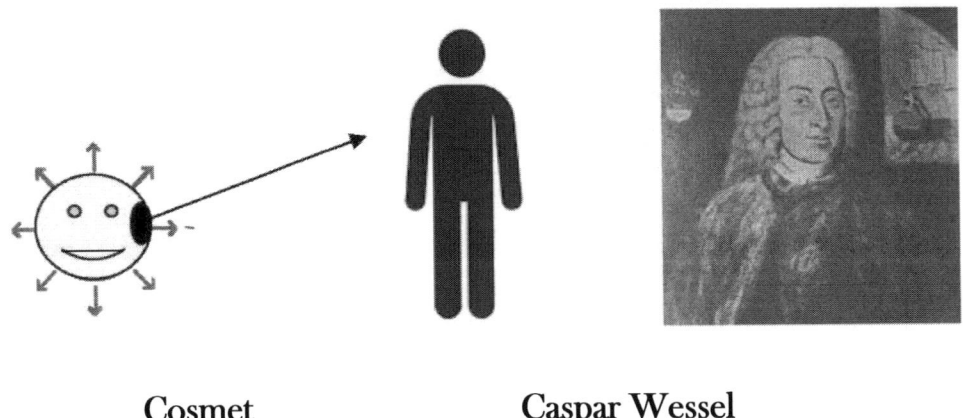

Cosmet   Caspar Wessel

87. Wikipedia D.P. Dominio público. Caspar von Wessel (1693-1768), Dano-Norwegian Vice Admiral. Años 1700. Reproducción fotográfica fiel de una obra de arte bidimensional de dominio público.

Wessel me dijo que, en el desarrollo de la física como ciencia que intenta dar explicación a todo lo que ocurre en el universo, existen conceptos no medibles.

Para poder dar un soporte matemático a estos conceptos, me dijo que había inventado otro conjunto de números que llamó **números imaginarios o complejos,** que son números que no existen de forma real.

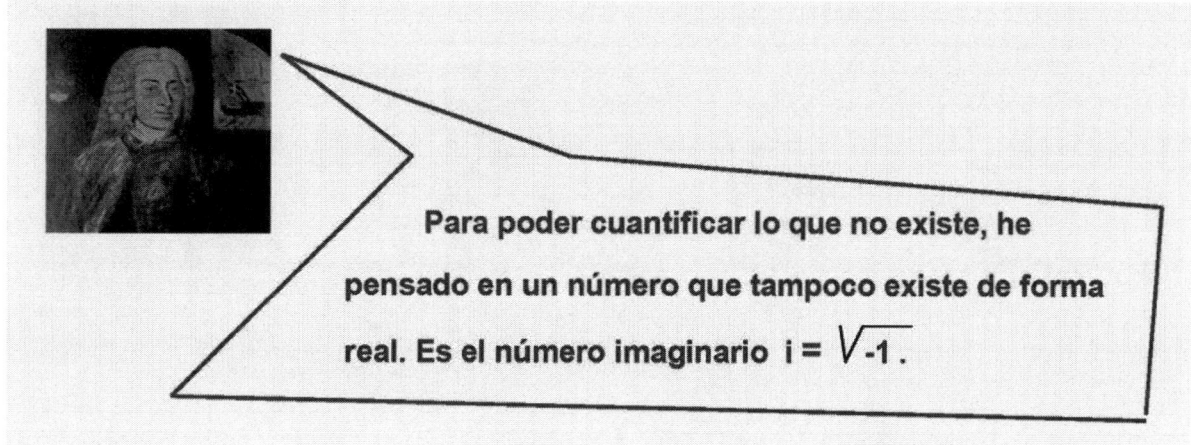

Para poder cuantificar lo que no existe, he pensado en un número que tampoco existe de forma real. Es el número imaginario $i = \sqrt{-1}$.

Con el tiempo, he ido viendo que estos **números imaginarios,** que inventó Wessel, pasaban a ser **una de las principales bases matemáticas para el conocimiento del universo.** Entre otras cosas, porque han permitido los desarrollos matemáticos de la física cuántica.

En **1844** también contacté con **Hermann Grassman,** quien introdujo diferentes conceptos del **álgebra lineal** y, por primera vez, me habló del concepto matemático de **espacio vectorial.**

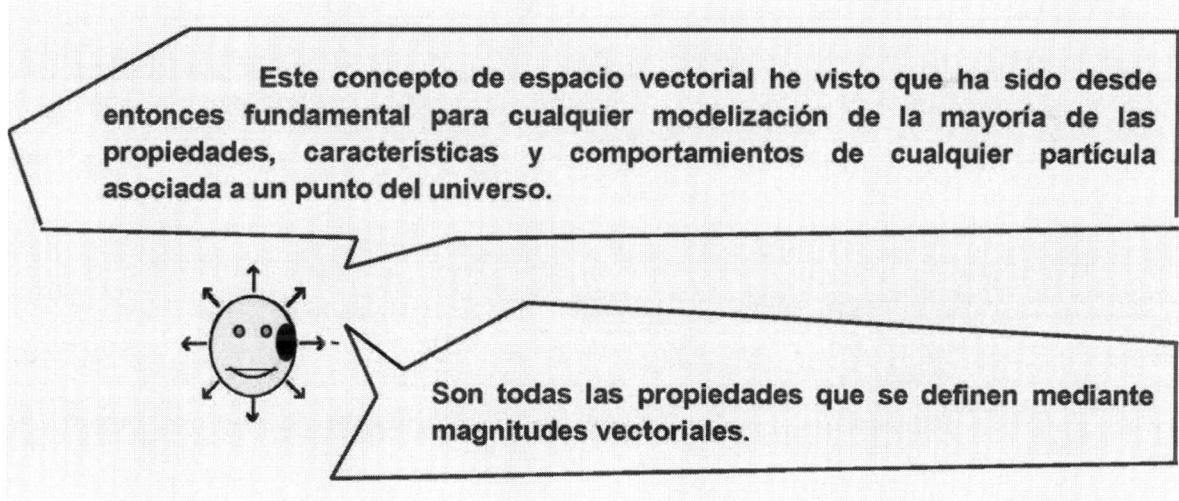

Este concepto de espacio vectorial he visto que ha sido desde entonces fundamental para cualquier modelización de la mayoría de las propiedades, características y comportamientos de cualquier partícula asociada a un punto del universo.

Son todas las propiedades que se definen mediante magnitudes vectoriales.

Años más tarde, conocí a los señores Levi Civita, Riemann, Christoffel, Bianchi, Antonio Ricci, y otros que me enseñaron unas nuevas matemáticas.

Cuando hablé largamente con el señor Albert Einstein, me dijo que, para desarrollar sus teorías, se tuvo que apoyar en los trabajos de matemáticos como **Gregorio Ricci** y su alumno **Tullio Levi-Civita** sobre lo que llamaron **tensores.**

También en los de **Bernhard Riemann**, el matemático que formalizó el estudio de los espacios curvos y las geometrías llamadas no-euclidianas. Fui rápidamente a hablar con todos ellos.

Cosmet   Levi-Civitta   Ricci   Riemann

88. Dominio público. File: Levi-civita.jpg. Creado el 1920. http://matematica.unibocconi.it/autore/tullio-levi-civita.

Dominio público. File: Ricci Curbastro (cropped).jpg. Autor desconocido. Ricci-Curbastro died in 1925 so his photo cannot be done after that date.

Dominio público. File: Georg Friedrich Bernhard Riemann.jpeg. Creado el 1 de enero de 1863.

Me desplacé al año 1835 para visitar al señor **Bernhard Riemann**, el cual me explicó que existen **espacios curvos** en los que rigen geometrías distintas a las que me había explicado Euclides. Postuló que, según lo que llamó su **curvatura**, los espacios pueden ser **planos** de **curvatura nula**, o **espacios con curvatura**. Los primeros son los que en ellos se cumple la geometría clásica de Euclides; los **espacios euclídeos**.

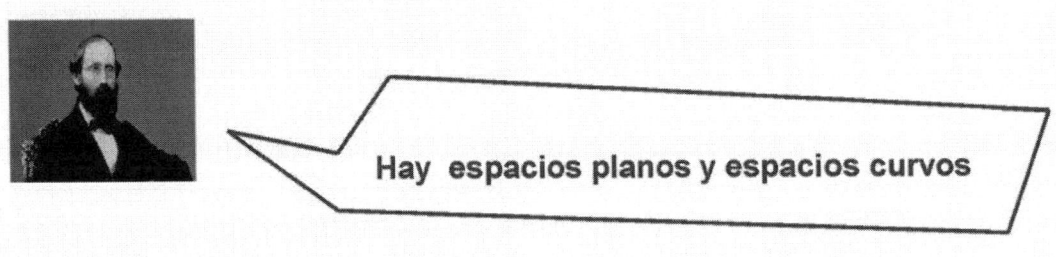

Hay espacios planos y espacios curvos

Los señores Riemann y Christoffel me hablaron también acerca de unos entes matemáticos abstractos que llamaban tensores.

A muchos de los que no tenéis conocimientos superiores de matemáticas, ya sé que la palabra **tensor** os infunde un cierto respeto. Pensáis que es algo difícil de entender, propio de matemáticas muy superiores. Yo, al principio, también lo consideraba así, pero nada más lejos de la realidad.

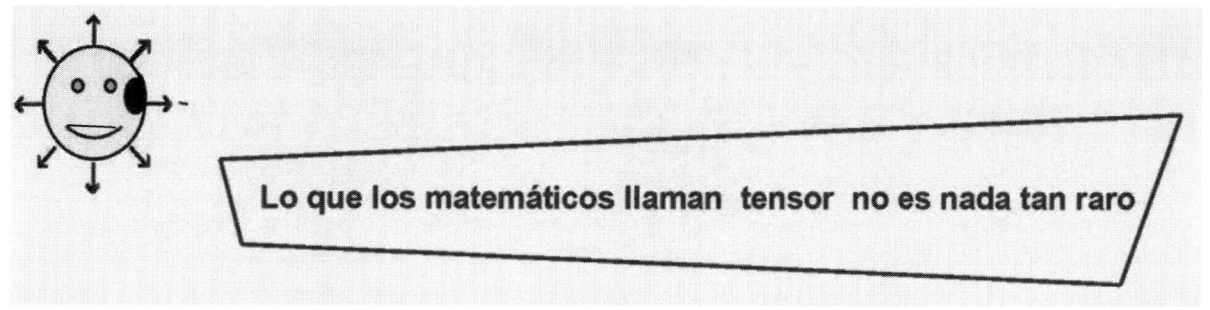

Lo que los matemáticos llaman tensor no es nada tan raro

Se trata simplemente de un concepto abstracto que, a partir de 1850, los sabios matemáticos con los que hablé fueron introduciendo para poder realizar un mismo tipo de análisis en todo tipo de propiedades y conceptos asociados a los puntos de un espacio puntual.

Para ello, **tanto las magnitudes escalares, las magnitudes vectoriales, así como otros conceptos que caracterizan los espacios puntuales, me dijeron que las habían englobado en el concepto más general que denominaron tensor.**

Entendí que los tensores son representaciones matemáticas de características y propiedades asociadas a los puntos de un espacio puntual.

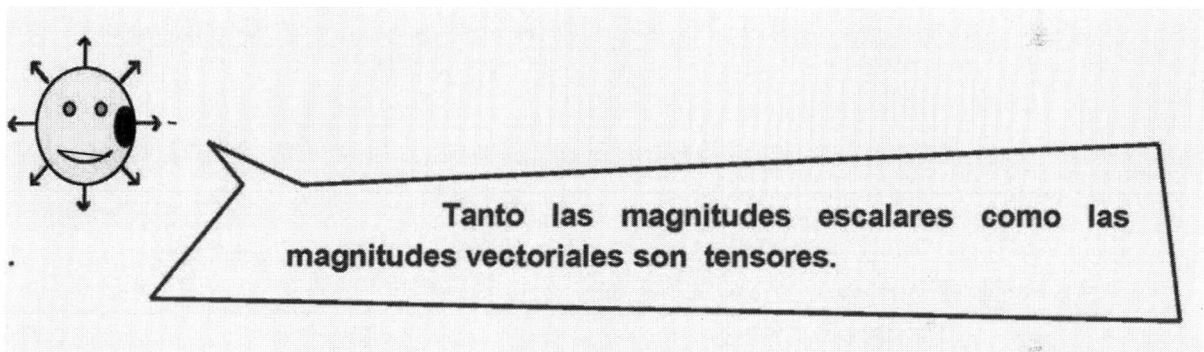

Tanto las magnitudes escalares como las magnitudes vectoriales son tensores.

Mis visitas a los sabios durante los últimos ciento cincuenta años

Hasta el año 1920, seguí con interés como los sabios iban descubriendo la estructura del átomo. Os avanzo algo de mis contactos con ellos y también de como los señores **Edwin Hubble** y el señor **Alexander Friedmann** me explicaron la **expansión del universo.** También compartí tiempo con otros sabios que comenzaron a descubrir las partículas que yo conocía desde siempre. Efectivamente, yo ya conocía bien los átomos desde mi más tierna infancia, pero me hizo mucha gracia ver cómo, al cabo de tantos años, los sabios los iban descubriendo.

Conversé con eminentes físicos, como fueron: **J.J. Thomson** que descubrió el electrón, y con **Lord Rutherford, Pierre y Marie Curie, Niels Bohr y Arnold Sommerfeld.**

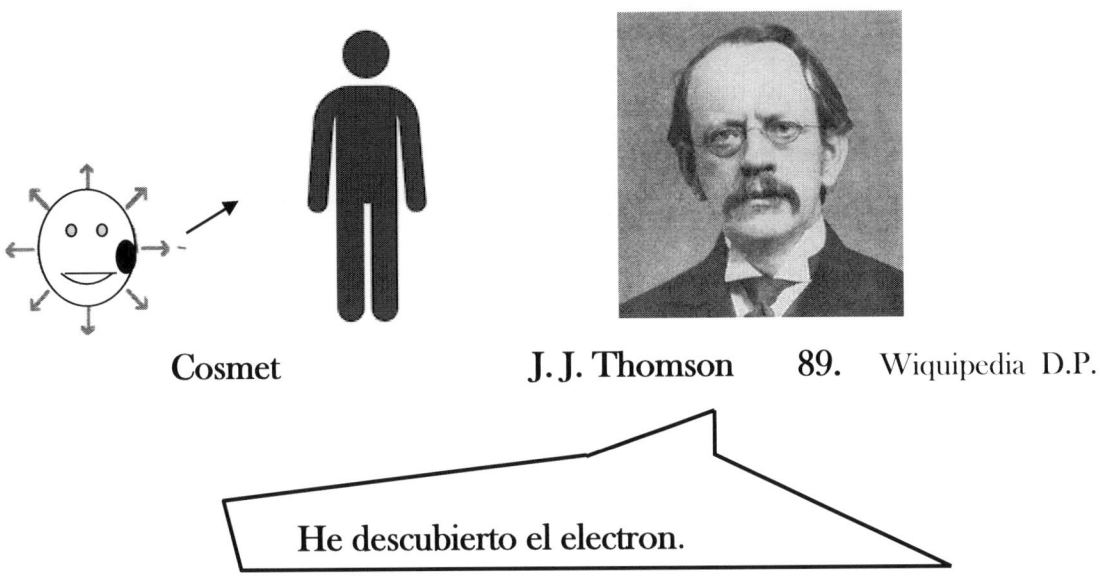

Cosmet   J. J. Thomson   89.   Wiquipedia D.P.

He descubierto el electron.

Fue en 1887 cuando el señor J. J. Thomson me mostró cómo realizaba sus experimentos. Me expuso ingenuamente un **primer modelo de átomo** muy curioso. Él suponía que los electrones, como diminutas partículas con carga eléctrica negativa, estaban incrustados en una nube de carga positiva de forma similar a las pasas en un pastel. Por esto el modelo se llamó **modelo del pastel de pasas**.

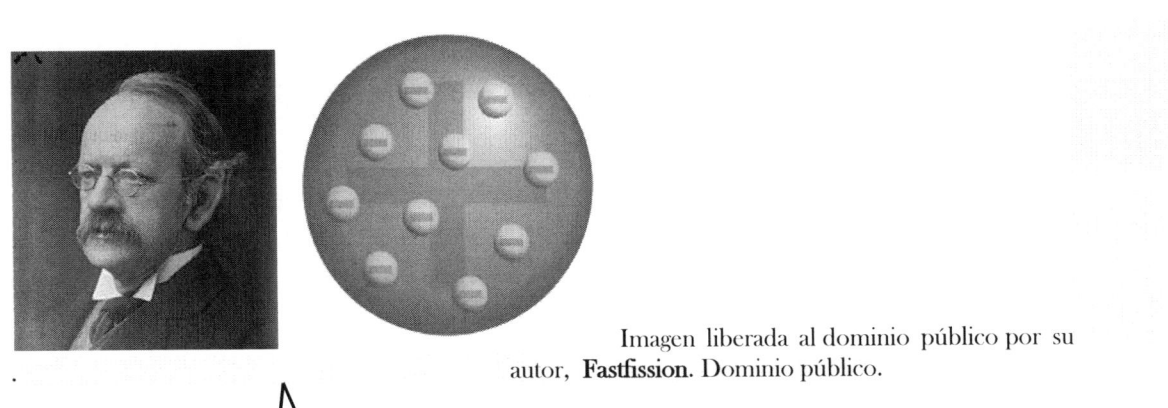

Imagen liberada al dominio público por su autor, **Fastfission**. Dominio público.

Los electrones se encuentran incrustados en una nube de carga positiva. Esta carga positiva de la nube compensa exactamente la negativa de los electrones, de modo que el átomo es eléctricamente neutro.

La verdad es que me hizo gracia que pensara en un universo lleno de pasteles.

Años más tarde, vi como lentamente los sabios avanzaban en el conocimiento de la estructura real del átomo y, en 1911, viajé hasta Inglaterra, donde un físico que tenía el título nobiliario de lord, realizaba nuevos experimentos, **Lord Rutherford.**

Me explicó lo que llamaba su **modelo de átomo planetario,** del que antes ya os he hablado.

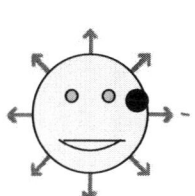

Cosmet   **Lord Rutherford**

La estructura planetaria de los átomos en este modelo es la siguiente:

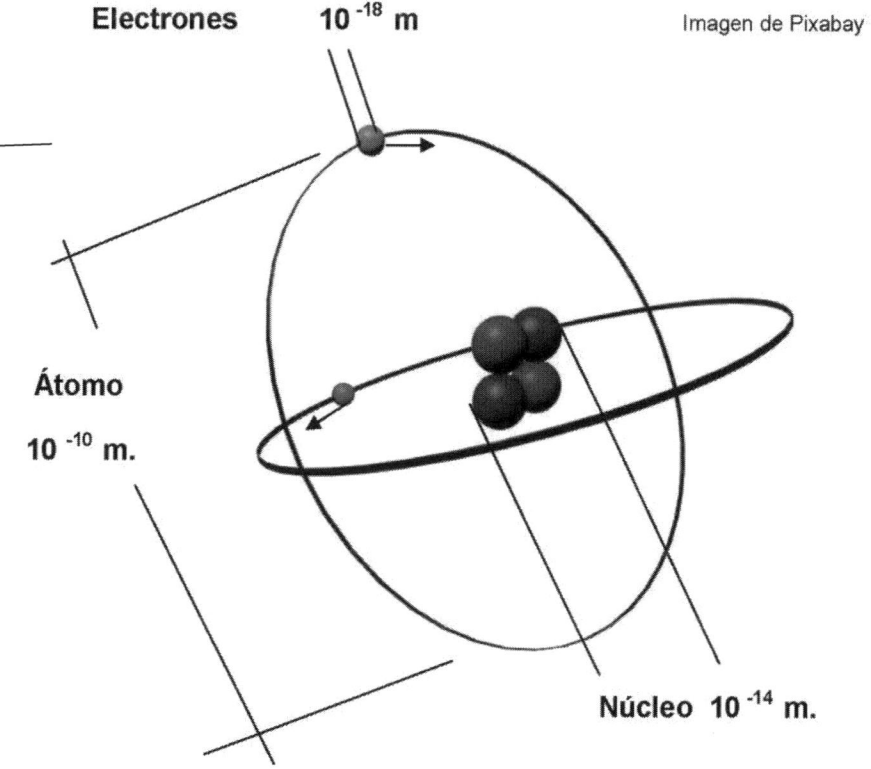

Electrones 10^{-18} m   Imagen de Pixabay

Átomo

10^{-10} m.

Núcleo 10^{-14} m.

En aquel entonces ya se había descubierto la **radiactividad.** Cuando me enteré de ello, visité a un físico experimental llamado **Becquerel** el año **1896** y poco más tarde, en **1903,** a **Pierre** y **Marie Curie.** Ellos habían descubierto nuevos elementos químicos como el polonio y el radio, y observado que estos se descomponían en elementos más ligeros emitiendo radiación radiactiva. Estas radiaciones fueron los elementos que permitieron más tarde a Lord Rutherford llegar al interior del átomo para descubrir su estructura.

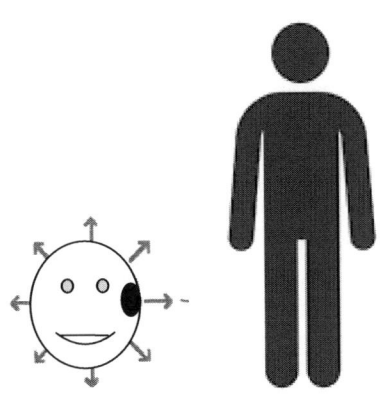 

91. Dominio público. File: Pierre Curie et Marie Sklodowska Curie 1895.jpg. Creado el 1895.

Efectivamente, poder disponer de esta radiación proporcionó a los investigadores la posibilidad de bombardear átomos con proyectiles del tamaño adecuado. Esta técnica fue la que permitió a Rhuterford conocer la estructura particular del átomo.

Entre los años **1898** y **1899,** él había realizado ya experimentos con distintas muestras radiactivas, determinando el alcance de la radiación y la capacidad que tenía la misma para atravesar determinados materiales. De este modo, identificó dos tipos de estas radiaciones; la **radiación alfa** y la **radiación beta.** Ambas estaban formadas por partículas cargadas. También identificó otra radiación electromagnética muy penetrante: **los rayos gamma.**

A partir de **1900,** paralelamente al desarrollo de las **primeras teorías cuánticas,** un físico llamado **Niels Bohr** fue uno de los pioneros de estas. Llegó a definir un nuevo modelo de estructura atómica que clarificaba determinados problemas no explicables por el modelo de Rutherford.

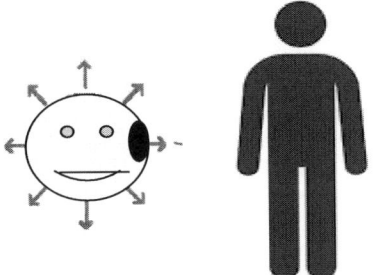 

Niels Bohr (Wiquipedia D.P.)

92. Dominio público. File: Niels Bohr.jpg. Creado el 1922. Fuente: Biografía del Premio Nobel de Niels Bohr , de 1922. Autor: El Instituto Estadounidense de Física acredita la foto [1] a AB Lagrelius & Westphal , que es la compañía sueca utilizada por la Fundación Nobel para la mayoría de las fotos de su serie de libros Les Prix Nobel .

El problema que presentaba el modelo era que los electrones sometidos a la atracción del núcleo son cargas eléctricas aceleradas y, por tanto, emiten energía. Esta pérdida de energía emitida por el electrón debía provocar que se acercara cada vez más al núcleo. Los electrones deberían acabar chocando con él, con lo cual los átomos no serían estables, cosa que no es cierta.

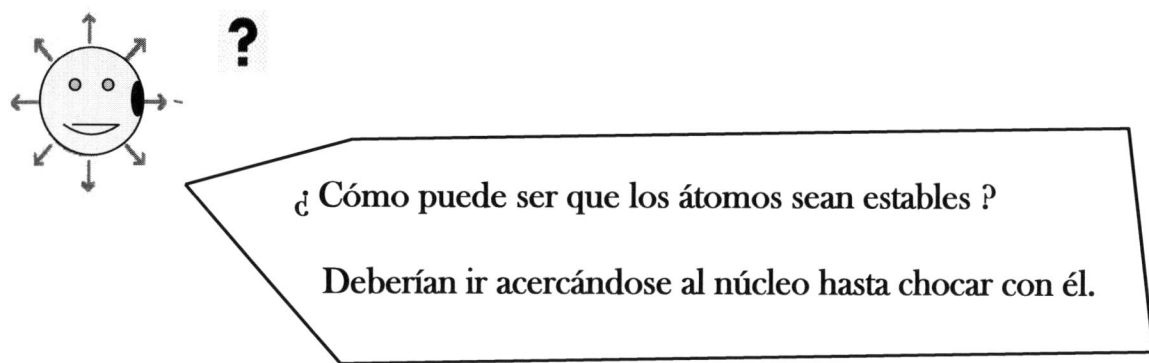

¿ Cómo puede ser que los átomos sean estables ?

Deberían ir acercándose al núcleo hasta chocar con él.

En mis conversaciones con Niels Bohr el año **1913**, me dijo que para dar explicación a la problemática mencionada y que fuera posible la estabilidad del átomo, a pesar de la pérdida de energía de los electrones, él pensaba que **la perdida de energía no es continua, sino que se realiza de forma discreta en cuantos o paquetes de energía**. Como consecuencia de esto, los electrones irían saltando a niveles de energía más bajos, hasta un nivel de energía mínima, pero sin llegar al núcleo.

Mi reunión con Bohr fue como veis muy intensa, pero, al final, se distendió totalmente cuando comenzó a contarme cosas de su vida. Me explicó que había sido portero de futbol y que, siendo un gran entusiasta de las películas del oeste, frecuentemente interrumpía su trabajo para acudir a visionar un film de vaqueros.

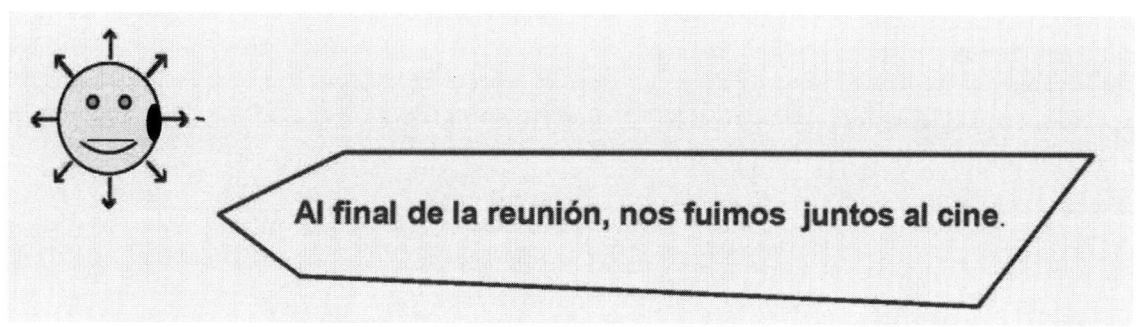

Al final de la reunión, nos fuimos juntos al cine.

En otro orden de cosas, tuve ocasión de hablar también con los señores Edwin Hubble y Alexander Friedmann. Ambos me explicaron la expansión del universo.

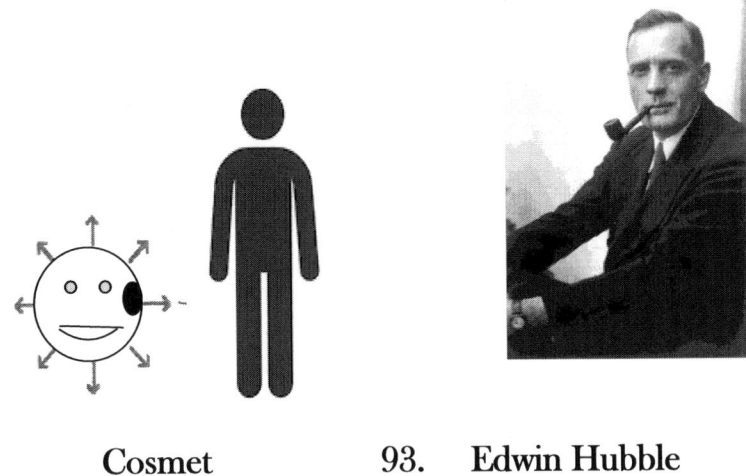

Cosmet   **93.   Edwin Hubble**

Dominio público. Studio Portrait of Edwin Powell Hubble. Photographer: Johan Hagemeyer, Camera Portraits Carmel. Photograph signed by photographer, dated 1931.Fuente: http://hdl.huntington.org/cdm/ref/collection/p15150coll2/id/129. Autor: Johan Hagemeyer (1884-1962)

Edwin Hubble me narró el cuento del desplazamiento al rojo. Fue en la visita que le hice el año 1931, de la cual ya os he hablado. Consiste en el hecho de que la frecuencia de las ondas de luz que se reciben emitidas en su día por astros lejanos **(frecuencia de las ondas recibidas),** resultan ser más pequeñas que las del momento de emisión **(frecuencias de las ondas emitidas).** Con ello, los sabios ven las líneas de los espectros desplazadas hacia la zona de menores frecuencias que corresponden a la radiación infrarroja. Hubble consideró que estos cambios en la frecuencia eran debidos a un universo en expansión que motivara que las galaxias se estuvieran alejando a gran velocidad.

Podéis entender bien esto, si os fijáis en la frecuencia de las ondas sonoras que emite una ambulancia que se está alejando. La frecuencia de las señales que se reciben es cada vez menor.

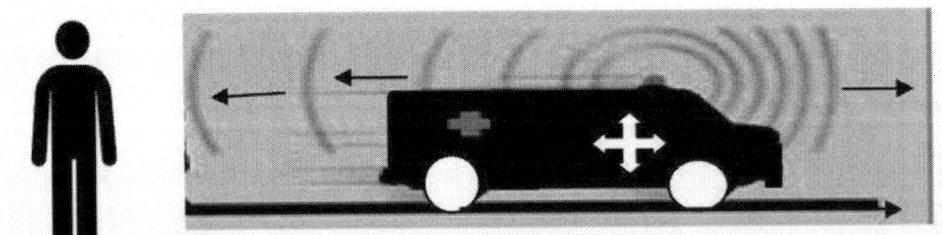

Por el contrario, si la ambulancia se está acercando, la frecuencia de las señales que se reciben es cada vez mayor.

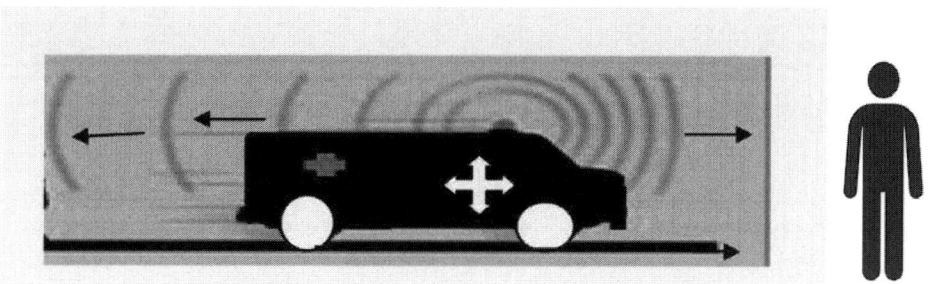

94. Efecto Doppler en ondas sonoras.

Con el físico ruso **Alexander Friedmann** hablé en 1925.

Cosmet   Alexander Friedmann

94. Dominio público. Recortado del archivo: Aleksandr Fridman.png. Creado en fecha desconocida. Autor desconocido

Ya de entrada noté que tenía un muy fino sentido del humor. Antes de hablarme de sus teorías me contó que su padre era bailarín y su madre pianista y que él, aunque se dedicaba a la física, realmente era meteorólogo. Me dijo:

Pero este meteorólogo fue uno de los primeros científicos en aplicar las ecuaciones de la relatividad de Einstein al universo y antes de los descubrimientos de Hubble creó un modelo que mostraba un universo en expansión.

Su idea fue revolucionaria por el hecho de romper la concepción clásica de un universo estático. Él pensaba que no había ninguna razón para que el universo fuera estático y llegó a un modelo matemático de la expansión, deduciendo las ecuaciones que ahora en su honor se llaman **ecuaciones de Friedmann.**

Visité también de nuevo al señor Albert Einstein el año 1910 y el año 1915

Después de la publicación de la teoría especial de la relatividad, una preocupación general que me dijo que tuvieron él y otros eminentes físicos fue el hecho de que la teoría de gravitación de Newton implicaba la necesidad del cumplimiento del **principio de la acción instantánea a distancia.**

Este principio era incompatible con la relatividad especial, al definir esta la imposibilidad de que nada pueda viajar a velocidad superior a la de la luz.

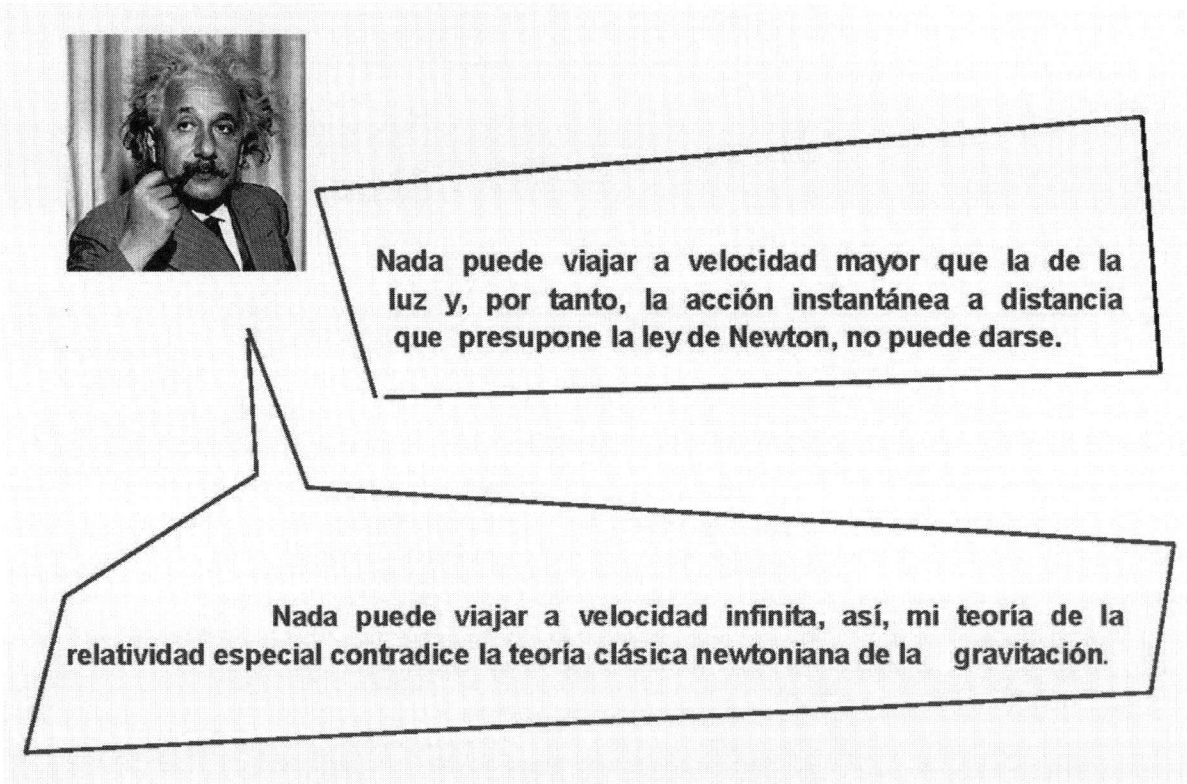

La teoría de Newton definía que los cuerpos se atraen con una fuerza de gravitación dependiente de la distancia entre ellos. Lo que me dijo Einstein es que, si uno de los cuerpos se mueve, el otro no se entera de ello hasta que le llega la información y esta, según la teoría de la relatividad, no puede viajar a velocidad superior a la de la luz. En el intervalo de tiempo en que esto ocurre, no puede cumplirse la ley de Newton.

Einstein encontró la respuesta a la problemática expuesta en una **curvatura del espacio-tiempo motivada por la presencia de masa-energía.**

Me explicó básicamente cómo veía los fenómenos gravitatorios a partir del concepto de una **curvatura del espacio-tiempo,** que pensaba que era motivada por la presencia de masa-energía.

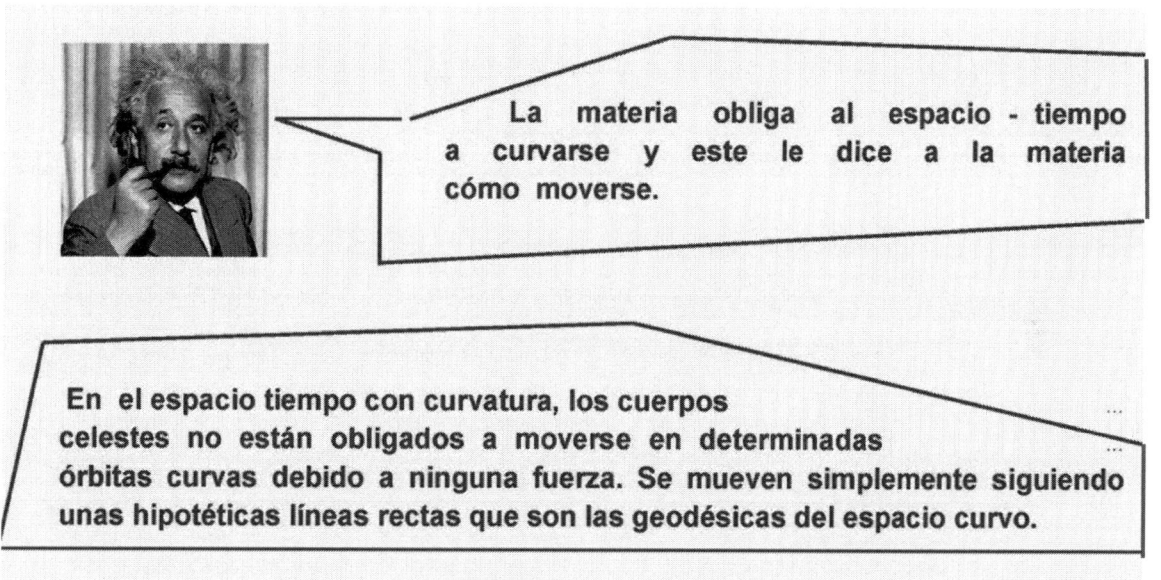

La materia obliga al espacio - tiempo a curvarse y este le dice a la materia cómo moverse.

En el espacio tiempo con curvatura, los cuerpos celestes no están obligados a moverse en determinadas órbitas curvas debido a ninguna fuerza. Se mueven simplemente siguiendo unas hipotéticas líneas rectas que son las geodésicas del espacio curvo.

A partir del año 1900 conocí también a los sabios de la física cuántica

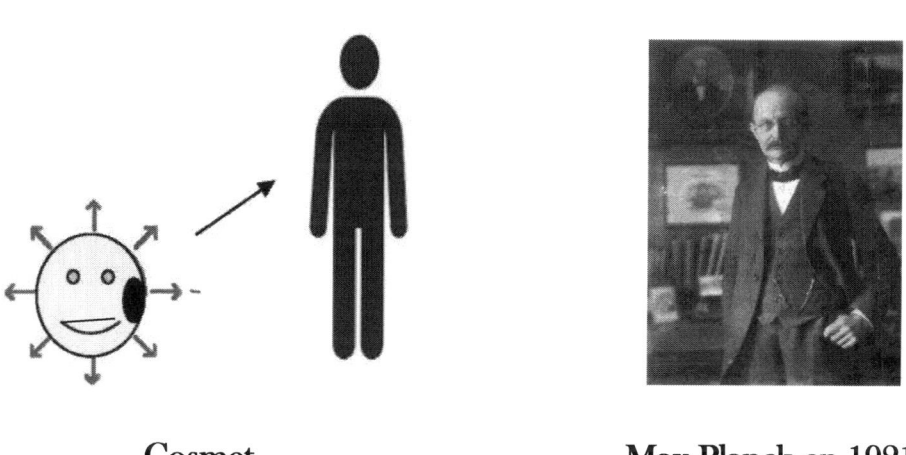

Cosmet   Max Planck en 1921

Me reuní con el señor **Max Planck,** del que ya os he hablado, quien me habló de sus descubrimientos, lo que me llevó a entender cómo se comporta el mundo subatómico de las partículas.

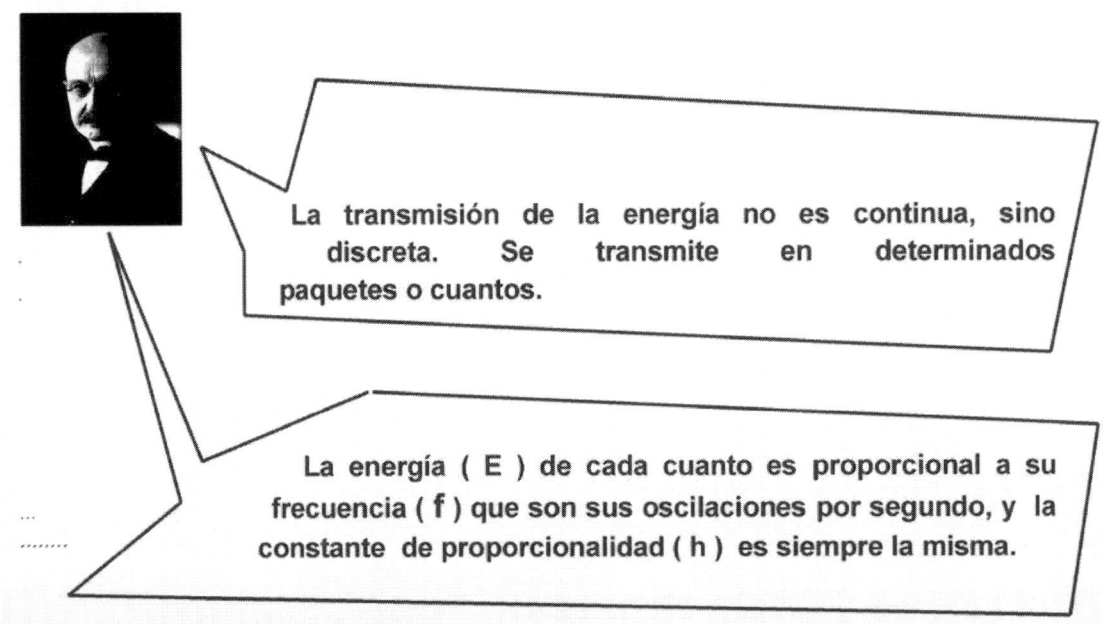

La transmisión de la energía no es continua, sino discreta. Se transmite en determinados paquetes o cuantos.

La energía (E) de cada cuanto es proporcional a su frecuencia (f) que son sus oscilaciones por segundo, y la constante de proporcionalidad (h) es siempre la misma.

$E = h\,f$, siendo h una constante universal que luego en su honor se ha llamado la **constante de Planck.**

El descubrimiento de Max Planck fue solo el principio de la **física cuántica,** pues poco más tarde, **Louis-Victor de Broglie**, formuló el principio de la dualidad onda-corpúsculo, en el sentido de que toda partícula, además de su carácter corpuscular, se comporta también como una onda que se extiende a cierta región del espacio con una frecuencia **(f),** cumpliéndose la relación fundamental $E = h\,f.$

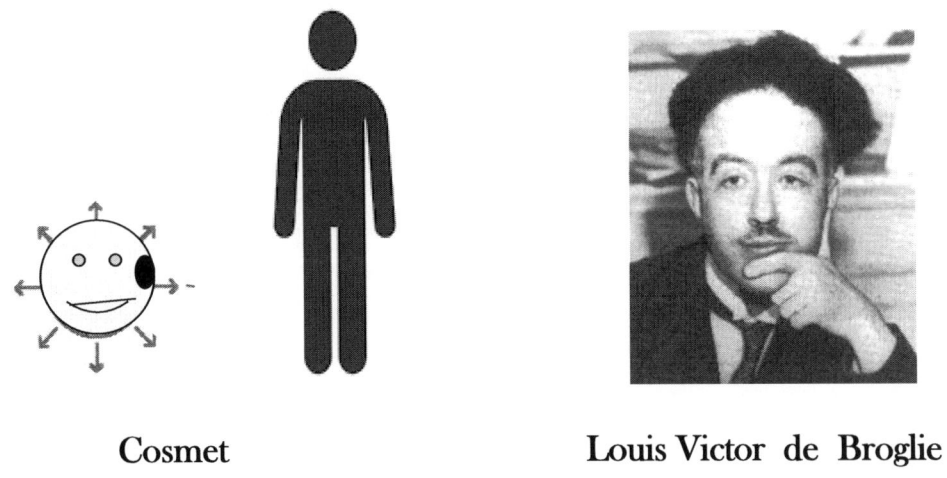

Cosmet   Louis Victor de Broglie

96. Dominio público. File: Broglie Big.jpg. Creado el 1 de enero de 1929. Fuente: http://www.physics.umd.edu/courses/Phys420/Spring2002/Parra_Spring2002/HTMPages.

Al poco tiempo, concretamente en el año 1905, Albert Einstein verificó que el principio de Planck no era válido solamente para la radiación de un cuerpo al calentarse, sino para todo tipo de radiación. **Toda radiación se transmite en cantidades discretas, múltiplos del paquete de Planck.**

La conclusión última fue que, si todo lo que existe es energía y esta está cuantificada, **cualquier magnitud de algo existente debe estar cuantificada.** Esta puede tomar un conjunto de valores, que se dice que son los estados cuánticos posibles.

Más tarde, conocí a los señores **Max Born** y **Werner Heisenberg.** Fue en **Copenhague,** en los años **1925** y **1926.** Ambos aceptaban el llamado **principio de superposición cuántica.**

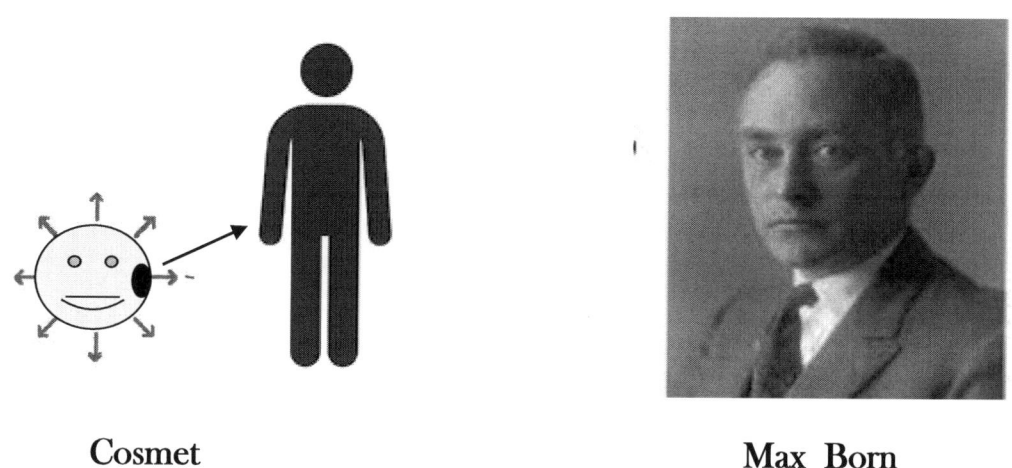

Cosmet   Max Born

97. Dominio público. File: Max Born.jpg. 1933. http://www.owlnet.rice.edu/~mishat/1933-5.html.

Cosmet   Werner Heisenberg

98. Licencia Creative Commons Attribution-Share Alike 3.0

Toda partícula cuántica, mientras no es observada, se encuentra simultáneamente en una superposición de todos sus estados cuánticos posibles.

Esto lo precisó **Heisenberg** en su llamado **principio de incertidumbre**, uno de los principios básicos de la mecánica cuántica que establece la imposibilidad de que determinados pares de magnitudes físicas sean conocidas con precisión arbitraria.

Afirma que no se pueden determinar, simultáneamente y con precisión arbitraria, ciertos pares de variables físicas, como son la posición y la velocidad de un objeto dado.

Cuanta mayor certeza se busca en determinar la posición de una partícula, menos se conoce su velocidad.

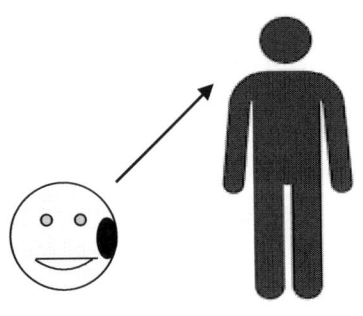 

Heisenberg demostró que la incertidumbre en la posición de la partícula, multiplicada por la incertidumbre en su velocidad y por la masa de la partícula, nunca puede ser más pequeña que una cierta cantidad, conocida como constante de Planck.

También conocí al señor Erwin Schrodinger que me habló de la función de onda.

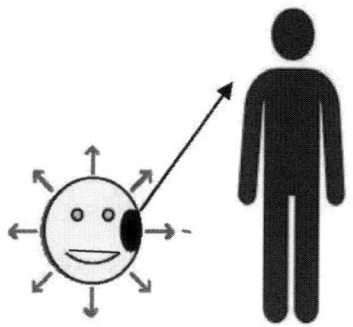

99. Dominio publico. Archivo: Erwin Schrödinger (1933).jpg. File: Erwin Schrödinger (1933).jpg. Creado el 1 de enero de 1933. Nobel foundation - http://nobelprize.org/nobel_prizes/physics/laureates/1933/schrodinger-bio.html.

Según él, mediante la función de onda Ψ, se podía asignar a cada punto del espacio la probabilidad de obtener, en el acto de medición, valores determinados de las propiedades incluidas en la función (todos los estados cuánticos de cada observable), como puede ser incluso la propia posición de la partícula. En este sentido, consideraba la función de onda como un campo de probabilidades.

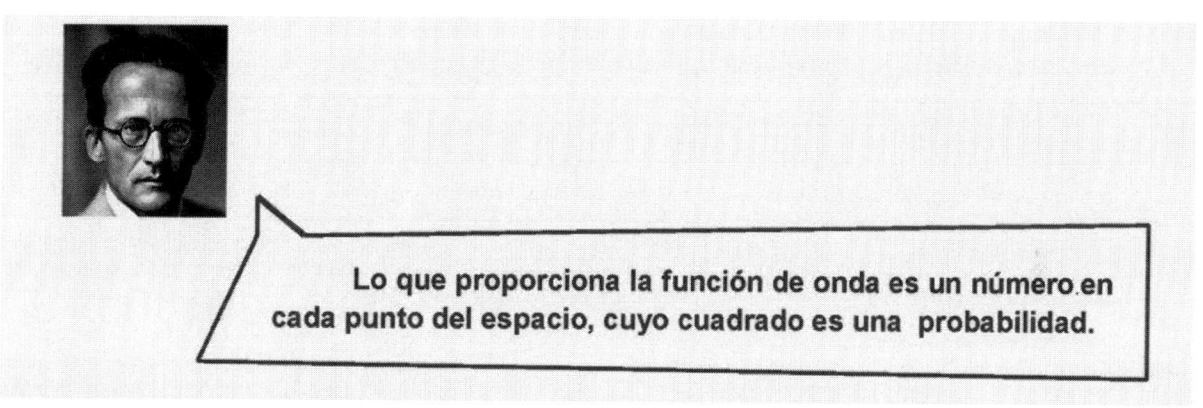

Lo que proporciona la función de onda es un número en cada punto del espacio, cuyo cuadrado es una probabilidad.

Esta es la principal característica de la **realidad cuántica;** una realidad caracterizada como **probabilista e indeterminada.** Consiste en una superposición de todos los estados posibles en la que, mientras no se obtiene un valor por medio de la observación concreta o el acto de medición, lo único que podemos conocer es su probabilidad.

En el año 1935, me explicó un experimento mental que había realizado, que luego se ha hecho muy famoso y se ha llamado **el gato de Schrodinger.** Representa una realidad cuántica.

Consiste en un gato encerrado en una cámara con un dispositivo que puede matarlo si se activa, siendo su activación un fenómeno que durante un tiempo determinado tiene la misma probabilidad de ocurrir o de no ocurrir. El gato tiene dos estados posibles superpuestos en su función de onda: vivo y muerto.

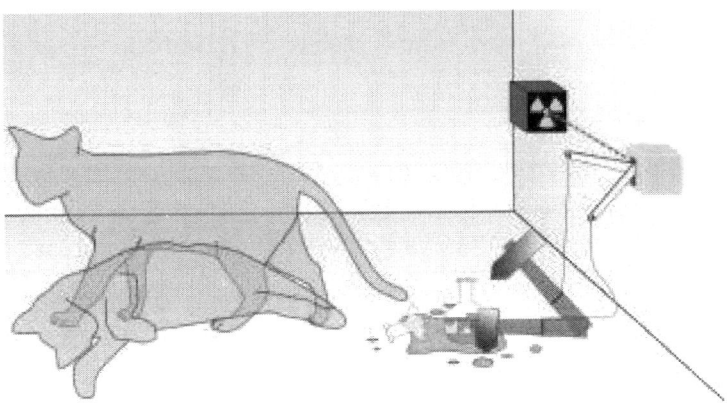

Un gato, junto a un frasco con veneno. Si el dispositivo rompe el frasco, libera el veneno y mata al gato.

Pero según Scrodinger, el gato se encuentra simultáneamente vivo y muerto y solamente puede adoptar uno de los dos estados cuando se realiza un acto de observación abriendo la caja. Con este experimento mental, el físico indicaba que en el universo existen muchos gatos de Schrodinger; sistemas dispuestos en estados reales de superposición cuántica que solamente pueden adoptar un determinado valor al realizar el acto de medición u observación experimental de estos.

Sobre toda esta temática, os reproduzco algunas de las cosas que dijo **Stephen Hawking en una conferencia a la que pude asistir.**

Hasta hace poco se creía que si en un instante determinado conociéramos las posiciones y velocidades de todas las partículas en el universo, podríamos calcular su comportamiento en cualquier otro momento del futuro.

Sin embargo, en el siglo XX, el desarrollo de la teoría cuántica muestra que una predicción completa del futuro no puede ser llevada a cabo. Fue cuando, en 1926, Heisenberg indicó que no es posible medir exactamente la posición y la velocidad de una partícula a la vez.

Para ver dónde está una partícula, hay que iluminarla, pero de acuerdo con el trabajo de Planck, no se puede usar una cantidad de luz arbitrariamente pequeña. Se tiene que usar obligatoriamente, por lo menos, un cuanto. Esto perturbará la partícula, y cambiará su velocidad de una forma que no puede ser predicha. El hecho es que, cuanto más exactamente se quiera medir la posición de una partícula, con menos exactitud se puede conocer su velocidad y viceversa.

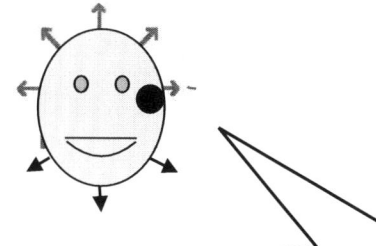

Voy a hablaros también del nuevo concepto de realidad basado en los principios cuánticos que me explicaron los sabios y que se ha llamado la realidad cuántica.

El primer día de confinamiento ya os dije que yo, como partícula cuántica que era, tenía una doble naturaleza. A la vez, yo era como una partícula que se encuentra localizada en un lugar determinado, pero también como una onda que ocupaba la totalidad del espacio. Cuando no me miraban, me encontraba simultáneamente en todas partes. Nunca había entendido esto hasta escuchar a los sabios de la física cuántica cuando me expusieron los **principios de no continuidad, indeterminación y superposición.**

Una partícula, mientras no es observada, según el **principio de superposición,** se encuentra simultáneamente en todos sus estados cuánticos posibles. Así pues, **una realidad objetiva** de cualquiera de sus características o propiedades posibles **no existe hasta que alguien la observa o realiza el acto de medición.** En el momento de la observación, la partícula puede adoptar con distintas probabilidades cualquiera de sus estados posibles - **indeterminación** -, rompiéndose de esta manera determinados conceptos como el de trayectoria o, en general, el **principio de causa-efecto** - causalidad -. Mientras una partícula no es observada, lo único que podemos conocer es la probabilidad de que en el acto de observación se encuentre en cada estado de todos los posibles. Esta probabilidad viene definida en la **función de onda.**

Esto es lo que ocurre en el mundo sub microscópico de las partículas, pero hay que pensar que el universo no es otra cosa que un gran conjunto de partículas elementales que constituyen los átomos y todo lo que existe. El comportamiento del universo se debe basar, pues, en lo que ocurre en el mundo de las partículas, que se rige por los principios cuánticos. Esto lleva a ver este mundo de las partículas como **un mundo indeterminado, regido por el azar y la superposición y donde, en un sentido totalmente estricto, no existe la continuidad ni la causalidad.**

Estos comportamientos van evidentemente en contra de nuestra intuición, dado que esta se ha ido modelando por la experiencia a escala macroscópica. En el mundo macroscópico, todo está compuesto de una infinidad de partículas de las que solo conocemos su comportamiento probable. En el comportamiento de cualquier objeto macroscópico estas probabilidades se multiplican de tal manera que en nuestra experiencia lo vemos como si se siguiera un principio universal de causalidad.

Unos años más tarde, pude hablar con el señor Paul Dirac que descubrió la existencia de la antimateria y otros sabios me explicaron lo que llamaban las teorías cuánticas de campos

La verdad es que no fue fácil conseguir que me comentara sus teorías, pues tenía un carácter difícil y taciturno, poco dado a explicar cosas. Entre sus amigos y colegas era famoso por su extrema economía de palabras. Era realmente **un hombre de pocas palabras.** Su vocabulario en la conversación, casi siempre, se limitaba a tres posibles respuestas, sin más comentarios ni explicaciones:

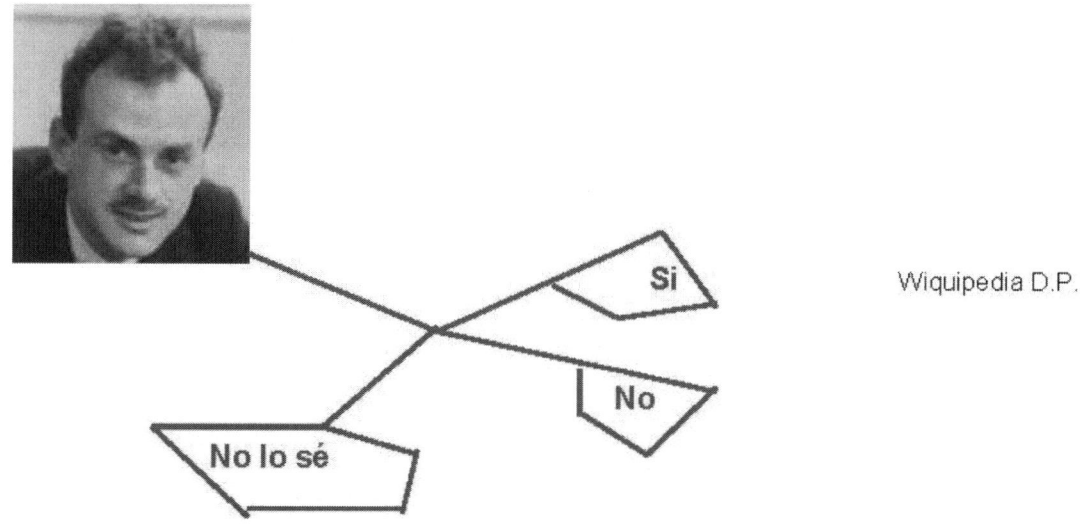

Si

No

No lo sé

Wiquipedia D.P.

101. Dominio público. Universidad de Cambridge, Laboratorio Cavendish (1933). http://www-history.mcs.st-andrews.ac.uk/PictDisplay/Dirac.html

Tras un poco de paciencia, conseguí que me contara como en el año 1928 había descubierto teóricamente la necesaria existencia de la **antimateria**. Lo que hizo fue considerar la relación de equivalencia entre la masa y la energía, no con la ecuación clásica de Einstein $E = mc^2$, sino la equivalente relativista, que es $E^2 = m^2c^4$. En esta ecuación equivalente, al tomar la raíz cuadrada de ambos lados, se obtienen dos resultados, siendo uno de ellos $E = mc^2$, **una energía positiva**, y siendo el otro $E = -mc^2$, **una energía negativa**. De este modo, llegó a la predicción teórica de la existencia de la **antimateria** como una materia de energía negativa.

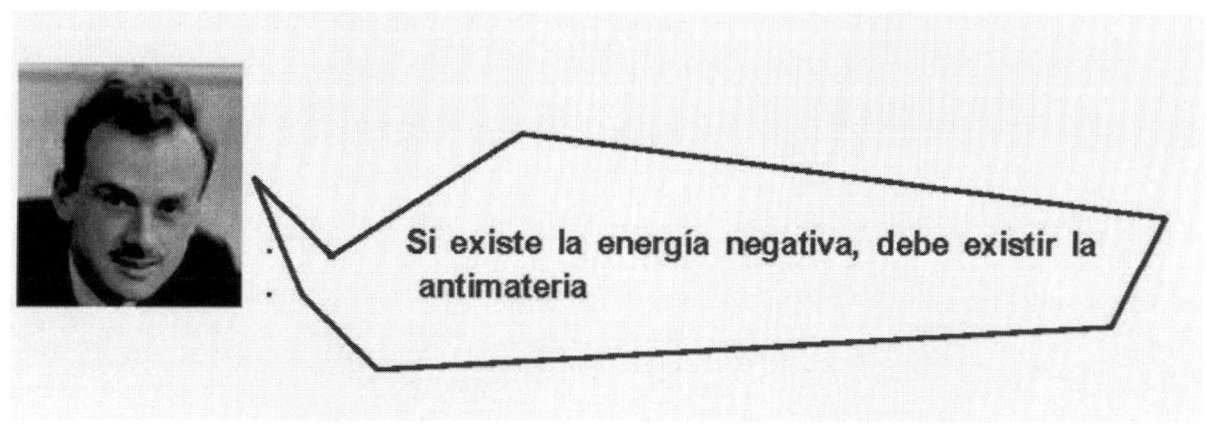

Si existe la energía negativa, debe existir la antimateria

273

En este mismo año 1928 y siguientes, **en diferentes visitas a los sabios, fui descubriendo que son mis amigas las partículas bosónicas las responsables del comportamiento del universo. Me hablaron de las fuerzas fundamentales que actúan solamente en los núcleos atómicos.**

Una propiedad importante de todas estas partículas portadoras de fuerzas es que, por ser partículas bosónicas, no obedecen el llamado **principio de exclusión** que en 1928 me expuso el señor **Wolfang Pauli**. Consiste básicamente en el hecho de que las partículas bosónicas pueden ocupar el mismo espacio. Esto hace que no exista un límite del número de partículas que se intercambian, lo que pueden dar lugar a fuerzas muy intensas.

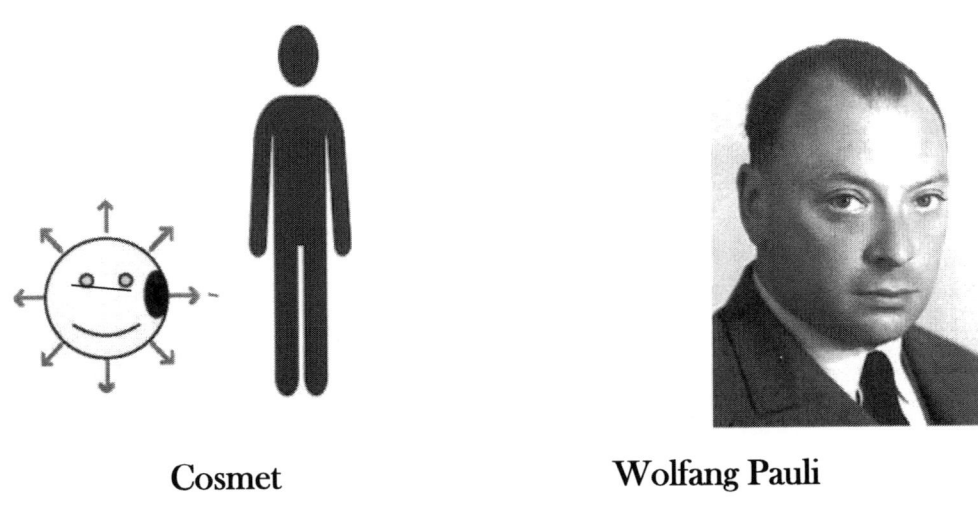

Cosmet   **Wolfang Pauli**

102. Dominio público. File: Pauli.jpg . http://nobelprize.org/nobel_prizes/physics/laureates/1945/pauli-bio.html   Nobel foundation. Dominio público en Suecia porque la fotografía no alcanza el umbral sueco de originalidad (común para instantáneas y fotos periodísticas) y fue creada antes del 1 de enero de 1973.

En mi conversación con Pauli aprendí muchas cosas sobre el comportamiento de los bosones. Noté enseguida que era un gran físico, pero ya no me gustó tanto como persona.

En cuanto a la física, fue un famoso perfeccionista. Esto lo extendía no solo a su propio trabajo, sino también a la labor de sus colegas. Como resultado, llegó a ser conocido dentro de la comunidad física como la «conciencia de la Física».

Era capaz de los comentarios más mordaces y feroces sobre los otros científicos. Por ejemplo, leyendo un artículo de otro gran científico, su comentario fue:

« No solo no es correcto, es que ni siquiera es incorrecto »

Ni siquiera Einstein escapaba del agudo ingenio de Pauli. Si bien ambos hombres mantenían una relación cordial, Pauli se burlaba a menudo de sus teorías sobre la mecánica cuántica y se mofaba de los intentos del primero de unir las dos bases fundacionales de la física moderna. Con su ironía habitual decía « Lo que Dios ha separado, el hombre nunca lo unirá ».

En los años siguientes, él, Enrico Fermi y otros sabios me hablaron acerca de mis amigas, las partículas elementales.

En **1930,** habían previsto teóricamente la necesaria existencia de otra nueva partícula elemental que llamaron **neutrino.** Fue propuesta por el mismo **Wolfgang Pauli** para compensar una aparente pérdida de energía en la **desintegración β de los neutrones,** proceso interactivo mediante el cual se convierten en protones, de manera que la vida media de un neutrón libre fuera de la estructura del átomo es de aproximadamente 15 minutos. Esta aparente violación de la energía en la desintegración beta fue estudiada de nuevo en **1933** por **Enrico Fermi,** quedando demostrada la existencia del neutrino.

 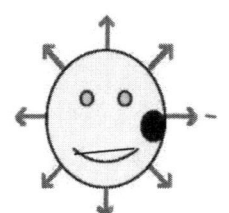 

103.   Wolfang Pauli   Cosmet   Enrico Fermi

En este mismo año, tuve ocasión de hablar con los dos y me contaron cómo interpretaron que la energía sería conservada solamente si una partícula hipotética que llamaron neutrino participase en la desintegración. Sin embargo, durante 25 años, la idea de la existencia de esta partícula fue solamente una predicción teórica, pero a partir de entonces, el conocimiento del mundo de las partículas avanzó mucho, tanto debido a la predicción teórica de nuevas partículas, como por el descubrimiento de muchas partículas en los aceleradores.

El propio Enrico Fermi, que estaba asombrado de la gran cantidad de partículas que se fueron descubriendo y tenía buen sentido del humor, me dijo:

Si yo pudiera recordar el nombre de todas estas partículas habría sido botánico.

Enrico Fermi. Fuente: Citado en Helge Kragh, Quantum Generations (1999), 321. Fuente: Michio Kaku; Hiperespacio.

En **1935,** conversé con en físico **Hideki Yukawa**, que fue el primer japonés galardonado con un Premio Nobel en 1949. Yo asistí a la ceremonia y allí me contó las dificultades que había atravesado a lo largo de la guerra para compaginar la investigación con la colaboración bélica que le exigía el Gobierno. Desde entonces, consagró la segunda mitad de su vida a proteger a la humanidad de la amenaza nuclear.

Ya entrando en los temas científicos que a mí me interesaban, me dijo que, siguiendo el modelo de la interacción electromagnética, él pensaba en la existencia de una nueva partícula que sería la mediadora de una interacción que generara la fuerza que debía mantener los neutrones y los protones cohesionados en el núcleo. Esta fuerza tenía que estar mediada por alguna partícula bosónica. Protones y neutrones interactuarían intercambiando esta partícula. Su razonamiento fue que la partícula mediadora podría ser emitida por un neutrón y absorbida por un protón, o viceversa, haciendo que el neutrón y el protón ejerciesen una fuerza muy fuerte de atracción de uno sobre el otro. Esta fuerza fue llamada fuerza nuclear y la correspondiente interacción, la **interacción fuerte**.

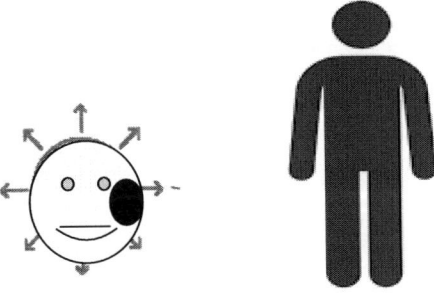 

Cosmet   **Hideki Yukawa**

104. Dominio público. File: Yukawa.jpg. Fuente: Premio Nobel.org. Archivo de la Fundación Nobel. Dominio público en Suecia porque la fotografía no alcanza el umbral sueco de originalidad (común para instantáneas y fotos periodísticas) y fue creada antes del 1 de enero de 1973. Se publicó de forma anónima antes del 1 de enero de 1953 y el autor no reveló su identidad durante los siguientes 70 años.

Ya hacia el año 1950, otros sabios me contaron también que la evolución de un sistema de partículas va siempre, lógicamente, de un primer estado inicial a un segundo estado final y que entre cada estado inicial y final, existen infinitos estados e interacciones. Este hecho es lo denominado **integrales de caminos de Feynman**. Me lo explico él mismo el año 1950, en un local de New Orleans al que acudía todas las noches a practicar una de sus aficiones: tocar el bongo.

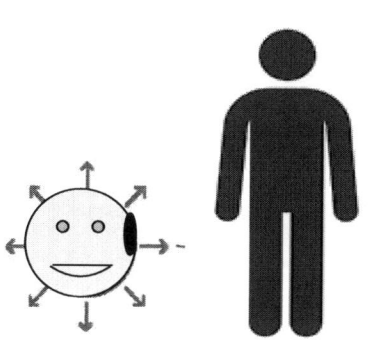 

105. Foto de Richard Feynman , tomada en 1984 mientras él y el fotógrafo trabajaban en el diseño de una supercomputadora. Autor: Tamiko Thiel 1984. CC BY-SA 3.0. File: RichardFeynman-PaineMansionWoods1984 copyrightTamikoThiel bw.jpg. Creado el 1 de enero de 1984. Obra libre utilizable por cualquiera para cualquier propósito

De un primer estado inicial a un segundo estado final, las partículas pasan simultáneamente por todos los caminos posibles.

Aparte de ser un gran científico, Richard Feynman fue un personaje muy curioso con el que me divertí mucho. Tenía múltiples aficiones como la de tocar el bongo.

Recuerdo muy bien la reunión, pues transcurrió tomando copas en un local nocturno al cual Richard Feynman acudía todas las noches a tocarlo. Agotó todas las servilletas de la mesa, ya que quedaron todas ellas llenas de los diagramas que iba dibujando. El ambiente del local era ideal para encontrar la inspiración y tras visionar el entretenido ir y venir de las jóvenes camareras, escribía sus ecuaciones también en servilletas.

Lo que me explicó Feynman en aquel bar de copas en que estuvimos reunidos varias veces, fue que para resolver o al menos identificar estos problemas, había definido y concretado las interacciones utilizando dibujos o diagramas.

Al final de cada reunión pude recoger un buen número de servilletas con sus dibujitos.

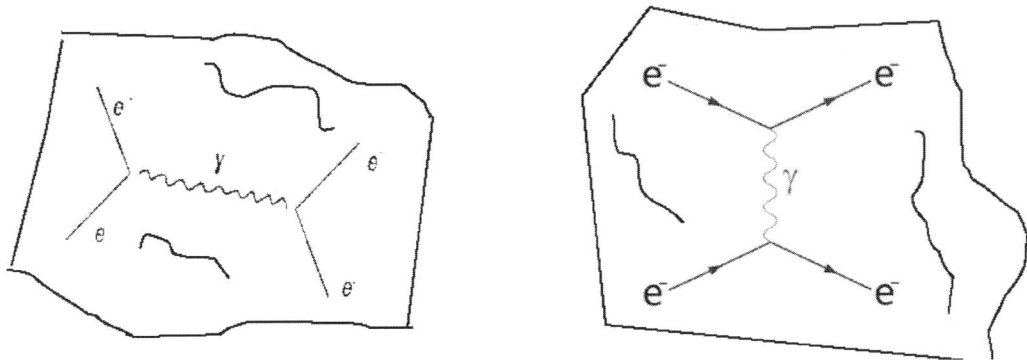

Tenía también una sorprendente capacidad para abrir cajas fuertes. En su estancia en Los Álamos, durante el **proyecto Manhattan**, me explicó que para entretenerse en los ratos de aburrimiento se dedicaba a abrir archivadores y cajas fuertes de las dependencias, hecho que le acarreó más de un problema.

En el período de 1942 a 1960, además de a **Richard Feynman,** conocí a otros que desarrollaban las **teorías cuánticas de campos** y pude hablar con más físicos. La primera teoría que desarrollaron fue la **electrodinámica cuántica.** Explica las interacciones electromagnéticas y el éxito que tuvo, indujo a los investigadores a estudiar el mismo procedimiento para todo tipo de interacciones.

En el año 1972 me reuní con otro gran físico, **Murray Gell-Mann.** Me explicó lo que yo ya había visto casi desde que nací y que ya os he contado: que tanto los protones como los neutrones son partículas compuestas de tres **quarks.**

Él fue quien se inventó la palabra *quark* como onomatopeya de cómo hablan los patos entre ellos. Sin embargo, a mí me confesó que el nombre *quark* le fue inspirado por una frase del poema Finnegan's Wake (El despertar de Wake) del escritor irlandés James Joyce. La obra contiene un pasaje en el que el dueño de un pub dublinés, toca la campana levantando un tarro de cerveza negra, y propone un brindis a la nutrida concurrencia:

« ¡Tres *Quarks* para Mister Mark! ».

El cuento del fondo de microondas

En **1942,** visité al físico ucraniano **George Gamow**, que realizaba el estudio de la **nucleosíntesis primordial.** Ya os he contado que es la síntesis de núcleos de elementos químicos ligeros, que yo vi como se producía poco después de la explosión primordial que formó el universo.

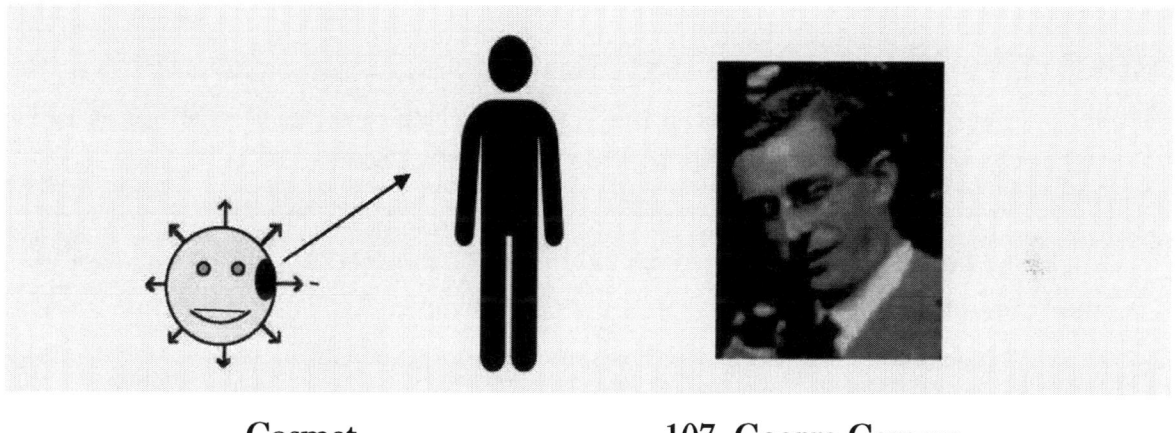

Cosmet   107. George Gamow

Reproducción fotográfica de una obra de arte bidimensional de dominio público. Laboratorio de WH Bragg (1931) - George Gamov. 2009. Serge Lachinov.

Él fue el primero que me habló de la **teoría del *Big Bang* caliente** que más o menos explica teóricamente el nacimiento y evolución del universo, siempre tal como yo lo vi directamente.

La teoría fue enunciada por **George Gamow** y unos alumnos suyos llamados **Ralph Alpher** y **Hans Bethe.**

108.   Ralph Alpher y Hans Bethe

Alpher, Bethe y **Gamow,** tres físicos cuyos nombres parecen sacados del alfabeto griego, publicaron sus conclusiones en un artículo en el que describieron como se produjo la síntesis de los elementos químicos ligeros en los tiempos primigenios: la **nucleosíntesis primordial.** Fue también en el año **1948** cuando **Alpher, Bethe** y **Gamow,** explicaron ya en su forma definitiva la teoría relativa a una etapa inicial muy caliente del universo, de la cual nos están llegando radiaciones en forma de fotones; el llamado **fondo de microondas.**

Yo he visto siempre como viajan los fotones, pero antes de Gamow, nadie había siquiera imaginado que en todo momento estemos recibiendo fotones que han viajado por el universo en expansión durante la casi totalidad del tiempo cósmico.

Dieciocho años después, dos físicos, **Penzias** y **Wilson,** lograron identificar esta radiación físicamente, verificando que la temperatura de la radiación del fondo de microondas era de 2,7°K.

Os recuerdo que, siendo muy joven, observé que a los tres minutos de existencia del universo, terminó el proceso de **nucleosíntesis primordial.** A partir de entonces, y, durante un largo período de unos **380.000 años,** la materia del universo quedó constituida por una infinidad de núcleos de elementos ligeros muy próximos unos a otros, de manera que la luz no podía viajar. Pero pasado este tiempo, empezó la formación de los átomos de los primeros elementos químicos. **Consistió en la captura de electrones libres por parte de los núcleos para formar átomos neutros de hidrógeno y, en menor medida, de helio.** La captura de los electrones por parte de los núcleos para formar estos primeros átomos, tuvo una consecuencia importantísima. El gran espacio vacío de los átomos que quedó entre el núcleo y la corteza electrónica convirtió el universo en transparente y permitió que la radiación electromagnética y, por tanto, los fotones, viajaran sin chocar constantemente con los núcleos.

El universo se volvió transparente al paso de la radiación y esto significó que los fotones comenzaron a ser capaces de viajar a través del universo en expansión. Esos fotones que acabaron por ser libres tenían inicialmente energías altísimas y, por tanto, frecuencias también altísimas y longitudes de onda muy cortas. Sin embargo, la expansión del universo ha ido causando durante todo el tiempo cósmico un alargamiento o estiramiento de esta longitud de onda. Esos fotones de longitud de onda muy alargada, debida a la expansión y, en consecuencia, de muy reducida energía, son a los que constituyen hoy día el **fondo cósmico de microondas.**

La existencia de esta radiación, cuya evolución yo he ido viendo durante toda mi vida, fue prevista por Gamow ya en los años cuarenta, pero no fue hasta 1965 su detección física. Fue algo completamente accidental. **Arno Penzias** y **Bob Wilson** hacían observaciones de detección de fuentes de radio con una antena de seis metros de diámetro. Cuando hablé con ellos, me contaron que un buen día, de forma inesperada captaron una señal de radio que aparecía en todas las direcciones del cielo y que, por tanto, no podía tener ni origen terrestre ni de objetos cósmicos, ya que en estos casos la radiación habría aparecido solamente en la dirección de la situación del objeto.

Esta señal de radio fue rápidamente interpretada por un grupo de teóricos como la **radiación de fondo de microondas.** Esta observación constituyó pronto para los sabios humanos la mayor evidencia experimental del modelo del Big Bang.

Cuando me contaron todo esto recordé muy bien que cuando tenía una edad de 380.000 años, **el radio del universo era del orden de unos 30 millones de años luz. El tamaño del universo era aproximadamente unas 1.000 veces más pequeño que el actual.** Cuando le tomé la temperatura, aprecié que los fotones de la radiación tenían una temperatura de **3.000 grados,** siendo, por tanto, muy energéticos. Conforme el universo se ha ido expandiendo y enfriando, los fotones han ido perdiendo energía y su longitud de onda ha ido aumentando. La radiación se ha enfriado hasta el punto de que **ahora se observa no a 3.000 grados, sino solamente a poco menos de tres (- 2,70 º C).**

Los fotones del fondo que llegan actualmente a la Tierra son, pues, aproximadamente 1.000 veces menos energéticos, por llegar a una temperatura 1.000 veces menor.

Mis últimas visitas a astrónomos y sabios de la cosmología

A partir de 1975 conocí a Roger Penrose y a Stephen Hawking, que me aclararon muchas cosas sobre los agujeros negros, logrando entonces entender muchas cosas que había visto y vivido, pero nunca comprendido.

Me explicaron muchas de las propiedades de los agujeros negros.

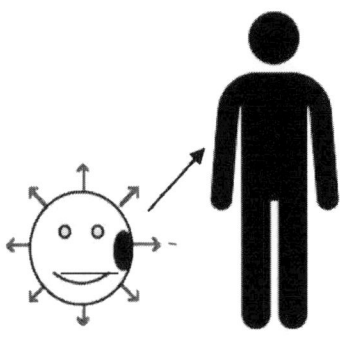

Roger Penrose

Stephen Hawking

109. Roger Penrose. Licencia Creative Commons Genérica de Atribución Cirone-Musi (2011). Festival della Scienza. Este archivo tiene la licencia Creative Commons Attribution-Share Alike 2.0 Generic . CC BY – SA 2.0.

Stephen Hawking en el Centro de Aprendizaje StarChild de la NASA, c. década de 1980. Dominio público. Fecha desconocida (fotografía). File: Stephen Hawking.StarChild.jp   Autor: NASA. Este archivo es de dominio público porque fue creado por la NASA.

Penrose demostró la existencia de singularidades del espacio-tiempo dentro de los agujeros negros y estableció que los horizontes de sucesos impiden ver estas singularidades desde el exterior.

También en 1975, **Stephen Hawking** demostró que los agujeros negros, a pesar de ser considerados unos objetos cósmicos de los que nada puede salir, pierden continuamente una ínfima cantidad de masa por un mecanismo que os contaré, que se ha llamado **evaporación de los agujeros negros** o **radiación de Hawking**.

También recientemente he hablado con sabios que me han explicado muchos otros cuentos como el cuento de las cuerdas, el cuento de los de los triangulos y el de la gravedad **cuántica.** Todos estos cuentos, a pesar de que me los ha explicado gente muy sabia, es imposible verificarlos experimentalmente. Ni siquiera yo he podido apreciar directamente muchas de las cosas que cuentan. No es necesario, pues, tomarlos totalmente al pie de la letra.

Roger Penrose me comentó hace poco tiempo, que lo único que se puede considerar como totalmente cierto es lo comprobable experimentalmente. Él afirma que muchas teorías son a veces como **actos de fe.** Otras nacen de la **fantasía** porque son muy bellas y muchas más se las creen algunos científicos simplemente por estar de **moda.** En algunos casos, se dan las tres causas simultáneamente.

El cuento de las cuerdas

En **1969,** oí hablar por primera vez de las cuerdas. Fue cuando visité al físico llamado **Leonard Susskind.** Él tenía la idea de que las partículas podrían ser en realidad como unos hilos energéticos en forma de cuerdas vibrantes.

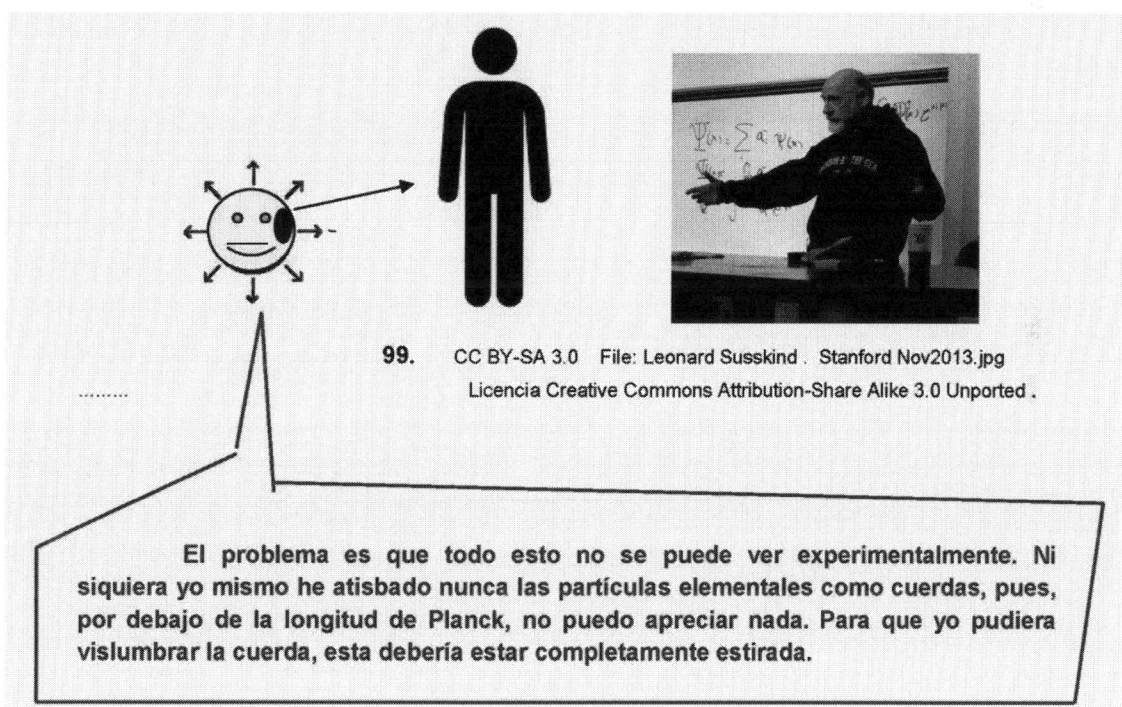

99. CC BY-SA 3.0   File: Leonard Susskind . Stanford Nov2013.jpg
Licencia Creative Commons Attribution-Share Alike 3.0 Unported .

El problema es que todo esto no se puede ver experimentalmente. Ni siquiera yo mismo he atisbado nunca las partículas elementales como cuerdas, pues, por debajo de la longitud de Planck, no puedo apreciar nada. Para que yo pudiera vislumbrar la cuerda, esta debería estar completamente estirada.

Para creer que toda partícula elemental es una cuerda, hay que hacer de entrada un acto de fe. No obstante, reconozco que la teoría es bella y, además, el hecho de que resuelve diversos problemas sin explicación ha ayudado a que la teoría se haya puesto tan de moda.

Quienes confían en esta teoría piensan que la cuerda, vibrando a distintas frecuencias - diferente masa-energía – o enrollándose de diferentes maneras, podría generar las propiedades de las partículas. Estas serían las diferentes maneras como la cuerda fundamental podría vibrar, girar, enrollarse, o simplemente moverse.

Los cuentos de triangulitos y bucles

Existen diversas teorías basadas en la discretización del espacio-tiempo. Las más importantes son la **teoría de las triangulaciones** y la **teoría de la gravedad cuántica de bucles**. En ellas, los físicos con los que he hablado han tratado principalmente de buscar geometrías del espacio-tiempo, en un intento de compatibilizar la teoría de la relatividad con las teorías cuánticas. Son teorías cuánticas del espacio-tiempo y, por tanto, sostienen que este está cuantificado. Defienden que existen granos o átomos de espacio-tiempo que forman el universo.

La gravedad cuántica euclídea

Entre muchas otras teorías cabe destacar el cuento de la **gravedad cuántica euclídea**. Esta teoría, también llamada en cosmología cuántica como **Modelo o Estado de Hartle - Hawking**, es una teoría cuántica de la gravedad desarrollada por **Stephen Hawking** y **James Hartle**, que se basa en el **principio de superposición de la mecánica cuántica**, en el concepto de **tiempo imaginario** y **en la integral de caminos de Richard Feynman**. Os recuerdo estos conceptos de los que ya os he hablado.

Del **principio de superposición** se deduce que el movimiento de un objeto cuántico descrito por la mecánica cuántica implica que este puede existir simultáneamente en diferentes posiciones y tener diferentes velocidades. Difiere de forma clara al movimiento de un objeto clásico, ya que, en este caso, puede describir una trayectoria única con una posición y velocidad precisas.

La teoría trata esencialmente de una propuesta de un **universo sin límites**. El modelo supone que cuando se inició el *Big Bang* el tiempo real no existía. No había tiempo antes del *Big Bang* porque la formación del espacio-tiempo está asociada a este y a la posterior expansión del universo.

Dado que el tiempo no existía antes del *Big Bang*, el concepto de un principio del universo no tiene sentido. De acuerdo con la propuesta de Hartle-Hawking, el universo no tiene origen como piensa la mayoría. Se dice que carece de límites iniciales ni en el tiempo ni en el espacio. En palabras del mismo Stephen Hawking:

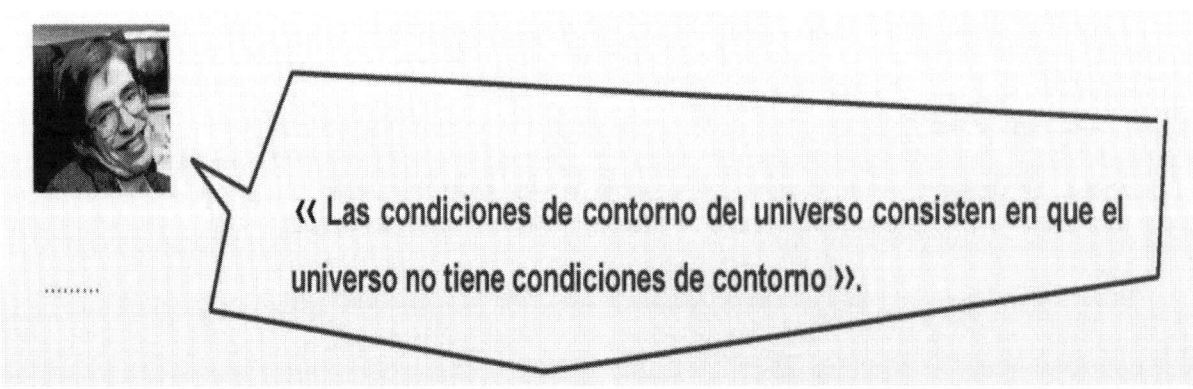

« Las condiciones de contorno del universo consisten en que el universo no tiene condiciones de contorno ».

Las notas que fui tomando en mis encuentros con los sabios (en rojo), con los comentarios de nuestro amigo (en azul)

La edad del universo. Formulación de Hubble

Si t_C es el tiempo cósmico del momento actual igual a la edad del universo, R es el radio actual del universo y v_E la velocidad de expansión, el punto más lejano del universo ha recorrido, por efecto de la expansión, una distancia R en un tiempo t_C, y se cumple de forma muy aproximada que $v_E = R / t_C$.

Admitiendo la **Ley de Hubble,** $v_E = H_0 \cdot R$, e igualando las dos expresiones anteriores, resulta una edad del universo que coincide bastante bien con el tiempo que ha transcurrido desde que Cosmet nació.

$$v_E = R / t_C = H_0 R \text{ (Ley de Hubble), implica que, } 1/t_C = H_0$$

de donde resulta, $t_C \approx 1/H_0$

Dando valores, para $H_0 = 21{,}7 \text{ (Km / seg.) / MAL.} = 21{,}7 \text{ (Km / seg.} \cdot \text{MAL.)}$ resulta, $t_C \approx 1 / H_0 = (1 / 21{,}7) \text{ (seg. } \cdot \text{ MAL. / km)}$

Teniendo en cuenta que, $1 \text{ MAL.} = 9{,}45 \cdot 10^{18} \text{ Km,}$ y que $1 \text{ MA.} = 3{,}13 \cdot 10^{13} \text{ seg,}$ se deduce que la edad del universo, o tiempo cósmico transcurrido desde el *Big Bang,* ha sido, aproximadamente, la que Cosmet ha ido contando año tras año; unos **trece mil setecientos millones de años.**

Como Albert Einstein explicó a Cosmet los conceptos propios del ámbito relativista

Masa relativista. Si m es la masa en reposo, masa invariante, o masa medida en un sistema de referencia solidario a la partícula, en cualquier otro sistema de referencia que se mueve a velocidad v respecto a la partícula, esta tendrá una **masa relativista** $M = \gamma \cdot m$, donde M es la masa relativista aparente, m es la masa invariante y γ es el **factor de Lorentz.**

$$\gamma = 1 / (1 - v^2 / c^2)^{1/2}$$

Si una partícula viaja a la velocidad de la luz, por ejemplo, los fotones, a esta la llaman una **partícula relativista.** En este caso, γ tiende a infinito y, por tanto, la masa invariante de la partícula $m = M / γ$ será cero. Así pues, una partícula solamente viaja a la velocidad de la luz si su masa invariante es nula.

Momento relativista. Si el momento lineal es $p = m \cdot v$, el momento relativista será,

$$P = M v = γ \, m \, v = γ \, p$$

Energía relativista. Si e es la energía de una partícula en un sistema de referencia S, en cualquier otro sistema de referencia S' que se mueve a velocidad v respecto a S, la expresión relativista de la energía es $E = γ \, e$

Para los que ya tenéis conocimiento del cálculo infinitesimal, os doy copia de la deducción de la ecuación de equivalencia entre masa y energía, tal como la transmitió a Cosmet el señor Albert Einstein.

Imaginaros una partícula de **masa en reposo** m_0, que es la masa referida a un sistema de referencia solidario con la partícula. Suponed ahora que se le aplica una **fuerza F,** hasta que la partícula adquiere una determinada **velocidad v.** La partícula habrá adquirido una **energía cinética** E_c, igual al valor del **trabajo T** desarrollado por la fuerza **F.**

Suponed que el movimiento se produce a lo largo de un eje **x.** El trabajo desarrollado por **F,** cuando la partícula ha avanzado una distancia elemental **dx** es, $dT = F \cdot dx$ y, por tanto, $d E_c = F \cdot dx$. Por lo anterior, cuando la partícula ha avanzado **L,** la energía cinética adquirida es,

$$E_c = \int_{0}^{L} F \, dx \qquad (1)$$

Si m_0 es la masa en reposo (masa referida a un sistema de referencia solidario con la partícula), la teoría de la relatividad especial nos dice que la **masa relativista M** (masa referida a un sistema de referencia que se mueve a velocidad **v**) es, $M = γ \, m_0$, siendo $γ$ el llamado **factor de Lorentz** que es,

$$γ = (1 - v^2 / c^2)^{-1/2}$$

Si $M = γ \, m_0$ es la masa relativista, la fuerza relativista será, $F = M a = γ \, m_0 \, a$

$$\rightarrow \quad F = \gamma\, m_0\, dv/dt = d/dt\, (\gamma\, m_0\, v)\,,\ \text{siendo}\ (\gamma\, m_0\, v)\ \text{el}$$
momento relativista.

Sustituyendo el valor de F en (1) y haciendo $\quad v = dx/dt$,

$$E_c = \int F\, dx = \int d/dt\, (\gamma\, m_0\, v)\, dx$$

$$E_c = \int v\ d\, (\gamma\, m_0\, v) \qquad (2)$$

Calculemos ahora, $\quad d\, (\gamma\, m_0\, v)\ \text{con}\ \gamma = (1 - v^2/c^2)^{-1/2}$

$$d\, (\gamma\, m_0\, v) = \gamma\, m_0\, dv + m_0\, v\, d\gamma = m_0\, (1 - v^2/c^2)^{-1/2}\, dv$$

$$+ m_0\, v\, (\, -1/2\, (1 - v^2/c^2)^{-3/2}\, (-2v/c^2)\,)\, dv =$$

$$= m_0\, (1 - v^2/c^2)^{-1/2}\, dv + m_0\, v^2/c^2\ (1 - v^2/c^2)^{-3/2}\, dv$$

$$d\, (\gamma\, m_0\, v) = m_0\, (1 - v^2/c^2)^{-1/2}\, dv +$$

$$+ m_0\, v^2/c^2\, (1 - v^2/c^2)^{-3/2}\, dv$$

$$d\, (\gamma\, m_0\, v)/dv = m_0\, (1 - v^2/c^2)^{-1/2} + m_0\, v^2/c^2\, (1 - v^2/c^2)^{-3/2}$$

$$= m_0\, (1 - v^2/c^2)^{-3/2}\, (1 - v^2/c^2)^{2/2} + m_0\, v^2/c^2\, (1 - v^2/c^2)^{-3/2}$$

$$= m_0\, (1 - v^2/c^2)^{-3/2}\, (1 - v^2/c^2 + v^2/c^2) = m_0\, (1 - v^2/c^2)^{-3/2}$$

Sustituyendo este valor en (2),

$$E_c = \int_0 v\ d\, (\gamma\, m_0\, v) = \int_0 v\, m_0\, (1 - v^2/c^2)^{-3/2}\, dv$$

Si hacemos $\quad 1 - v^2/c^2 = y \quad ; \quad \gamma = 1/y^{1/2}$

$$dy/dv = -2v/c^2\ ;\ dv = -c^2\, dy/2v\ ;\ v\, dv = -c^2\, dy/2$$

$$E_c = \int_0^v m_0\, (y)^{-3/2}\, v\, dv = \int_0^v m_0\, (y)^{-3/2}\, (-c^2\, dy/2)$$

$$E_c = -m_0\, c^2/2\ \int_0^v (y)^{-3/2}\, dy =$$

$$\left(\left(-\ m_0\, c^2 / 2 \right)\ \left(y^{-1/2} / -\tfrac{1}{2} \right) \right)\ \overset{v}{\underset{0}{\Big|}}\ =\ \left(m_0\, c^2\ y^{-1/2} \right)\ \overset{v}{\underset{0}{\Big|}}$$

$$E_c = \left(m_0\, c^2\ \left(1 - v^2 / c^2 \right)^{-1/2} \right)\ =\ m_0\, c^2\ y\ -\ m_0\, c^2$$

$$E_c\ =\ m_0\, c^2\ y\ -\ m_0\, c^2$$

expresión que nos dice que : **Energía cinética adquirida = Energía en movimiento - Energía en reposo.** Con lo que se verifica, **Energía en reposo = $m_0\, c^2$**

El señor Einstein le enseña a Cosmet cómo obtiene la relación que, en el ámbito relativista, existe entre la energía relativista E y el momento relativista P.

La relatividad especial postula la siguiente ecuación para la energía: $e = mc^2$. A esta ecuación se la conoce como la **equivalencia entre masa y energía**. Se demuestra que en la relatividad, la energía relativista **E** y el momento relativista **P** de una **partícula,** están relacionados mediante la ecuación,

$$E^2\ =\ m^2\, c^4\ +\ P^2\, c^2 \text{, que se deduce fácilmente de }\ E\ =\ M\, c^2\ \text{y}$$

$$P\ =\ y\ m\ v \qquad \text{Efectivamente;}$$

$$E\ =\ M\, c^2 = \left(y\ m \right)\, c^2\ ;\ \ E^2 =\ y^2\ m^2\, c^4\ ;\ \ y^2\ m^2 = E^2 /\ c^4$$

$$P\ =\ y\ m\ v\ \ ;\ P^2 = \left(y^2\ m^2 \right)\ v^2\ =\ \left(E^2 /\ c^4 \right) \cdot v^2 =\ E^2\, v^2 /\ c^4$$

$$v^2 /\ c^4\ =\ P^2 / E^2\ ;\ \ v^2 /\ c^2\ =\ P^2 c^2 / E^2$$

$$E^2 =\ y^2\ m^2\, c^4 =\ m^2\, c^4 /\ \left(1 - v^2 / c^2 \right) =\ m^2\, c^4 /\ \left(1 - P^2 c^2 / E^2 \right)$$

$$E^2\ \left(1 - P^2 c^2 / E^2 \right) =\ m^2\, c^4\ ;\ \ E^2 -\ P^2 c^2 =\ m^2\, c^4$$

$$E^2\ =\ m^2\, c^4\ +\ P^2 c^2$$

Bibliografía seleccionada

Steven Weinberg.   *Los tres primeros minutos del universo*   (Ciencias)

Stephen Hawking.   *Historia del tiempo*   (Booket)

Stephen Hawking.   *Brevísima historia del tiempo*   (Drakontos)

Stephen Hawking.   *Agujeros negros*   (Crítica)

Stephen Hawking.   *La Gran ilusión*   (Crítica)

Albert Einstein.   *Sobre la teoría de la relatividad*   (Ciencias)

Gerard´t Hooft.   *Partículas elementales*   (Booket)

Roger Penrose.   *Moda, fe y fantasía en la nueva física del universo* (Debate)

Jose Manuel Sanchez Ron.   *Querido Isaac, querido Albert*   (Crítica)

Florian Freistetter.   *Una historia del universo en 100 estrellas* (Ariel)

Brian Greene.   *El tejido del cosmos*   (Drakontos)

Colección   Un paseo por el Cosmos   (RBA)

Colección   Atlas del Cosmos   (National Geographic)

Cosmet, que ya es muy mayor, pues ya ha cumplido los 13.700 millones de años de edad, ha viajado por todo el universo, y nos cuenta todas las cosas que ha visto, que han ido ocurriendo durante su larga vida.

Nunca consiguió entender por qué ocurrían, hasta que en los últimos 2.500 años, ha ido visitando a los humanos más sabios que se lo han explicado.

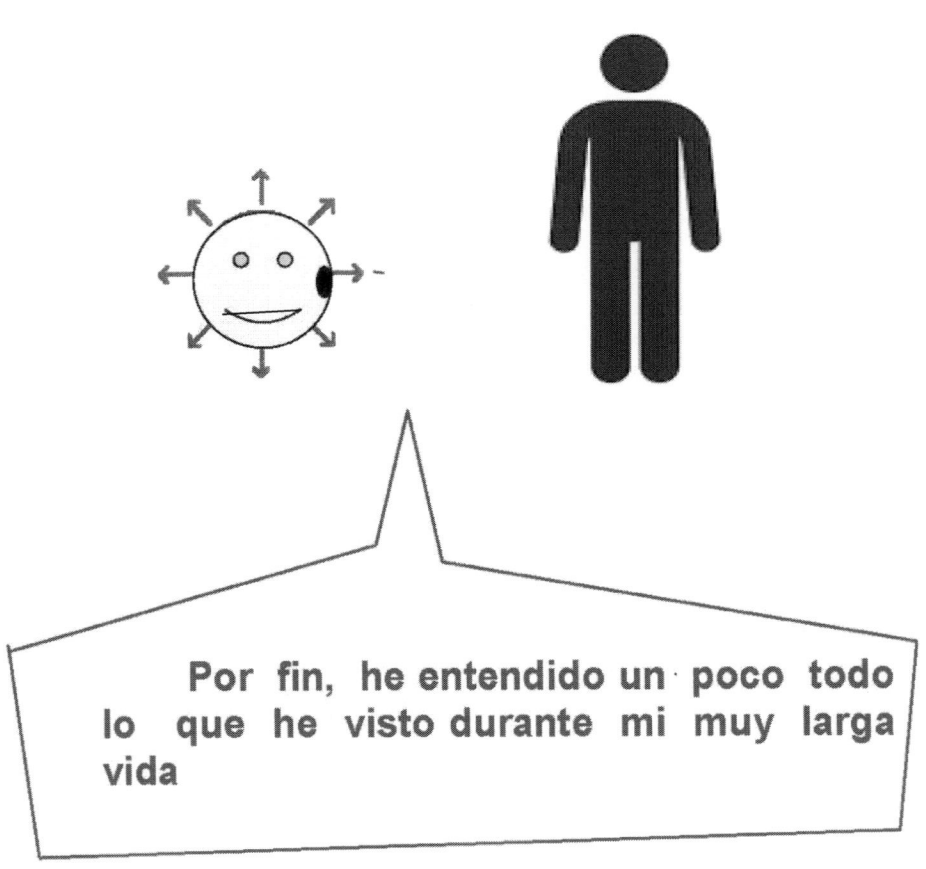

Por fin, he entendido un poco todo lo que he visto durante mi muy larga vida